城市轨道交通系列丛书

城市轨道交通信号技术丛书

城市轨道交通 ATC 系统

林瑜筠　主编

中国铁道出版社有限公司

2019年·北　京

内 容 简 介

本书全面介绍城市轨道交通 ATC 系统，主要内容包括：ATC 系统概述、ATC 系统基本原理、基于轨道电路的 ATC 系统、CBTC 系统和单轨交通 ATC 系统。全书密切结合各地城市轨道交通的实际，并纳入最新的科技成果。

本书作为城市轨道交通信号专业的教材，也可作为从事城市轨道交通的工程技术人员学习资料，以及城市轨道交通技术培训用书。

图书在版编目(CIP)数据

城市轨道交通 ATC 系统/林瑜筠主编. —北京：中国铁道出版社有限公司，2019.6
(城市轨道交通系列丛书. 城市轨道交通信号技术丛书)
ISBN 978-7-113-25740-8

Ⅰ. ①城… Ⅱ. ①林… Ⅲ. ①城市铁路-轨道交通-自动控制系统-教材 Ⅳ. ①U239.5

中国版本图书馆 CIP 数据核字(2019)第 081861 号

书　　名：城市轨道交通系列丛书. 城市轨道交通信号技术丛书
城市轨道交通 ATC 系统
作　　者：林瑜筠

策　　划：徐　清
责任编辑：徐　清　　编辑部电话：010-51873147　　电子信箱：357716058@qq.com
封面设计：薛小卉　崔丽芳
责任校对：苗　丹
责任印制：高春晓

出版发行：中国铁道出版社有限公司(100054，北京市西城区右安门西街 8 号)
网　　址：http://www.tdpress.com
印　　刷：三河市兴达印务有限公司
版　　次：2019 年 6 月第 1 版　2019 年 6 月第 1 次印刷
开　　本：710 mm×1 000 mm　1/16　印张：18.75　字数：370 千
书　　号：ISBN 978-7-113-25740-8
定　　价：55.00 元

前言

城市轨道交通(包括地下铁道和轻轨交通)具有运量大、速度快、安全可靠、污染轻、受其他交通方式干扰小等特点,对改变城市交通拥挤、乘车困难、行车速度下降、空气污染具有显著作用。20世纪90年代以来,我国城市轨道交通加快了建设步伐,尤其是进入21世纪,迎来了城市轨道交通建设的高潮。我国城市轨道交通总里程已超过5 000 km,居世界第一位,发展前景广阔。

在城市轨道交通的各系统中,信号系统是非常重要和关键的,具有不可替代的作用。城市轨道交通的安全、速度、输送能力和效率与信号系统密切相关,采用(列车自动控制)ATC已成为城市轨道交通的共同选择。信号系统不仅是城市轨道交通安全运行的保证,而且实际上已成为城市轨道交通调度指挥和运营管理的中枢神经。选择合适的信号系统可以产生巨大的经济效益和社会效益。

城市轨道交通ATC系统的技术含量高,具有网络化、综合化、数字化、智能化的现代化系统的技术特征。努力使更多信号工作人员掌握现代化ATC系统的基本知识和基本技能,提高广大信号工作人员的技术水准,以充分发挥现代化信号系统的作用,是城市轨道交通信号发展中亟须解决的问题。为满足城市轨道交通发展对技术培训的需要和相关院校城市轨道交通信号专业学生学习的需要,编写了本书。

本书是“城市轨道交通信号技术丛书”之一。全书分为ATC系统概述、ATC系统基本原理、基于轨道电路的ATC系统、CBTC系统、单轨交通ATC系统五章。除阐述基本组成和基本原理外,对我国各地城市轨道交通所采用的ATC系统,尤其是CBTC系统进行了比较详细的介绍。

但是,由于城市轨道交通信号系统不要求兼容,故制式纷杂,且各具特色,尤其是ATC,尽管编者尽量涵盖,但不可能面面俱到。各地各校在组织学习时,可根据实际需要予以选用。

本书最后附有名词术语英中文对照表,在阅读正文遇到英文缩写不解时,可用此表查阅。

本书由南京铁道职业技术学院林瑜筠主编,卡斯柯信号有限公司凌小雀、浙江合众科技股份有限公司王文波、南京铁道职业技术学院束元、济南电务段张韫斌副主编。

林瑜筠编写第一章并对全书进行组织统筹，林瑜筠、王文波编写第二章，林瑜筠、凌小雀编写第三章，柬元编写第四章，张韫斌编写第五章。

建议读者在学习完《城市轨道交通概论》《城市轨道交通信号基础》《城市轨道交通联锁系统》以后进行学习。

由于我国城市轨道交通信号系统，尤其是 ATC，引入多国技术，制式纷杂，资料难以搜集齐全，再加上编者水平所限，时间仓促，书中不免有错误、疏漏、不妥之处，恳望读者批评指正，以不断提高本书水平，为我国城市轨道交通信号事业的发展尽绵薄之力。

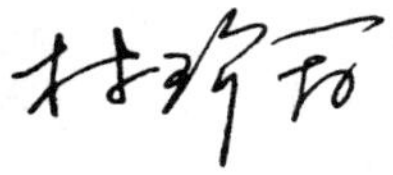

2019 年 3 月

目 录

第一章

ATC 系统概述

第一节　ATC 系统概况

一、ATC 系统定义

列车自动控制(Automatic Train Control,ATC)系统是城市轨道交通信号系统重要的组成部分,它实现行车指挥和列车运行自动化,能最大限度地保证列车运行安全,提高运输效率,减轻运营人员的劳动强度,充分利用城市轨道交通的通过能力。ATC 系统的技术含量高,运用了许多当代重要的科技成果。

二、ATC 系统的组成和功能

列车自动控制 ATC 系统包括三个子系统:列车自动防护(Automatic Train Protection,ATP)、列车自动运行(Automatic Train Operation, ATO)、列车自动监控(Automatic Train Supervision,ATS)。

ATC 系统包括三个原理功能:ATS 功能、ATP/ATO 功能和 PTI 功能。

ATS 可自动或由人工控制列车进路及向行车调度员和外部系统提供行车信息。ATS 功能主要由位于 OCC 内的设备实现。

ATP/ATO 功能在联锁功能的约束下,根据 ATS 的要求实现列车运行的控制。ATP/ATO 功能有三个子功能:ATP/ATO 轨旁功能、ATP/ATO 传输功能和 ATP/ATO 车载功能。ATP/ATO 轨旁功能负责列车间隔和报文生成;ATP/ATO 传输功能负责发送感应信号,包括报文和 ATP/ATO 车载设备所需的其他数据;ATP/ATO 车载功能负责列车的安全运营、列车自动驾驶且给信号系统和司机提供接口。

PTI 功能是通过多种渠道传输和接收各种数据,在特定的位置传给 ATS,向 ATS 报告列车的识别信息、目的号码和乘务组号及列车位置数据,以优化列车运行。

三、不同闭塞制式的 ATC 系统

按闭塞制式,城市轨道交通 ATC 系统可分为:固定闭塞式 ATC 系统、准移动闭塞式 ATC 系统和移动闭塞式 ATC 系统三种。

1. 固定闭塞

固定闭塞将线路划分为固定的区段,不论前、后列车的位置,还是前、后列车的间距都是用固定的地面设备(如轨道电路等)检测和表示的。线路条件和列车参数等均需在闭塞设计过程中加以考虑,并体现在地面固定区段的划分中。

由于列车定位是以固定区段为单位的(系统只知道列车在哪个区段中,而不知道在区段中的具体位置),所以固定闭塞的速度控制模式必然是分级的,即台阶式的。在这种制式中,需要向被控列车传送的只是代表少数几个速度级的速度码。固定闭塞方式,无法满足进一步提高系统通过能力和安全性的要求。

早期ATP采用固定闭塞,通过轨道电路判别闭塞分区占用情况,并传输信息码,需要大量的轨旁设备,维护工作量较大。此外,还存在以下缺点:

①轨道电路工作稳定性易受环境影响,如道床阻抗变化、牵引回流干扰等。

②轨道电路传输信息量小,要想增加信息量,只能通过提高信息传输的频率。但是如果传输频率过高,钢轨的集肤效应会导致信号的衰耗增大,从而导致传输距离缩短。

③利用轨道电路难以实现车对地的信息传输。

④固定闭塞的闭塞分区长度是按最长列车、满负载、最高速度、最不利制动率等不利条件设计的,分区较长且一个分区只能被一趟列车占用,不利于缩短列车运行间隔。

⑤固定闭塞系统无法知道列车在分区内的具体位置,因此列车制动的起点和终点总在某一分区的边界。为充分保证安全,必须在两列车间增加一个防护区段,这使得列车间的安全间隔较大,影响了线路的使用效率。

2. 准移动闭塞

准移动闭塞(Quasi Moving Block),也可称为半固定闭塞,解释为"预先设定列车的安全追踪间隔距离,根据运行前方目标状态设定列车的可行车距离和运行速度,介于固定闭塞和移动闭塞之间的一种闭塞方式"。

国外也将准移动闭塞系统纳入固定闭塞式ATC系统范畴,并注明其属于"可走行距离模式"。由于固定闭塞式ATC系统与具有"可走行距离模式"的固定闭塞式ATC系统无论在系统构成模式、控制方式及发展前景方面都有很大差异,故后者称为准移动闭塞式。

准移动闭塞对前、后列车的定位方式是不同的。前行列车的定位仍沿用固定闭塞的方式,而后续列车的定位则采用连续的或称为移动的方式。为了提高后续列车的定位精度,目前各系统均在地面每隔一段距离设置一个定位标志(可以是轨道电路的分界点或应答器等),列车通过时提供绝对位置信息。在相邻定位标志之间,列车的相对位置由安装在列车上的轮轴转数累计连续测得。

由于准移动闭塞同时采用移动和固定两种定位方式,所以它的速度控制模式,必然既具有无级(连续)的特点,又具有分级(台阶)的性质。若前行列车不动而后续列车前进时,其最大允许速度是连续变化的,而当前行列车前进,其尾部驶过固定区段的分界点时，后续列车的最大速度将按“台阶”跳跃上升。

由于准移动闭塞兼有移动和固定的特性，与“固定”性质相对应的设备，必须在工程设计和施工阶段完成，而被控列车的位置是由列车自行实时（移动）测定的，所以其最大允许速度的计算最终只能在车上实现。

为了使后续列车能够根据自身测定的位置，实时计算其最大允许速度，必须用报文向其提供运行前方线路的各种参数及前行列车处在哪个区段上的信息。所以从信息传输的角度来说，设有地对车单向安全数据通信是准移动闭塞的基本技术特征。

准移动闭塞在控制列车的安全间隔上比固定闭塞进了一步。它通过采用报文式轨道电路辅之环线或应答器来判断闭塞分区占用并传输信息，信息量大，可以告知后续列车继续前行的距离，后续列车可根据这一距离合理地采取减速或制动，列车制动的起点可延伸至保证其安全制动的地点，从而可改善列车速度控制，缩小列车安全间隔，提高线路利用效率。但准移动闭塞中后续列车的最大目标制动点仍必须在先行列车占用闭塞分区的外方，因此它并没有完全突破轨道电路的限制。

3. 移动闭塞

移动闭塞（Moving Block）可解释为“列车安全追踪间隔距离不预先设定，而随列车的移动不断移动并变化的闭塞方式”。

（1）移动闭塞的基本概念

移动闭塞的特点是前、后两列车都采用移动式的定位方式。在准移动闭塞中，前行列车本身也具有移动定位的能力，只是因为没有将列车本身定位的结果传给地面，所以不能供后续列车使用。也就是说，在准移动闭塞的基础上，只要增设车对地的安全数据通信，将前行列车的移动定位信息，安全地经由地面传给后续列车，便能构成移动闭塞。

移动闭塞可借助感应环线或无线通信的方式实现。早期的移动闭塞系统采用基于感应环线的技术，即通过在轨间布置感应环线来定位列车和实现车载计算机（VOBC）与车辆控制中心（VCC）之间的连续通信。目前，大多数先进的移动闭塞系统已采用无线通信系统实现各子系统间的通信，构成基于无线通信技术的移动闭塞。

（2）移动闭塞的特点

移动闭塞具有如下特点：

①线路没有固定划分的闭塞分区，列车间隔是动态的，并随前一列车的移动而移动。

②列车间隔是按后续列车在当前速度下所需的制动距离，加上安全余量计算和控制的，确保不追尾。

③制动的起点和终点是动态的，轨旁设备的数量与列车运行间隔关系不大。

④可实现较小的列车运行间隔。

⑤采用地车双向传输，信息量大，易于实现无人驾驶。

(3)移动闭塞的技术优势

①移动闭塞是一种新型的闭塞制式,它克服了固定闭塞的缺点。基于无线通信的列车控制(Communications Based Train Control,CBTC)则是实现这种闭塞制式的最主要技术手段。采用这种方法以后,实现了车地间双向、大容量的信息传输,达到连续通信的目的,在真正意义上实现了列车运行的闭环控制。当列车和车站一开始通信,车站就能得知所有列车的位置,能够提供连续的列车安全间隔保证和超速防护,在列车控制中具有更好的精确性和更大的灵活性,并能更快地检测到故障点。而且,移动闭塞可以根据列车的实际速度和相对速度来调整闭塞分区的长度,尽可能缩小列车运行间隔,提高行车密度进而提高运输能力。此外,这种系统与传统系统相比将大大减少沿线设备,车载设备和轨旁设备的安装也相对较容易,维修方便,有利于降低运营成本。

②移动闭塞系统通过列车与地面间连续的双向通信,提供连续测量本车与前车距离的方法,实时提供列车的位置及速度等信息,动态地控制列车运行速度。移动闭塞制式下后续列车的最大制动目标点可比准移动闭塞和固定闭塞更靠近先行列车,因此可以缩小列车运行间隔,有条件实现"小编组、高密度",从而使系统可以在满足同等客运需求条件下,减少乘客候车时间,缩小站台宽度和空间,降低基建投资。

③移动闭塞还常常和无人驾驶联系在一起。两者的结合能够避免司机的误操作或延误,获得更高的效率。

④无线移动闭塞的数据通信系统对所有的子系统透明,对通信数据的安全加密和接入防护等措施可保证数据通信的安全。由于采取了开放的国际标准,可实现子系统间逻辑接口的标准化,从而有可能实现线网的互联互通。采取开放式的国际标准也使国内厂商可从部分部件的国产化着手,逐步实现整个系统的国产化。

(4)移动闭塞的工作原理

移动闭塞与固定闭塞的根本区别在于闭塞分区的形成方法不同,移动闭塞原理示意图如图1-1所示。移动闭塞系统是一种区间不分割、根据连续检测先行列车位置和速度进行列车运行间隔控制的列车安全系统。这里的连续检测并不意味着一定没有间隔点。实际上该系统把先行列车的后部看作是假想的闭塞区间。由于这个假想的闭塞区间随着列车的移动而移动,所以叫作移动闭塞。在移动闭塞系统中,后续列车的速度曲线随着目标点的移动而实时计算,后续列车到先行列车的保护段后部之间的距离等于列车制动距离加上列车制动反应时间内驶过的距离。

移动闭塞技术在对列车的安全间隔控制上更进了一步。通过车载设备和轨旁设备连续的双向通信,控制中心可以根据列车实时的速度和位置动态地计算列车的最大制动距离。列车的长度加上这一最大制动距离并在列车后方加上一定的防护距离,便组成了一个与列车同步移动的虚拟分区,移动闭塞系统的安全行车间隔如图1-2所示。由于保证了列车前后的安全距离,两个相邻的移动闭塞分区就能以很小的间隔同时前进,这使列车能以较高的速度和较小的间隔运行,从而提高运营效率。

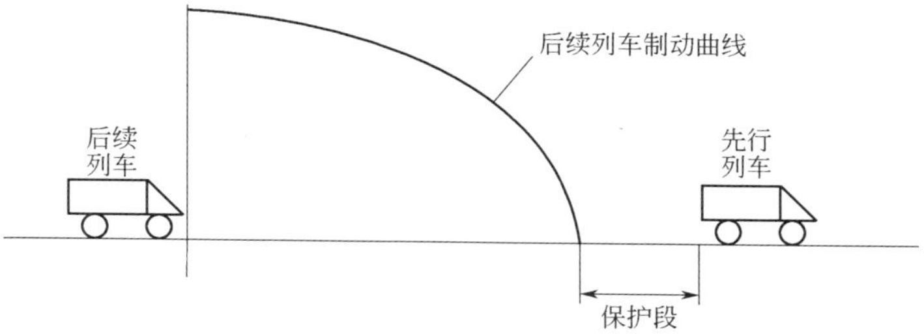

图 1-1　移动闭塞原理示意图

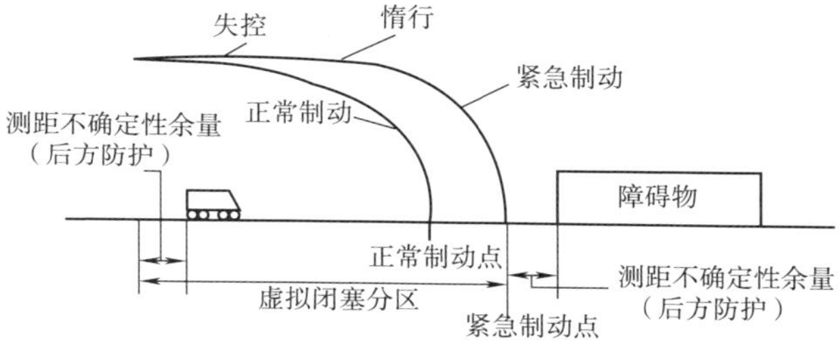

图 1-2　移动闭塞系统的安全行车间隔

无线移动闭塞系统的组成主要包括无线数据通信网、车载设备、区域控制器等。其中，无线数据通信是移动闭塞实现的基础，通过可靠的无线数据通信网，列车不间断地将其标识、位置、车次、列车长度、实际速度、制动性能和运行状况等信息以无线的方式发送给区域控制器。区域控制器追踪列车并通过无线传输方式向列车发送移动授权，根据来自列车的信息计算、确定列车的安全行车间隔，并将相关信息（如先行列车位置、移动授权等）传递给列车，控制列车运行。车载设备包括无线电台、车载计算机和其他设备（如传感器、查询器等）。列车将采集到的数据（如车辆信息、现场状况和位置信息等）通过无线数据通信网发送给区域控制器，以协助完成运行决策，同时对接收到的命令进行确认并执行。

（5）移动闭塞 ATC 系统分类

移动闭塞 ATC 系统就车地双向信息传输速率而言，可分为：基于感应环线传输方式和基于无线通信的传输方式两种。基于无线通信的传输方式按无线扩频通信方式可分为：直接序列扩频和跳频扩频方式；按数据传输媒介可分为：自由空间波、裂缝波导管和漏泄电缆等传输方式。

四、不同结构的 ATC 系统

ATC 按地面信息的传输方式分为点式和连续式两种结构。

1. 点式 ATC 系统

点式 ATC 系统因其主要功能是实现列车超速防护，所以又称为点式 ATP 系统。它靠点式应答器传递信息，用车载计算机进行信息处理。

点式 ATC 系统的主要优点是采用有源、高信息容量的地面应答器,该系统结构简单、安装灵活、可靠性高、价格明显低于连续式 ATC 系统。

点式 ATC 系统难以胜任列车密度大的情况,如后续列车驶过地面应答器时,因前方区段有车,它算出的速度曲线是一条制动曲线。后续列车驶过后,尽管前行列车已驶离,但后续列车已驶过地面应答器,得不到新的信息只能减速运行,直到抵达运行前方的地面应答器,才能加速。

(1)点式 ATC 系统的基本结构

点式 ATC 系统的基本结构如图 1-3 所示,由车载设备和地面设备组成,主要是地面应答器、轨旁电子单元 LEU(又称为信号接口)及车载设备。

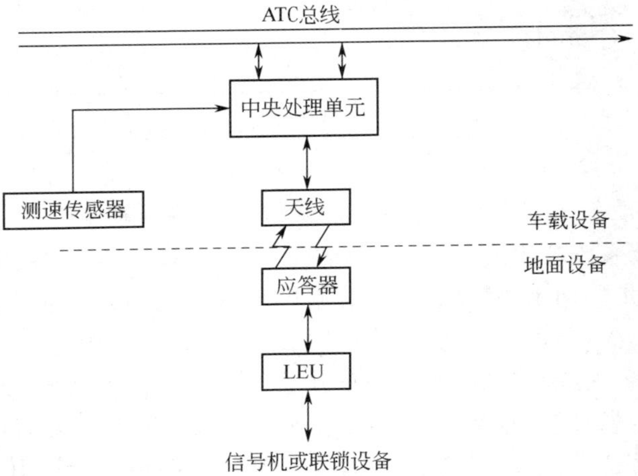

图 1-3 点式 ATC 系统的基本结构

①地面应答器

地面应答器通常设置在信号机旁或设置在一段需要降速的缓行区间的始、终端。不论什么形式的地面应答器,其共同特点是无源的,接收车载设备发射的能量,供内部电路与回答发送用,其内部寄存器按协议以数码形式存放,实现列车速度监控及其他行车功能所必需的数据。置于信号机旁的地面应答器,用以向列车传递信号显示信息,因此需要通过接口与信号机相连。地面应答器内所存储的部分数据受信号显示的控制,此接口即轨旁电子单元 LEU。置于线路上的地面应答器通常不需与任何设备相连,所存放的数据往往是固定的。

当列车驶过地面应答器且车载应答器与地面应答器对准时,车载应答器首先以一定的频率,通过电磁感应方式将能量传递给地面应答器,地面应答器的内部电路在接收到来自车上的能量后即开始工作,将所存储的数据以某种调制方式(通常用频移键控 FSK 方式)通过电磁感应传送至车上。车载应答器与地面应答器之间的能量与数据传输如图 1-4 所示，其中100 kHz为能量通道，850 kHz 为数据传输通道，50 kHz 为增大可靠性而设置的监督通道。

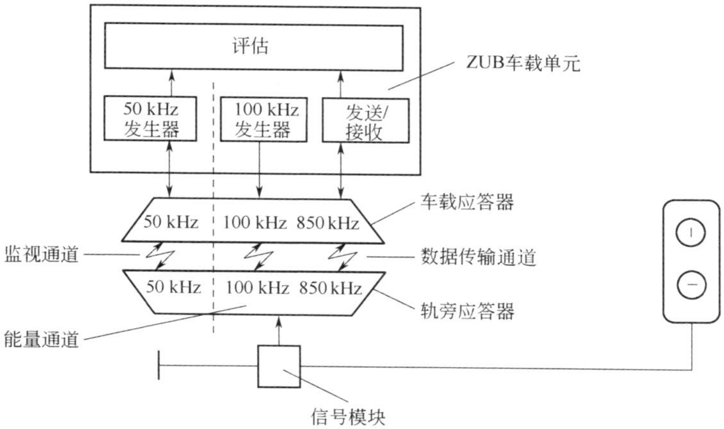

图 1-4　车载应答器与地面应答器之间的能量与数据传输

②轨旁电子单元

轨旁电子单元（LEU）是地面应答器与信号机之间的电子接口设备，其任务是将不同的信号显示转换为约定的数码形式。LEU 是一块电子印制电路板，可根据不同类型的输入电流输出不同的数码。

③车载设备

车载设备由车载应答器、测速传感器、中央处理单元、驾驶台上的显示、操作与记录装置等部分组成，点式 ATC 系统车载设备组成如图 1-5 所示。

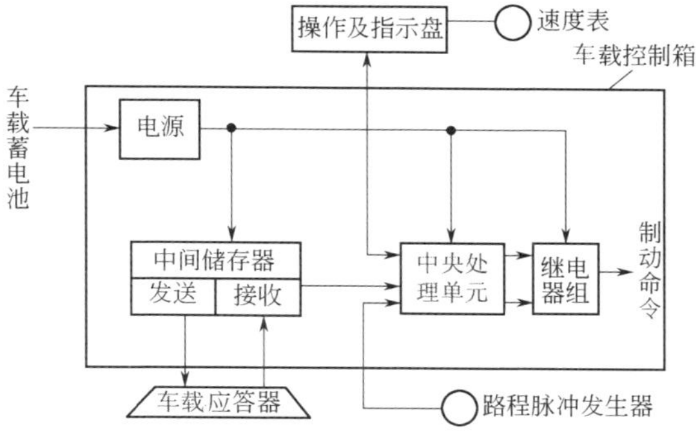

图 1-5　点式 ATC 系统车载设备组成

a. 车载应答器

车载应答器完成车地的耦合联系，将能量送至地面应答器，接收地面应答器所储存的数据并传送至中央处理单元。

b. 测速传感器

测速传感器通常装在轮轴上，根据每分钟车轮的转数与车轮直径，在中央处理单元内换算成列车目前的速度。

c. 中央处理单元

中央处理单元的核心是安全型计算机，它负责对所接收到的数据进行加工处理，形成列车当前允许的最大速度，将此最大允许速度值与列车的现有速度值进行比较，以决定是否给出启动常用制动乃至紧急制动的信息。从车载应答器传向地面应答器的高频电磁能量也是由它产生的。

d. 驾驶台上的显示、操作与记录装置

经过一个接口，即可将中央处理单元内的列车现有速度及列车最大允许速度显示出来，这种显示可以是指针式或液晶显示屏方式，按照需要，还可显示出其他有助于司机驾驶的信息，如距目标点的距离、目标点的允许速度等。对于出现非正常的情况（如出现超速报警、启用常用或紧急制动），都可以由记录仪进行记录。

（2）点式 ATC 系统的基本原理

点式 ATC 系统的车载设备接收信号点或标志点的应答器信息，还接收列车速度和制动压力信息，输出控制命令并向司机显示。地面应答器向列车传送每一信号点的允许速度、目标速度、目标距离、线路坡度、信号机号码等信息，车载中央控制单元根据地面应答器传至车上的信息及列车自身的制动率（负加速度），计算得出两个信号机之间的速度监控曲线。点式列车超速防护系统的速度监控曲线如图 1-6 所示。

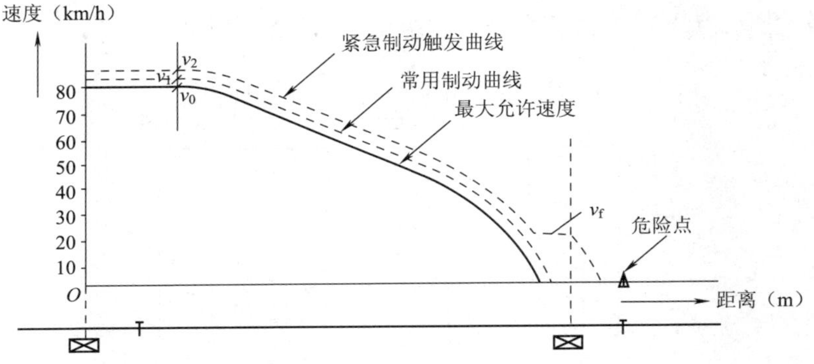

图 1-6　点式列车超速防护系统的速度监控曲线

v_0：所允许的最高列车速度。

v_1：当列车车速达到此值时，车载中央控制单元给出启动常用制动（通常为启动最大常用制动）的信息，列车自动降速至 v_0 以下。若列车制动装置具有自动缓解功能，则在列车速度降至 v_0 以下时，制动装置即可自动缓解，列车行驶趋于正常；若列车制动装置不具备自动缓解功能，则常用制动使列车行驶一段路程后停下，列车由司机经过一定的手续后重新人工启动。

v_f：当列车车速达到此值时，车载中央控制单元给出启动紧急制动的信息，确保列车在危险点的前方停住。

（3）地车之间的数据传递

地车应答器之间的数据传递是一种按协议的串行数码传输方式，电码以移频键控方式传送。为了防止干扰，载频通常在 800 kHz ~ 1 MHz，数码速率一般为 50 kbit/s。如西门子公司的 ZUB200 所采用的电码结构如图 1-7 所示。

000000001	80 ~ 100 bit 有用位	32 bit 安全校核

图 1-7　ZUB200 所采用的电码结构

ZUB200 的电码分为四大部分：起始同步码、信息码、安全监视码、终止码。

起始同步码用来识别一组电码的开始，车上、地下实现同步。首先约定在信息码中不允许出现连续八个“0”位及连续八个“1”位，然后以“00000001”作为起始同步码，以“11111110”作为终止同步码。

信息码一般是以电码组合的方式来传递有关信息。由于用户要求及实际情况千差万别，因此无一定的定格可言。按目前的技术水平，信息码已可达上千 bit。

点式 ATC 系统的主要缺点是信息传递的不连续性，有时会对列车运行产生不利影响，所以很少使用。

2. 连续式 ATC 系统

按地车信息传输所用的媒体分类，连续式 ATC 系统可分为有线与无线两大类。按自动闭塞的性质，连续式 ATC 系统可分为移动闭塞、准移动闭塞和固定闭塞。按地车所传输信息的内容，ATC 系统可分为速度码系统与距离码系统。

（1）基于轨道电路的连续式 ATC 系统

ATC 系统有速度码系统和距离码系统两种。不论是速度码系统还是距离码系统，都用轨道电路作为传输信息的通道，完成列车占用检测和发送 ATP 信息。

①速度码系统（Speed Code System）

速度码系统通常使用频分制方法，采用的是移频轨道电路，即用不同的低频频率来代表不同的允许速度。系统根据前行列车的位置，向轨道电路发送相应的低频频率，车上的传感器接收到该低频频率，经译解得知当前的允许速度，与测速传感器测得的实际运行速度进行比较，决定是否采取制动措施。

这类制式在信息传递与车上信息处理方面比较简单，从地面传递给列车的允许速度（限速值）是阶梯分级的，只能构成固定闭塞。这对于平稳驾驶、节能运行及提高行车效率都是非常不利的。因此，速度码系统已逐渐被能实时计算限速值的距离码系统所取代。

②距离码系统(Distance Code System)

距离码系统从地面传至车上的是前方目标点的距离等一系列基本数据,车载计算机根据地面传至车上的各种信息(包括区间的最大限速、目标点的距离、目标点的允许速度、区间线路的坡度等)及储存在车载单元内的列车自身的固有数据(如列车长度、常用制动及紧急制动的制动率、测速及测距信息等),实时计算出允许速度曲线,并按此曲线对列车的实际运行速度进行监控。

由于信息电码的多样性和复杂性,所以距离码系统必须使用时分制数字电码方式,按协议来组成各种信息。距离码系统采用数字编码音频轨道电路,是使用广泛的 ATC 系统,我国大多数城市轨道交通的 ATC 一度采用这种系统。

由于数据传输、实时计算及列车车速监控都是连续的,所以速度监控是实时、无级的,可以有效地实现平稳驾驶与节能运行,构成准移动闭塞。但是,钢轨不是一种理想的信息传输通道,铁质材料对音频信号的衰耗很大,集肤效应非常明显,限制了轨道电路的有效长度,此外,钢轨之间的漏泄、轮轨之间的接触电阻等因素均会影响轨道电路的性能。通过轨道电路传输难以实现列车与地面间的大容量信息交换。

然而,权衡性能、价格、安全可靠与可用性等诸方面的因素,用音频数字轨道电路构成的连续式 ATC 系统在城市轨道交通中仍得到广泛的应用。

(2)采用轨间电缆的 ATC 系统

采用轨间电缆的 ATC 系统利用轨间铺设的电缆传输信息。控制中心储存线路的固定数据:区间线路坡度、弯道、缓行区段的位置及长度等,经联锁设备,将沿线的信号显示、道岔位置等信息传送至控制中心。列车将其数据如:载重量、列车长度、制动率、所在位置、实际速度经电缆传给控制中心。控制中心的计算机根据这些数据计算出该时刻的列车允许速度。此速度值经电缆传送给运行在线路上的相应列车。列车获得此速度值对列车速度进行监控。这种方式统一指挥全部列车运行,遇有发生行车晚点或其他障碍,可极迅速地将行车命令传给列车。但控制中心故障则全线瘫痪。因此采用另一种控制方式,控制中心将有关信息(线路坡度、缓行区段位置、目标距离或目标速度等)通过电缆送至列车,由车载计算机计算其允许速度。

采用轨间电缆的 ATC 系统,其信息传递的连续性是以昂贵的轨间电缆为代价的,维修费用也高,而且轨间电缆的存在给线路养护工作带来了不便,因此较少采用。

(3)无线 ATC 系统

无线 ATC 系统利用无线通信的方式传输信息。地面编码器生成编码信息,通过天线向车上发送。信号显示控制接口负责检测要发送的信号显示,并从已编程的数据中选出有用数据送至编码器,同时选出与限制速度、坡度、距离等有关的轨道数据。编码器用高安全度的代码将这些数据编码,经过载波调制,馈送至无线通道向列车发送。车上接收设备接收限制速度、坡度、距离后,由车载计算机计算出目标速度,对列车进行监控。

用无线通道实现地车数据传输的 ATC 才是真正意义上的移动闭塞，被认为是最先进的 ATC 系统。目前，采用无线通信的 CBTC 已成为城市轨道交通 ATC 系统的主流制式。

第二节　ATC 系统选用

一、ATC 系统的水平等级

为确保行车安全和线路最大通过能力，根据国内外的运营经验，一般最大通过能力小于 30 对/h 的线路宜采用 ATS 和 ATP 系统，实现行车指挥自动化及列车的超速防护。在最大通过能力较低的线路，行车指挥可采用以调度员人工控制为主的 ATS 系统；最大通过能力大于 30 对/h 的线路，应采用完整的 ATC 系统，实现行车指挥和列车运行自动化。

ATO 系统对节能、规范运行秩序、实现运行调整、提高运行效率等具有重要的作用，但不同的信号系统设或不设 ATO 会使运营费用差异较大，不过即使是通过能力为 30 对/h 的线路，有条件时也可选用 ATO 系统。

根据运营需要，信号系统还应满足最大通过能力为 40 对/h 的总体要求。

对于城市轨道交通，通过能力的发挥往往受制于折返能力，而折返能力与线路条件、车辆状态、信号系统水平等因素有关。因此，通过能力要求较高时，折返能力需与之相适应，必须对上述因素进行综合研究、设计。

二、ATC 系统的可用性

ATC 系统应满足本系统设备和通信、供电等相关系统设备故障的特殊条件下安全行车的需要。ATC 系统应能降级运用，实现故障弱化处理，满足故障修复的需要。

信号系统降级运用是指系统由自动控制降级为人工控制，由遥控变为局控，由实现全部功能至仅完成部分功能等，对于某些 ATC 系统，可能存在系统设备故障失去列车位置检测并可能波及较大运营范围。若系统无后备的列车位置检测及后备模式，将不利于系统故障时的安全行车和故障后运营的恢复，因此类似的系统可考虑深层次的系统后退运行方式，包括投入后备系统的运用模式。后备模式及其具体要求应根据用户需要及系统设备的可靠性、可用性和安全性等因素确定。

车载 ATC 系统的设计指标具有非常高的可靠性和实用性。如果 ATO 自动驾驶发生故障，ATP 系统仍能对列车进行保护。此时列车应在“列车自动防护驾驶模式”下行驶，即由司机来执行 ATO 功能，ATP 能进行全面保护。如果所有的子系统都发生故障，虽然这种概率极小，如 ATP 信息丢失、轨道电路故障或其他模式都失灵，还有一种模式，即“限制人工驾驶模式”。此时，由司机在没有信号提示的情况下进行驾驶，但受到速度的限制，一般是在15～20 km/h。一旦超过这一限制，就会自动实施紧急制动，导致列车停车。在某些特定的情况下，有可能完全绕过 ATP 系统，以“非限制人工驾驶模式”进行驾驶，不过此时司机必须对行车完全负责。

ATP 和 ATO 的主控器中有结构配置数据，能确定驾驶模式更换的条件。例如，在遵循一定限速的条件下，列车行驶时可以由“列车自动防护驾驶模式”切换到“限制人工驾驶模式”，但是不可以从“自动驾驶模式”切换到“限制人工驾驶模式”。

当列车处在自动驾驶模式下，车载 ATO 运用牵引和制动控制将列车从一个车站驶向另一个车站。

ATO 地面设备与 ATS 系统通信，ATS 系统更新与每个站间运行有关的信息，以便满足运行图的要求。

三、ATC 系统的设计能力

ATC 系统的设计能力应符合下列规定：

(1) ATC 系统对车站、车辆段/停车场等的监控范围应按线路和站场所确定的建设规模设计，系统监控能力应与线路远期条件相适应。

(2) ATC 系统监控和管理的最少列车数量按远期配属列车数量计，并且增加一定的富余量，一般按 20% 考虑。新线设计时，车载信号设备实际配备数量，按初期或近期配属列车数量计。

(3) 列车通过能力宜按远期设计，折返能力必须适应远期运营要求。

ATC 系统应能与通信、电力监控、防灾报警和环境监控等其他专业系统接口。当配置综合自动化系统时，ATC 系统应能与其接口或纳入综合自动化系统。

信号系统的寿命周期为 15～20 年，列车通过能力按远期设计有利于列车运行调整。信号系统采用基于轨道电路的 ATC 时，其闭塞分区的划分按近期设计可以节省部分初期建设费用。

四、ATC 系统的选用原则

ATC 系统选按下列原则选择：

(1) ATC 系统应采用安全、可靠、成熟、先进的技术装备，具有较高的性能价格比。

(2) 城市轨道交通运营线路宜采用准移动闭塞式 ATC 系统或移动闭塞式 ATC 系统，也可以采用固定闭塞式 ATC 系统。

因为城市轨道交通具有客流量大、行车密度高的特点，而准移动闭塞式和移动闭塞式 ATC 系统可以实现较大的通过能力，对于客运量变化具有较强的适应性，可以提高线路利用率，具有高效运行、节能等作用，并且控制模式与列车运行特性相近，能较好地适应不同列车的技术状态，其技术水平较高，具有较大的发展前景。虽然固定闭塞式 ATC 系统技术水平相对较低，但由于可满足 2 min 通过能力的行车要求且价格相对低廉,因此也宜选用。根据实际情况,因地制宜选择三种不同制式的 ATC 系统是完全必要的。

(3) ATC 系统构成水平的选择按前述原则执行。

第三节　ATC 系统运用模式

一、ATC 系统控制模式

ATC 系统应包括下列控制等级:控制中心自动控制模式、控制中心自动控制时的人工介入控制模式、车站自动控制模式、车站人工控制模式。每种模式说明了操作对给定车站和归属控制地段中的列车运行所采取的控制等级,然而在同一时间只能处于一种模式。

以上控制等级应遵循的原则是:车站人工控制优先于控制中心人工控制、控制中心人工控制优先于控制中心或车站自动控制。

(1)控制中心自动控制模式

在控制中心自动控制模式(CA)下,列车进路命令由 ATS 进路自动设定系统发出,其信息来源是运行图及列车运行自动调整系统。控制中心调度员可以对列车运行自动调整系统进行人工干预,使列车运行按调度员意图进行。

(2)控制中心自动控制时的人工介入控制模式(CM)

在控制中心自动控制时,控制中心调度员也可关闭某个联锁区或某个联锁区内部分信号机或某一指定列车的自动进路设定,直接在控制中心的工作站上对列车进路进行控制。在关闭联锁区自动进路设定时,控制中心调度员可发出命令,利用联锁设备自动进路控制功能,随着前行列车的运行,自动排列一条后续列车的进路。在自动进路功能出现故障的情况下,调度员可以人工设置进路。

在 CM 模式中,由 ATS 系统启动控制而不由车站控制计算机启动控制。然而,车站控制计算机继续接收表示、更新显示和采集数据。

(3)车站自动控制模式

在控制中心设备故障或通信线路故障时,控制中心将无法对联锁车站的远程控制终端进行控制,此时将自动进入列车自动监控后备模式,由列车上的车次号发送系统发出的带列车去向的车次信息,通过远程控制终端自动产生进路命令,由联锁设备的自动功能来自动设定进路,即随着列车运行,自动排列一条进路。

(4)车站人工控制模式

当 ATS 系统因故不能设置进路(不论人工方式还是自动进路方式)或由于某种运营上的需要而不能由中心控制时,可改为现地操纵模式。在现地操纵台上人工排列进路。

车站自动控制和车站人工控制也可合称车站控制（LC）。当车站工作于 LC 模式时，不能由 ATS 系统启动控制。然而，ATS 系统将继续收到表示、更新显示和采集数据。对车站控制计算机而言，这是唯一可用的控制模式。

（5）控制模式间的转换

①转换至车站操作

只有当控制中心 ATS 已经发出相应的命令，才能转换到车站操作模式。因此，所有转换操作只能由车站操作员才能有效实施。当转换模式时，不用特别考虑检查联锁条件，自动运行功能不受影响。即使转换至车站操作，联锁显示还应该传输至控制中心 ATS，仅由车站操作站的打印机执行对显示和命令的记录。

②强制转换至车站操作

在没有收到控制中心 ATS 发出的命令时，也可转换至车站操作。通过一个已经登记的转换操作可以转换至车站操作，并且联锁系统的所有转换操作仅能由车站操作员来执行。

③转换至控制中心 ATS 操作

只有当车站操作已经发出释放命令，才能转换到控制中心 ATS 操作，然后控制中心 ATS 确认它。因此，所有转换操作只有由控制中心操作员才能有效实施。在这种情况下，只有正常的转换操作才能被接受。随着转换至控制中心 ATS 操作，控制中心 ATS 可以执行所有允许的操作，但是只有车站操作才能有效实施以下转换操作：当车站操作故障，在没有车站操作的释放命令的情况下，也可以转换至控制中心 ATS 操作。

二、驾驶模式及模式转换

1. 驾驶模式

城市轨道交通列车的主要驾驶模式应包括：列车自动运行驾驶模式；列车自动防护驾驶模式；限制人工驾驶模式；非限制人工驾驶模式；自动折返驾驶模式。

自动驾驶模式和无人驾驶模式可以提高列车行车效率，实现列车运行自动调整，维护列车运行秩序，减少司机劳动强度和人员配备的数量。然而，由于无人驾驶涉及车辆、行车组织、车辆段配置等多种因素，系统造价高，我国以前又无运用经验，故无人驾驶系统正在探索，根据需要逐渐采用。

（1）列车自动运行驾驶模式（ATO 模式或 AM 模式）

ATO 模式即 ATO 自动运行模式，此模式是正线上列车运行的正常模式，即用于正线上列车的正常运行。在这种模式下，列车从车站之间的运行是自动的，不需司机驾驶，司机只负责监视 ATO 显示，监督车站发车和车门关闭，以及列车运行所要通过的轨道、道岔和信号的状态，并在必要时人工介入。

司机给出列车关门指令，关闭车门后，通过按压启动按钮给出出发指令。车载 ATP

确认车门已关闭后，列车便可启动。如果车门还开着，ATP 不会允许列车出发。列车出发后站间运行的速度调整、至下站的目标制动及开车门都由 ATO 自动操作。ATP 确保列车各阶段自动运行的安全，在车站之间的运行将根据控制中心 ATS 的优化运行图指令执行，确定其走行时间。

在 ATO 模式下，ATO 根据 ATP 编码和列车位置生成运行列车的行驶曲线，完全自动地驾驶列车，ATO 还能根据到停车点的距离计算出列车的到站停车曲线，ATO 速度曲线可以由 ATS 的调整命令修改，ATP 系统控制列车的紧急制动。

（2）列车自动防护驾驶模式（SM 模式或 CM 模式）

SM 模式即 ATP 监督人工驾驶模式，是一种受保护的人工驾驶模式。在这种模式下，司机根据驾驶室中的指示手动驾驶列车，并监督 ATP 显示，以及列车运行所要通过的轨道、道岔和信号的状态，可以在任何时候操作紧急制动。ATP 连续监督人工驾驶的列车运行，如果列车超过允许速度将产生紧急制动。ATO 故障时列车可用 SM 模式在 ATP 的保护下降级运行。

在 SM 模式下，列车由司机人工驾驶，列车的运行速度受 ATP 监控，ATO 此时对列车不进行控制，但会根据地图数据随时监督列车的位置，如果 ATO 能与 PAC 通信，它可控制车门开启，ATP 向司机提示安全速度和距离信息，在列车实际行驶速度到达最大安全速度之前，ATP 可实施常用制动，防止列车超速，由 ATP 系统来控制列车的紧急制动。

（3）限制人工驾驶模式（RM 模式）

RM 模式即 ATP 限制允许速度的人工驾驶模式，这是一种受约束的人工操作，必须“谨慎运行”。在这种模式下，列车由司机根据轨旁信号驾驶，ATP 仅监督允许的最大限速值。该运行模式在下列情况下使用：

①列车在车辆段范围内（非 ATC 控制区域）运行时。

②正线运行中联锁设备、轨道电路、ATP 轨旁设备、ATP 列车天线或地对车通信发生故障时。

③列车紧急制动以后。

④启动 ATP/ATO 以后。

此时，车载 ATP 将给出一个 25 km/h 的限制速度。

在 RM 模式下，列车由司机人工驾驶，没有轨道编码的参与，不要求强制使用地面编码，此时 ATO 退出控制。由司机负责列车运行的安全，并监督列车所要通过的轨道、道岔和信号的状态，如有必要，对列车进行制动；列车行驶速度很低，例如不得超过 25 km/h，一旦超出，ATP 系统就会实施紧急制动。

（4）非限制人工驾驶模式（关断模式、URM 模式）

关断模式即不受限制的人工驾驶（无 ATP 监督）模式，用于车载 ATP 设备故障及车载设备测试情况下完全关断时的列车驾驶，列车是由司机根据轨旁信号和调度员的口头指令驾驶的，没有速度监督。ATP 的紧急制动输出被车辆控制系统切断，司机必须保证列车运行不超过限制速度（最大 25 km/h），并监督列车所要通过的轨道、道岔和信号的状态，必要时采取措施，对列车进行制动。

在关断模式下，列车由司机人工驾驶，没有 ATP 保护措施。使用这种模式必须进行登记，此时列车运行安全由司机负责，ATO 退出控制。

（5）自动折返驾驶模式（AR 模式）

列车在终端站或折返站调转行车方向或使用折返轨道进行折返操作，就要求能进入自动折返驾驶模式。为使自动折返操作具有高度的灵活性，自动折返模式有下列几种：

①ATO 自动运行折返模式。

②ATO 无人自动折返模式。

③ATP 监督人工驾驶折返模式。

折返命令是由 ATS 中心根据需要生成并传输至列车或由设计固定的 ATP 区域（如终端站）的轨旁单元发出。ATP 车载设备通过接收轨旁报文而自动启动 AR 模式，并通过驾驶室显示设备指示给司机，司机必须按压 AR 按钮确认折返作业。是否折返，使用折返轨道折返，由无人驾驶执行，还是由司机执行，这些完全由司机决定。采用无人折返或有司机折返取决于司机采取的不同折返模式。

若采用 ATO 自动运行折返模式，在司机按压 ATO 启动按钮后，列车自动驶入折返轨，并改变车头和轨道信息发送方向；在折返轨至发车站台的进路排列完成后，再次按压 ATO 启动按钮，列车自动驶入发车站台，并精确地停在发车站台。

若采用 ATO 无人自动折返模式，在司机下车后按压站台上的无人折返按钮，列车在无司机的情况下，自动完成启动列车驶入折返轨，改变车头和轨道信息发送方向，并在折返轨至发车站台的进路排列完成后，再自动启动列车驶入发车站台，并精确地停在发车站台。

若采用 ATP 监督人工驾驶折返模式，在人工驾驶过程中 ATP 将对列车速度、停车位置进行监督，并在列车驶入折返轨后自动改变车头和轨道信息发送方向。

除 URM 模式外，其他所有的模式都有一个 5 m 的退车限制，如果超过这个限制，ATP 将实施紧急制动。

2. 模式转换

以上五种基本运行模式，在满足一定条件后可以相互转换。

（1）列车驾驶模式转换的规定

①ATC 系统控制区域与非 ATC 系统控制区域的分界处，应设驾驶模式转换区，转换区的信号设备应与正线信号设备一致。

②驾驶模式转换可采用人工方式或自动方式，并应予以记录。当采用人工方式时，其转换区域的长度宜大于一列车的长度；当采用自动方式时，应根据 ATC 系统的性能

特点确定转换区域的设置方式。

③ATC 系统宜具有防止列车在驾驶模式转换区域未将驾驶模式转换至列车自动运行驾驶模式或列车自动防护驾驶模式,而错误进入 ATC 系统控制区域的能力。

④为保证行车安全,在 ATC 系统控制区域内使用限制模式或非限制模式时,应有破铅封、记录或特殊控制指令授权等技术措施。

(2)各种驾驶模式间的切换

①RM 模式切换到 SM 模式

列车从非 ATC 系统控制区域进入 ATC 系统控制区域,就从 RM 模式改变为 SM 模式,只要满足以下条件:列车经过了至少两条轨道区段的分界;报文传输无误;未设置 PERM 码位;ATP 轨旁设备没有发出紧急制动信号;ATP 车载设备的限速监控不会在 SM 模式启动紧急制动。

②SM 模式切换到 ATO 模式

满足以下条件,ATO 开始指示灯就会亮,说明此时可以从 SM 切换到 ATO 模式:当前轨道区段上没有停车点(安全/非安全);所有车门都已关闭;驾驶/制动拉杆处于零位置;主钥匙开关处于向前位置。当司机按了 ATO 开始按钮后,ATP 车载设备就从 SM 改变为 ATO 模式。

③ATO 模式切换到 SM 模式

在下列情况下 ATP 车载设备就从 ATO 模式切换到 SM 模式:如果司机把驾驶/制动拉杆拉离零位置或把主钥匙开关调到非向前状态;ATO 控制列车停靠车站的停车点,当列车在车站停稳后;如果列车停在区间,司机按压车门许可控制按钮打开车门。

④SM/ATO 模式切换到 RM 模式

如果 ATP 车载设备启动了紧急制动,无须操作就自动地从 SM/ATO 模式改变为 RM 模式。如果司机还想继续前行,那么就必须在列车停稳之后按压 RM 按钮。如果列车已经停稳,而司机按了 RM 按钮,就从 SM/ATO 模式切换到 RM 模式。如果切换到 SM 模式的所有先决条件都已满足,那么就马上转回 SM 模式。

在车辆段进口处,司机或 ATO 控制列车停靠在停车点上。如果满足以下条件:列车已停稳、已设置了结束点(END 码位),驾驶室的显示屏上就会显示指示,司机就可以按压 RM 按钮。按了 RM 按钮之后,就从 SM/ATO 模式切换到 RM 模式。

⑤SM 模式切换到 AR 模式

满足以下条件,就从 SM 模式切换到 AR 模式:ATP 车载设备从 ATP 轨旁设备接受 DTRO 状态的信息;ATP 车载设备间的通信良好。

⑥AR 模式切换到 SM 模式

满足以下条件,ATP 车载设备就从 AR 模式切换到 SM 模式:ATP 车载设备间的列车监控的改变是成功的;司机打开驾驶室。

⑦AR 切换到 RM 模式

如果 ATP 车载设备启动了紧急制动，无须司机的另外操作，就会自动从 AR 模式切换到 RM 模式。如果司机想继续前行，那么必须在列车停稳后按压 RM 按钮。

如果列车停稳后，司机按了 RM 按钮，就会从 AR 模式切换到 RM 模式。如果切换到 SM 无线 ATC 系统模式的前提条件都满足了，就马上切换到 SM 模式。

⑧RM 模式切换到关断模式

只有当 ATP 故障，才会降级至关断模式，列车会自动停车。司机操作密封安全开关至关断模式。这种模式的转换将被车载计数器记录。这个转换程序同样适用于 ATO 模式、SM 模式至关断模式。此时列车的运行安全由司机承担全部责任。

第四节　试　车　线

试车线一般设置于车辆段内，其主要功能是在列车安装及检修完 ATP 及 ATO 车载设备后，在试车线上进行 ATP/ATO 的静、动态试验。通过试验控制台，试验人员对轨道区段设置各种不同的速度信息，检验车载设备动态 ATP 及 ATO 性能，通过两个模拟的站台环路检验列车的车站定位停车、站台停车后的信息交换等功能。

一、设备配置

试车线安装与正线上一样的 ATP/ATO 轨旁设备。试车线可设有联锁，也可用一台非安全 PC（仅用于试车线）替代联锁模拟必要的联锁功能。用于试车线的室内和室外设备由以下主要部件组成：

计轴器的室内和室外设备；ATP/ATO 轨旁单元、试车线的试验计算机、与用于紧急停车的车辆段联锁系统的接口、精确停车的现场设备（环线）、PTI 环线、室内电缆、供电系统。

车辆段计算机联锁系统负责对试车线的进路设定。试验计算机模拟 ATP 的轨旁单元联锁接口，使 ATP 能够完成各项试验。

为了测试车辆，一典型的速度曲线将永久存储在 ATP 轨旁单元。在试车线的两端，在行驶的每一方向定制了运营停车点。ATP 的定位环线将安装在两端。

为试车线提供以下特殊测试设备有：带特殊测试应用程序的试验计算机（标准 PC）、用于 ATP/ATO 车载设备单元的车辆运行模拟器、用于 ATP 轨旁单元诊断的笔记本计算机。

二、试车线功能

1. 驾驶模式测试

包括进行 RM 模式、SM 模式、ATO 模式（包括能源优化功能）、AR 模式下的测试。驾驶模式可以由试验计算机菜单控制的软件进行切换。以上四种驾驶模式均可发送给列车。ATP/ATO 的车载设备单元将分别按指令进行驾驶。

2. 性能测试

试车线可进行超速测试、保护区段测试、列车保护距离测试、紧急停车测试、后退监督测试、车站定位停车和车门控制测试、轨道报文故障测试等，还可进行硬件性能测试、车载显示测试、报警、登录和诊断测试、与其他系统的接口测试。

3. 驾驶室转换试验

进行两端驾驶室的转换试验。由于测试人员在试车线试验 PC 机上通过指令输入可以给出出发命令。这样，运营停车点就被移走，列车接收到 ATP 轨旁设备生成出发命令。完成测试以后，车辆段联锁将取消测试进路，以便 ATP 停止向列车发送相关报文。司机在试车线以外的线路必须以 RM 模式驾驶列车。试车线的另一个功能是为维修人员提供一个 ATP/ATO 地面设备实际维修培训的场所。

第二章

ATC 系统基本原理

第一节　ATP 系统基本原理

ATP,即列车运行超速防护或列车速度监督系统。ATP 子系统是保证行车安全、防止列车进入前方列车占用区段和防止超速运行的设备。ATP 负责全部的列车运行保护,是列车安全运行的保障。ATP 子系统执行以下安全功能:速度限制的接收和解码、超速防护、车门管理、自动和手动模式的运行、司机控制台接口、车辆运行方向保证、永久车辆标识。

一、ATP 的基本概念

ATP 子系统的功能是对列车运行进行超速防护,对与安全有关的设备实行监控,实现列车位置检测,保证列车间的安全间隔,保证列车在安全速度下运行,完成信号显示、故障报警、降级提示、列车参数和线路参数的输入,与 ATS、ATO 及车辆系统接口并进行信息交换。

ATP 子系统不断将来自联锁设备和操作层面上的信息、线路信息、前方目标点的距离和允许速度信息等从地面通过轨道电路或无线传输通道传至车上,从而由车载设备计算得到当前所允许的速度,由车载设备测得实际运行速度,依此来对列车速度实行监督,使之始终在安全速度下运行。当列车速度超过 ATP 装置所指示的速度时,ATP 的车上设备就发出制动命令,使列车自动地制动;当列车速度降至 ATP 所指示的速度以下时,可自动缓解,而运行操作仍由司机完成。这样,可缩短列车运行间隔,可靠地保证列车不超速、不冒进。

ATP 是 ATC 的基本环节,是安全系统,必须符合故障—安全的原则。

二、ATP 设备组成

采用轨道电路传送 ATP 信息时,ATP 子系统由设于集中站的轨旁单元、设于线路上各轨道电路分界点的调谐单元和车载 ATP 设备组成,以及与 ATS、ATO、联锁设备的接口设备。

连续式 ATP 系统利用数字音频轨道电路,向列车连续地发送数据,允许连续监督和控制列车运行。对于 ATP,由轨道电路反映轨道状态,传输 ATP 信息,在轨旁无需其他传输设备。当轨道电路区段空闲时,发送轨道电路检测电码;当列车占用时,向轨道电路发送 ATP 信息。轨道旁的轨道电路连接箱内(发送、接收端各一个)仅有电路调谐用的无源元件,包括轨道耦合单元及长环线。

车载 ATP 设备完成命令解码、速度探测、超速下的强制执行、特征显示、车门操作等任务。车载 ATP 设备由两套 ATP 模块(信号处理器和速度处理器)、两个速度传感器和两个接收天线、车辆接口、驾驶室内的操作和控制单元(MMI)等组成。车载 ATP 设备根据地面传来的数据(由 ATP 天线接收)与预先储存的列车数据计算出列车实时最大允许速度,将此速度与来自速度传感器测得的列车实际运行速度相比较,超过允许速度时,报警后启动制动器。

借助于 MMI,司机可以按照 ATP 系统的指示运行。MMI 包括司机显示、司机外部接口两个子功能。司机显示功能向司机显示实际速度、最大允许的速度、目标距离、目标速度。ATP 设备的运行状态,以及列车运行时产生的重要故障信息,在某些情况伴有音响警报;司机外部接口包括释放驾驶室的设备允许按钮、车门释放按钮及确认按钮。

采用轨间电缆传送 ATP 信息时,系统主要由控制中心设备、轨间传输电缆及车载设备组成。控制中心通过中继器与轨间电缆环路相连。控制中心存储的各种地面信息和联锁装置的有关信息不断地经由轨间电缆传至列车,实现速度控制。

采用无线通信传送 ATP 信息时,系统主要包括:区域控制器、车载控制器和数据通信系统等。由车载计算机计算出目标速度,对列车进行监控。

三、ATP 系统的主要功能

ATP 系统应具有下列主要功能:检测列车位置、停车点防护、超速防护、列车间隔控制(移动闭塞时)、临时限速、测速测距、车门控制、记录司机操作。

以数字音频轨道电路方式的 ATP 系统为例,ATP 系统功能可分为 ATP 轨旁功能、列车检测功能(负责根据各轨道区段的空闲或占用情况,检测列车的位置)、ATP 传输功能和 ATP 车载功能。

1. ATP 轨旁功能

ATP 轨旁功能负责列车安全间隔和生成报文,完成对列车安全运行授权许可的发布和报文的准备,这些报文包括安全、非安全和信号信息等。ATP 轨旁功能又分为列车安全间隔功能和报文生成功能。

(1)列车安全间隔功能

列车安全间隔功能负责保持列车之间的最小安全距离,还负责发出运行授权。只有在进路已经排列,联锁功能中才发出列车运行授权,准许列车进入进路。当前方列车仍在进路中时,可为后续列车排列进路。

由 ATP 轨旁功能发出的运行授权根据相应的安全停车点的选择和激活而定。这些安全停车点的选定依赖于进路内轨道区段的状态。安全停车点的位置在信号系统的设计中确定,这方面的信息保存在 ATP 轨旁设备中。位置的选定是为了在各安全停车点以外提供一个安全的距离。在列车控制中,安全距离提供了差错的限度。这样,在 ATP 监督下,列车绝对不可能发生通过危险点的情况。

(2)报文生成功能

从各种 ATP 轨旁功能里接收请求,完成整理数据,准备和格式化要传送到 ATP 车载设备的报文,并决定传输方向。这样,生成经由每个轨道区段传输的报文,然后向车载设备发出报文。传输的报文总是与受 ATP 控制的接近列车运行相反的方向馈入轨道电路区段。

报文由变量和包含在各变量中的数据结合而成,每个变量由下列三个来源编辑而成:编入 ATP 轨旁单元的固定数据,包括速度限制、可依据进路排列和轨道区段占用状态等;从有限的预设选项中选择的可转换数据;ATS 功能的可变数据,若没有该可变数据,可使用编入到 ATP 轨旁单元的缺省值。报文的长度和内容会随环境状态的不同而变化。

列车进入一段轨道区段后,立刻会生成一连串专门报文。除其他信息以外,报文还提供列车进入该区段的时间,这个信息必须对距离同步。这些报文由轨道区段的状态变化而引发,并持续数秒时间。

整理完所需数据、准备完报文之后,就会将报文转换为 ATP 车载设备要求的一种格式。报文转换采用了必要的编码保护协议,它确保 ATP 车载设备能检测到报文的错误。报文一旦完成格式化,就被传送到 ATP 传输功能。

2. ATP 传输功能

ATP 传输功能负责发出报文信号,包括报文和 ATP 车载设备所需要的其他数据。

音频轨道电路电流以二进制编码顺序调制。当音频轨道电路显示轨道区段空闲,二进制编码顺序为音频轨道电路设备内预设的顺序;当音频轨道电路显示轨道区段占用,二进制编码顺序为 ATP 报文产生功能生成相应的报文。对于每个占用的音频轨道电路产生单独的报文。

就地车传输而言,音频轨道电路电流必须由轨道区段末端,迎着列车运行的方向注入。对双向运行的线路,送电点及传输方向必须根据列车的运行方向转换。转换传输方向所需的信号由 ATP 轨旁功能中的报文发生功能发出。

在每个要求本地再同步化的地点,提供同步定位环线。由未调制载波连续向环线供电,载频是由单独的传送器发出。同步定位环线发出感应信号在列车经过环线时可由 ATP 天线接收到。环线在预定的间隔距离后交叉,感应信号以预定的模式发生相位变化,这种变化能被 ATP 车载设备识别。这种模式用于 ATP 车载设备识别时间,即为车载接收天线经过已知环线点的时间。以这种方式就能够达到满意的再同步。

ATP 传输功能的输入是来自 ATP 轨旁功能的要传输的报文和相应选择传输方向的控制信号。

ATP 传输功能的输出:感应信号沿着整个轨道区段连续地传输信息;信号利用钢轨

作为传输天线,以合适的传输方向发出且只包括报文数据;感应信号利用同步定位环线作为传输天线传输间歇的信号,这个信号提供本地再同步的精确位置信息。这些感应信号共享一个共同的传输媒体(即轨道同列车之间的空隙),因此它形成了一个在 ATP 车载设备内接收的单一信号组合。

3. ATP 车载功能

ATP 车载功能负责列车安全运行,并提供信号系统和司机间的接口。车载功能由下列子功能组成:ATP 命令解码、ATP 监督、ATP 服务/自诊断、ATP 状态功能、车门释放、速度/距离功能、距离同步、本地再同步化、报文接收/同步定位环线检测及司机人—机接口(MMI)功能。

(1)ATP 命令解码

轨旁音频轨道电路将格式化的数据传送到车上,ATP 车载设备要将报文解码,以实现各种 ATP 功能。

(2)ATP 监督

ATP 监督负责保证列车运行的安全。各监督功能管理列车安全的一个方面,并在它自己的权限内产生紧急制动,所有的监督功能,在信号系统范围内提供了最大可能的列车防护。各种监督功能之间的操作是独立且同时进行的。

ATP 监督包括速度监督、方向监督、车门监督、紧急制动监督、后退监督、报文监督和设备监督等功能。

①速度监督

速度监督功能是超速防护的基础,是最重要的功能。它由七个速度监督子功能组成,每个子功能选定一个专用的以速度为基准的安全标准,各标准即为一个速度限制,这个限制速度可以是固定的,也可以根据列车的位置连续改变或阶梯式改变。如果实际列车速度超过允许速度加上一个速度偏差值时,列车实施紧急制动。该偏差值可以根据安全标准进行修改,并在系统设计时确定。各种速度偏差值选定后在 ATP 车载单元中编程。

a. RM 速度监督

RM 速度监督以限制列车速度达到低速值为目的,这个低速值(例如 25 km/h)适用于 RM 模式。RM 速度监督在 RM 模式中有效,它不用于任何其他模式。

限制速度是固定的(例如不考虑列车的位置),并在系统设计时确定,这个确定值编程在 ATP 车载单元中。

b. 最大列车允许速度的监督

最大列车允许速度的监督以限制列车运行速度到最大允许值(就车辆允许而言)为目的,它在 SM、ATO 和 AR 模式中有效。

速度限制是固定的,它定义在 ATP 车载单元中。

c. 停车点的监督

停车点的监督以保证列车停在停车点(不超过停车点)为目的。在 SM、ATO 和 AR 模式中,每当前方列车占用的轨道区段内有安全或危险停车点,该监督都有效。在 RM 模式中,该监督无效。

按照列车至停车点的距离,列车的速度限制连续地改变,并通过一条最终为零的制动曲线实施。ATP 车载单元计算一个零目标速度的制动曲线的基础为:列车制动性能数据及已经接收到报文数据中明确定义的线路坡度。

d. 限制速度起始点的监督

限制速度起始点的监督保证列车在起始点就按照速度限制运行。在 SM、ATO 和 AR 模式中,当前行列车占用区段内的速度限制始点存在时有效,在 RM 模式中无效。

从限速始点开始,限制速度随着距列车的距离而不断地变化,并通过一个最终为非零的制动曲线实施。制动曲线由 ATP 车载单元计算。

e. 进入速度监督

进入速度为列车进入前方下一轨道区段的最大允许速度,它考虑到:下一轨道区段可能存在的任何停车点、可能存在的线路速度限制起始点、下个进入速度。因而,进入速度是一种假设,用于避免定义精确的速度和目标的位置,它位于列车占用轨道区段前方以外,这样可以减少地车传输数据的数量。

进入速度监督是保证列车速度同下一轨道区段的最大允许速度及以后的目标一致。这个速度监督在 SM、ATO 和 AR 模式中有效,在 RM 模式中无效。

f. 线路允许速度的监督

线路允许速度由列车头部占用轨道区段的线路允许速度和列车其他部分仍占用的其他轨道区段的线路允许速度决定。线路允许速度是根据列车的运行位置改变的。ATP 车载单元通过使用报文里的线路速度数据、测量运行距离及列车的长度来确定线路允许速度。

线路允许速度监督保证列车运行速度同其所在位置的线路允许速度监督一致,在 SM、ATO 和 AR 模式中有效,在 RM 模式中无效。

g. 没有距离同步的监督

没有距离同步的监督是提供安全速度监督,这种监督是特殊情况下不能得到距离同步,而 ATP 车载设备准许在 SM 模式或 ATO 模式,而不是 RM 模式中进行操作。这种监督方式的情况很少出现。

距离同步的丢失是由于触发紧急制动时列车不处于稳定状态或列车已经在线上运行时才打开 ATP 车载设备电源引起的。只有当 ATP 车载单元接收到授权其使用的报文时,才可以使用该功能。此项授权限制在下列情况下使用:

(a)列车运行不存在从相邻轨道电路产生邻线干扰的危险。

(b)列车运行前方当前占用轨道区段无停车点。

(c)使用在当前轨道区段的固定速度限制不小于以前轨道区段的任何速度限制。

如果没有发生上述情况中任何一种，则不允许 ATP 轨旁设备发出授权使用这项功能的报文且列车必须在无信号移动许可的 RM 模式下运行。

速度监督功能的输入包括车载速度/距离功能中的列车现行速度和位置信息，以及服务/自诊断功能中的列车数据（例如列车最大允许速度）。

速度监督功能的输出：向司机人—机接口功能提供（通过列车总线）最大允许速度和列车速度警告；向列车制动系统提供紧急制动命令；向服务/自诊断功能提供列车数据、状态信息、处理和记录数据（包括紧急制动的使用），以及错误信息。

②方向监督

方向监督功能的作用是监督列车在“反方向”运行中的任何移动，如果此方向的移动距离超过规定值，那么就会实施紧急制动。“反方向”运行移动距离的监督是累计完成的，以便无论是单一的移动或是在几个短距离移动中交替地被“前行”的短距离移动中断。

在 SM、ATO 和 AR 模式中，必须连续具备方向监督功能，如果列车正在运行，那么 RM 模式中也可以使用方向监督功能。

方向监督功能启动时在驾驶控制中不考虑选用的方向（“前行”“反向”或“中间位置”）不论移动是由牵引动力引起的或是在无动力时由斜坡的滑动造成的；不论移动是故意的或是偶然的。如果列车“反方向”运行，列车的后部可能通过保护列车的危险点，那么列车运行将占用为下一列车提供安全距离的轨道区段。驾驶方向的监督是限制这种占用的扩展。在定义一个安全距离时会考虑最大占用距离，因此任何反方向驾驶中剩余的移动不会对安全造成威胁。

定义安全距离时考虑到：当列车在坡度较大的上坡道启动时，允许列车稍微向后滑动一点；如果列车超过正确的停车位置，允许司机向反方向实施短暂的移动。

选定的距离值在 ATP 车载单元中编程。方向监督功能的输入来源于车载速度/距离功能的移动距离和移动方向。方向监督功能的输出在列车制动系统使用紧急制动实施命令，在服务/诊断功能中紧急制动实施记录数据。

③车门监督

如果检测到列车在移动，而车门没有锁在关闭状态，车门监督功能就会实施紧急制动。除了“被抑制”，车门监督功能在所有驾驶模式中都有效。

如果列车移动超过一定的距离（例如 0.3 m）或当列车以超过特定速度的速度运行（例如“ATP 零速度”）；当从车门接点没有接收到“全部车门关闭”信号时，列车实施紧急制动。作为选择，当列车速度大于某特定值时（例如 5 km/h），禁止实施车门监督，这是为了避免假紧急制动的执行，这个假紧急制动可能是由车门接点的断续操作（振动）引起的。

在紧急情况下，当列车停稳，司机按压紧急车门按钮阻止了车门监督功能，这使得在车门接点故障时，也可以移动列车。当车门监督功能以这种方式“被抑制”时，司机必须完全负责并保证在随后运行阶段乘客的安全。当从车门接点再次接收到“全部车门关闭”信号，车门监督功能自动恢复。

④紧急制动监督

紧急制动监督功能保证接收到紧急制动报文时在最短距离内停车。在 SM、ATO 和 AR 模式中，紧急制动监督功能连续有效，在 RM 模式中无效。在站台按下紧急停车按钮，紧急停车命令会立即生成。

紧急制动发生在超过最大允许速度值（加上规定的误差）或按压位于车站的紧急按钮时。紧急制动保存在故障存储器中，借助服务与诊断计算机可以得到记录的数据。出现下列情况之一时，ATP 车载单元实施紧急制动：

a. 超过速度曲线的允许速度。

b. 超过车辆的最高允许速度。

c. 位于站台的紧急制动按钮引起的紧急停车。

d. 传输故障，运行超过 10 m 和 5 s。

e. 启动方向错误，车辆后退。

f. 列车运行时打开车门。

g. ATP 车载设备全面故障。

如果列车处于停稳的状态实施了紧急制动，此功能无效。

紧急制动是以故障—安全的方式触发的。紧急制动总是引起列车停车，然后通知司机，可以通过执行 RM 模式来取消紧急制动，列车继续在限制人工驾驶模式下运行。当列车经过两个音频轨道区段的分界时，进入 ATP 监督模式的操作，但如果由 ATP 车载单元出现全面故障引起的紧急制动，列车只能在关断模式下运行。

外部触发的紧急制动监督功能是保证在 ATP 车载设备没有使用 ATP 车载单元的位置信息，而跟随一个外部触发的紧急制动（例如由司机发出的）的监督。在所有驾驶模式中，这个功能都有效。

实施任何紧急制动时，由 ATP 车载单元发出的位置信息可能由于车轮打滑而失效。当紧急制动由外部触发时，必须通知 ATP 车载单元，让它采取正确的措施防止使用可能出现的错误信息。

通过监督制动系统内的接点，会探测到外部触发的紧急制动，除非列车已经停稳。外部触发紧急制动会引起 ATP 车载单元自身触发紧急制动。如果 ATP 车载单元不触发本身的紧急制动，就强迫 ATO 车载设备进入 RM 模式，直到再次达到距离同步以前，SM、ATO 或 AR 模式的操作是不可能的。

外部触发紧急制动监督功能的输入是从列车制动系统发出的紧急制动实施警报。

外部触发紧急制动监督功能的输出是发给列车制动系统的紧急制动实施命令和服务/诊断功能的紧急制动实施记录数据。

⑤后退监督

后退监督功能防止列车后退时超过某特定的距离。列车后退距离的累加减去几次短暂前行的距离不能超过规定的距离(3 m)。假如超过此距离,列车将通过 ATP 实施紧急制动,确保列车不后退。

⑥报文监督

报文监督功能是监测从 ATP 传输功能接收到的报文。如果检测出传输报文中断持续超过 3 s 或在此期间列车运行超过一规定距离(一般为 10 m),报文监督功能会触发一个紧急制动。这个功能在 SM、ATO 和 AR 模式中有效,但在 RM 模式中不起作用。

报文监督功能的输入是从车载速度/距离功能中得到的列车现在的位置、从 ATP 传输功能产生的报文。

报文监督功能的输出是发给列车制动系统的紧急制动实施命令和服务/诊断功能的紧急制动实施记录数据。

⑦设备监督

设备监督功能是用来监控 ATP 车载设备的正常工作,确保当设备故障时的安全,列车不经检查是不允许运行的。一旦 ATP 车载设备被检测出故障,就会启动紧急制动直到列车停下来。此时司机使用故障开关强制关闭 ATP 功能,然后按照控制中心的指挥人工驾驶列车。

(3)ATP 服务/自诊断

该功能负责采集、存储、记录、调用列车数据、状态信息,为 ATP 监督提供服务,完成 ATP 车载设备的自诊断。

(4)ATP 状态功能

ATP 状态功能负责根据主要情况选定正确的状态和模式。

在列车有电的情况下,ATP 车载单元可能处于三种状态中的一种:激活的、待用的、备用的。其中备用状态是暂时的状态。

在 ATP 车载单元负责监督列车时,使用激活状态。ATP 车载单元监督列车的责任,取决于其中一个相关驾驶控制台的状态(“关”或“开”)。如果两个驾驶台的一个是“开”的状态,那么 ATP 在 RM、SM 或 ATO 模式中进行的操作取决于 ATP 状态功能。

当 ATP 车载单元不负责监督列车时,使用备用状态。在列车得到电源但却没有插入钥匙的情况下,即刻出现备用状态。

备用状态只是暂时的状态,当钥匙插入时,立即执行启动自检测,完成后更换为激活或待用状态。

(5)车门释放

车门释放功能保证当显示安全时允许打开车门。在所有的信号模式中可以连续使用此功能。在满足下列条件时可得到车门释放指令:

①列车已停在带非安全停车点的预期停车窗内。

②非安全停车点对应于列车长度。

③ATP 车载单元接收到许可打开车门的报文。

根据站台的布置,车门释放可以在列车的任意一侧或两侧。

在特殊情况下(例如列车停在预期停车窗以外),列车停稳时司机可按下紧急车门按钮,不用考虑上述条件就可得到车门释放命令,允许列车车门的打开。当以这种方式得到车门释放时,司机必须完全负责车门的安全操作。

在特定条件不再适用或在紧急车门按钮给出释放的情况下,当从车门接点接收到“全部车门关闭”信号,列车开始启动(例如:列车速度超过 ATP 零速度),车门释放终止。

车门释放功能的输入源于:车载速度/距离功能的现行速度和位置、列车长度、ATP 传输功能的许可车门打开的报文、紧急车门按钮。

车门释放功能的输出向 ATO 功能和司机人—机接口功能发出车门释放指示,向车门控制发出车门释放许可。

(6)速度/距离功能

速度/距离功能基于测速单元的输入,负责测定列车的运行速度、运行距离和运行方向。

对于采用数字音频轨道电路的 ATC 系统,距离是根据各轨道电路的始端来测量的,并通过使用测速单元的输入和固定数据(车轮直径)来确定。计算距离准许车轮直径、脉冲发生和车轮黏着/打滑的而造成的误差。

速度/距离功能接收测速单元的输入,将当前读数的脉冲计数与先前读数和部分计算出的运行距离进行比较,这些部分距离被累加后提供一个确切的运行距离。通过对特定时间间隔距离部分的累加,测速功能可以确定列车的实际运行速度。在系统设计中根据要求可提供更高的速度灵敏度,累加距离部分的时间间隔是可设置的。

从测速单元的输入提供一个渐增或渐减的脉冲计数,这个脉冲计数是测速单元根据列车移动的方向给出的。通过对当前读数与先前读数的比较,速度/距离功能可以确定列车的运行方向。

速度/距离功能的输入是从测速单元中获得的读数和从安全数据入口功能中获得的车轮直径数据。

速度/距离功能的输出通过列车总线用于其他 ATP 车载功能、ATO 功能和司机人—机接口功能中。

(7)距离同步

ATP 轨旁功能记录音频轨道电路的占用情况(这个信息由列车检测功能提供),然后 ATP 轨旁功能向列车传送有关在报文中音频轨道电路占用经过时间的信息。这个时间考虑到包括允许检测、列车检测功能相关的传输延误、地车传输相关的处理和传输延误在内的余量。

一接收到 ATP 轨旁功能的同步化信息，距离同步化功能就通过计算在报文中消逝时间内列车运行的部分距离来计算列车前方的位置。计算包括列车前方位置相对于第一个轮轴的调整、检测报文中延误的偏离值。

距离同步功能的输入来自 ATP 轨旁功能的同步化信息。

距离同步化功能的输出通过列车总线送至其他 ATP 车载子功能和 ATO、人—机接口功能中。

(8)本地再同步化

对于列车位置高精度要求，提供额外的本地再同步化(例如停车窗和车门释放监督)。这是通过使用预定的同步基准点(同步定位环线的交叉点)实现的。由列车检测的同步基准点，预计位于列车已知的距离窗内，并假定列车距离的测量误差在规定限制范围以内。一旦达到第一个同步基准点，就会精确地知道列车的位置。在某种程度上，交叉模式的选定是由于停车点已足够地接近交叉点因而达到了所需的精度。

本地再同步功能的输入来自报文接收/同步定位环线检测功能的同步定位环线检测。

本地再同步功能的输出提供当前音频轨道电路内再同步当前位置，使得至其他 ATP 车载子功能和 ATO 功能成为可能。

(9)报文接收/同步定位环线检测

报文接收/同步定位环线检测功能的一个作用是从 ATP 轨旁功能接收、解码报文信号。通过安装在前方列车驾驶室底部的接收器天线接收报文。当 ATP 车载单元一打开，此功能对各有效传输频率进行搜索，直到识别出基于接收信号幅值的、当前列车所在的音频轨道电路使用的频率。一旦该频率形成且接收到报文，下一音频轨道电路的音频就会从报文数据中确定。

如果报文接收功能确定在传输中出现错误，会以无效而拒收报文。在特定时间/距离之内若没有接收到有效报文，就会触发紧急制动功能。

报文接收/同步定位环线检测功能的另一个作用是在轨道中检测同步定位环线。检测到同步定位环线的时间很重要，它用于列车定位本地再同步中。

报文接收功能的输入来自折返功能的当前轨道电路频率及 ATP 轨旁功能的报文。

报文接收功能输出报文接收/同步定位环线检测功能的输出至本地再同步功能。

(10)人—机接口(MMI)功能

MMI 提供信号系统与司机的接口。借助于 MMI，司机可以按照 ATP 系统的指示运行。MMI 向司机显示实际速度、最大允许速度，以及 ATP 设备的运行状态。另外，显示列车运行时产生的重要故障信息，在某些情况伴有音响警报，如超过了最大允许速度。显示信息的类型和范围取决于设备的操作规程和 ATP 设备的配置。

人—机接口功能包括司机显示功能和司机外部接口。

①司机显示功能

司机显示功能向司机提供驾驶列车时所需的全部信息，包括：实际速度、允许速度（只在 SM、ATO 和 AR 信号模式中）、从最大限制的 ATP 功能条件下推算出的目标距离/速度、“驾驶状态”（即在牵引、惰行和制动方式下的移动）、“运行模式”（RM、SM、ATO 或 AR 模式）、列车折返运行（在 AR 模式有效时显示，也在 AR 按钮按下时显示确认）、列车停在预定停车窗以外、车门状态显示、向司机提供列车车门打开一侧的显示、关门指令、出站命令、车辆段显示（列车在车辆段时的车辆段识别显示）、实施紧急制动、ATP/ATO 故障等。

司机显示功能的输入来自 ATP 和 ATO 功能的当前状态。

司机显示功能的输出给司机的状态显示。

②音响报警功能

当列车速度/位置超过警告速度曲线时发出音响报警。允许速度由制动曲线确定，警告速度曲线是允许速度加上一个特定速度余量来表示的。计算出警告速度曲线用于给出一个固定的司机反应时间，以及触发紧急制动。

音响报警功能的输入是 ATP 速度曲线、列车实际速度和位置、ATP 功能紧急制动实施的显示。

音响报警功能的输出对司机进行音响报警。

司机外部接口用于司机驾驶操作。

(11)折返/改换驾驶室功能

在列车进行折返的情况下，要求司机改换驾驶室。

ATP 车载设备必须考虑到使用不同的驾驶操作台，保存有关相对轨旁位置、列车前部和后部的信息。改换驾驶室引起列车前部和后部的互换，ATP 车载设备必须相应地调整位置信息。

折返发生故障，会导致在司机改换驾驶室且打开在列车的前头的驾驶台时，ATP 设备不能进入 SM 模式。

列车停稳后 ATP 车载设备收到要求折返报文以后自动生成 AR 模式。此类报文可通过 ATS 功能发出的命令给出，也可当列车进入在全部列车需要折返地点的相应轨道区段时自动生成。

使用 AR 模式的方法是当列车停在站台、在车站后的折返轨或可接收到相关报文的任何位置时，执行折返。

当列车停在折返轨，会自动选定 AR 模式，并接收到相应的报文。这时，安装在司机驾驶台上的 AR 按钮会亮，并显示可以执行折返处理。司机通过按压 AR 按钮表示接受，AR 按钮闪亮。司机关闭驾驶台，并在没有司机的情况下实施自动折返。司机离开原驾驶室，如果需要的话其走到列车另一端的驾驶室。在折返有效时，列车另一端驾驶室里的 AR 按钮闪亮，表示该驾驶室已经可以使用。同一或另外的司机打开现驾驶室的司机驾驶台，ATP 车载单元进入 SM 模式并准备列车的返回运行。

四、ATP 系统的技术要求

1. ATP 系统的基本要求

(1)ATP 系统应由列车自动防护的轨旁设备、车载设备和控制区域内的联锁设备组成。

联锁设备属于安全系统并纳入 ATP 系统为典型的系统分类方式。但在系统阐述时，可将联锁设备列为子系统独立论述。

(2)城市轨道交通必须配置 ATP 系统，其系统安全失效率指标应优于 10^{-9}/h(信号系统安全失效率指标通常定义为 10^{-11}/h 或 10^{-9}/h)。

ATP 系统内部设备之间的信息传输通道也必须符合故障—安全原则。

(3)闭塞分区的划分或列车运行安全间隔，应通过列车运行模拟确定，并经列车实绩运行校验。

为保证行车安全，在安全防护地点运行方向的后方应设安全防护距离或防护区段，安全防护距离应通过计算确定。安全防护距离涉及信号系统控制方式及其技术指标、列车速度、车辆性能和线路状态等多种因素，主要决定于一定的速度条件下，设定的紧急制动距离和有保证的紧急制动距离之差。在列车跟踪运行的情况下，安全防护距离应增加列车尾车后部车轴可能未被检出的附加距离。

(4)城市轨道交通的 ATP 系统应采用连续式控制方式。连续式控制方式主要是指安全输入信息连续采集，并实现连续控制。宜采用速度—距离制动模式。列车位置检查可采用轨道电路、轨道环路、计轴器等方式实现。

(5)城市轨道交通宜采用计算机联锁设备。

2. ATP 车载设备的技术要求

ATP 车载设备在满足 ATP 系统基本要求外，还应符合下列规定：

(1)ATP 系统导致列车停车为最高的安全准则。地车连续通信中断、列车完整性电路断路、列车超速、列车的非预期移动、车载设备故障等均应导致安全性制动。

(2)ATP 车载设备的车内信号应是行车的主体信号。车内信号至少包括列车实际运行速度、列车运行前方的目标速度。在两端驾驶室内均应装设速度显示、报警装置和必要的切换装置。

(3)ATP 执行强迫停车控制时，应切断列车牵引，列车停车过程不得中途缓解。ATP 执行的强迫停车控制，包括全常用制动或紧急制动控制等不同方式，但最终控制模式应为紧急制动控制。考虑到行车的安全，要求停车过程不得中途缓解，并应在列车停车后，司机履行一定的操作手续，列车方能缓解。

(4)车载信号设备与车辆接口电路的布线应与其主回路等环节的高压布线分开敷设并实施防护，与车辆电器的接口应有隔离措施。

3. ATP 地面设备的技术要求

ATP 地面设备在满足 ATP 系统基本要求外,还应符合下列规定:

(1)ATP 地面设备宜采用无线通信设备或报文式无绝缘轨道电路,也可采用模拟式移频轨道电路。

(2)ATC 控制区域宜采用无绝缘轨道电路;道岔区段、车辆段及停车场线路可采用有绝缘轨道电路。区间轨道电路应为双轨条回流方式;道岔区段、车辆段及停车场轨道电路可采用单轨条回流方式。相邻轨道电路应加强干扰防护。轨道电路利用兼作牵引回流的走行轨时,装设的横向均流线应不影响轨道电路的正常工作。

(3)ATP 地面设备向 ATP 车载设备传送的允许速度指令或线路状态、目标速度、目标距离等信息,应满足 ATP 车载设备控制方式和控制精度的需要。

五、ATP 基本工作原理

1. 列车检测

采用轨道电路等作为列车检测设备。当轨道电路区段空闲时,发送轨道电路检测电码,此时轨道电路的功能是检测是否空闲,检测结果送往联锁装置。

采用轨间电缆 ATC 系统利用轨间电缆的交叉配置实现列车定位。

采用无线通信的 ATC 系统通过车地的通信通道进行列车定位。此时计轴设备作为次级设备,连续地对线路的占用/空闲进行安全可靠的检测。

2. 列车自动限速

连续式 ATP 系统利用数字音频轨道电路或车地通信通道,向列车连续地发送数据,允许连续监督和控制列车运行。对于 ATP,在轨旁无需其他传输设备。

ATP 轨旁单元从联锁和轨道空闲检测系统获得驾驶指令,形成计划数据后传输至 ATP 车载设备。驾驶指令主要包括目标坐标(目标速度和目标距离)、最大线路允许速度和线路坡度。ATP 车载设备通过此数据计算现有位置的列车允许速度。驾驶列车所需的数据经由驾驶室显示器指示给司机。

实际的列车速度和驶过的距离由测速装置连续进行测量。

ATP 车载设备列车实际速度与列车允许速度进行比较。当列车速度超过列车允许速度时,ATP 的车载设备就发出制动命令,发出报警后控制列车进行常用全制动或实施紧急制动,使列车自动地制动;当列车速度降至 ATP 所指示的速度以下时,便自动缓解。运行操作仍由司机完成。

ATP 不仅可用来保证列车之间的运行安全,还用于受曲线等线路条件、通过道岔、慢行区间等限制而需要限速的区段。因此限速等级是根据后续列车和先行列车之间的距离、线路条件等决定的。ATP 可对列车运行速度进行分级或连续监督。

3. 目标速度和目标距离

ATP 轨旁设备向在其控制范围内的列车分配一个“目标距离”,再由轨道电路或车地通信设备生成代码，通知列车前方有多少个未占用的区段，接着，ATP 车载设备调用存储器里的信息，决定在列车任何时刻列车的运行速度和可以运行的最远距离，确保在抵达障碍物或限制区之前安全停车。目标距离原理如图 2-1 所示。

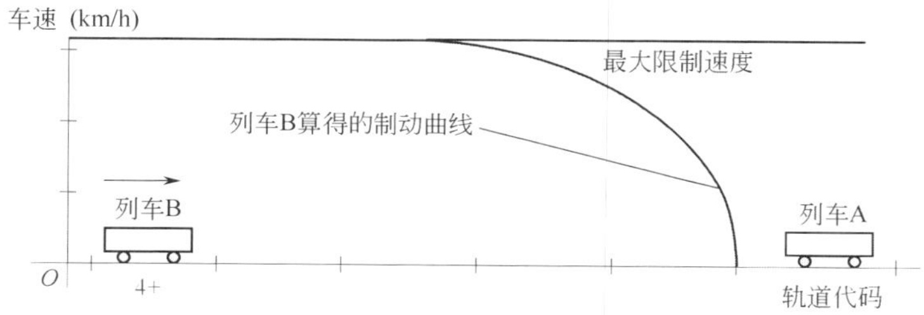

图 2-1　目标距离原理

图中编码仅表示列车 B 前方未被占用的轨道区段的数目。列车 B 所在的区段标记为4+，这代表在到达阻碍或限制区之前，前方有 4 个空闲的轨道区段。列车 B 可获得其精确的位置，这一信息与保存在 ATP 和 ATO 设备存储器中的线路图数据相结合起来，可推算出列车的最大安全距离或目标距离。这样，列车 B 就能安全进入列车 A 所占用的轨道区段之后方的空闲轨道区段。

列车的实际行驶速度不断与计算出来的最高速度进行比较，如果实际车速超过最高速度，则自动启用紧急制动。

列车除了必须遵循通过轨道传来的指示目标距离的编码外，在线路的某些区域，由于某种特殊情况或临时性原因，如轨道临时性作业等，还有一些速度限制要求。ATP 将充分考虑到各种限速条件，选择最严格的条件来执行。

4. 制动控制模式

列车制动控制模式分为分级制动模式和一次制动模式。

(1)分级制动模式

分级制动是以闭塞分区为单元，根据与前行列车的运行距离来调整列车速度的，各闭塞分区采用不同的低频频率调制，指示不同的速度等级，在此基础上确定限速值。分级制动模式又分为阶梯型和速度—距离曲线型。

阶梯型分级制动模式俗称大台阶型。它将一个列车全制动距离划分为 3 或 4 个闭塞分区，每一闭塞分区根据与前行列车距离确定限速值。当列车速度高于检查值时，列车自动制动。其为滞后监督方式，即在闭塞分区出口才监督是否超速，所以为确保安全，必须设有“保护区段”。固定闭塞制式的 ATC 通常采用阶梯型分级制动模式。阶梯型分级制动模式虽然构成较为简单，但具有较多缺点：

①设有防护区段，会影响通过能力。

②列车接近前行列车时遇到两次车内信号红灯，司机难以区分哪一个闭塞分区有

车占用,容易造成混乱。

③由于其在闭塞分区出口处才给出下一闭塞分区的允许入口速度,司机有时会措手不及。

④列车在进站信号机前停车或进站停车时,司机怕"撞墙"引起紧急制动,往往要压低速度运行,影响运输效率。

阶梯型分级制动模式不能满足高密度行车的需要,改为速度—距离曲线型制动模式。该曲线是根据该闭塞分区提供的允许速度值及列车参数和线路常数由车载计算机计算出来的(或将各种制动模式曲线储存调用)。速度—距离曲线制动模式的速度曲线如图 2-2 所示。准移动闭塞制式的 ATC 通常采用曲线型分级制动模式。

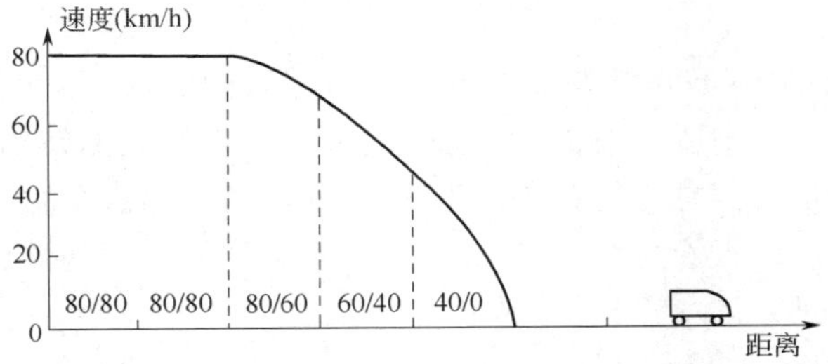

图 2-2　速度—距离曲线型制动模式的速度曲线

(2)一次制动模式

一次制动是按目标距离制动的。根据距前行列车的距离或距运行前方停车站的距离,由控制中心根据目标距离、列车参数和线路参数计算出列车制动模式曲线或由车载计算机予以计算,按制动模式曲线控制列车运行。信息传输有数字编码轨道电路传输和无线传输两种方式。无论何种方式,传输的信息必须包括线路允许速度、目标速度、目标距离。一次制动方式最能合理地控制列车运行速度,是列车自动控制技术的发展方向。一次制动模式的速度曲线如图 2-3 所示。移动闭塞制式的 ATC 通常采用一次制动模式。

5. 测速与测距

确定车辆速度和位置是 ATC 系统关键、重要的功能。

(1)测速

列车运行速度的测量非常重要,列车实际运行速度是速度控制的依据,该速度值的准确和精度直接影响调速效果。

测速有车载设备自测和系统测量两种方法,车载设备自测有测速发电机、路程脉冲发生器、光电式传感器和霍尔式脉冲转速传感器等,它们安装在无动力车辆的轮轴上。系统测量有卫星测速和雷达测速等方法。

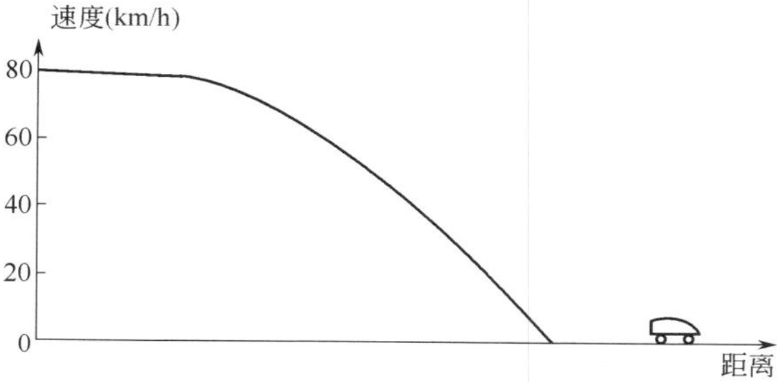

图 2-3 一次制动模式的速度曲线

①测速发电机

早期采用测速发电机测速。测速发电机安装在车轮轴头上，它发出的电压与车速成正比，该电压经处理后产生模拟量和数字量两个输出，分别用来驱动速度表和进入车载主机用于速度比较。测速发电机简单，但在低速范围内精度较差，可靠性也不高。

②路程脉冲发生器

该发生器的核心部件是一个 16 极的凸轮，随着车轮的转动，发生一系列脉冲，车速越快，脉冲数越多，只要在一定时间内记录下脉冲的数目，即能换算成列车的实际速度。

③光电式传感器

光电式传感器应用光学传感技术，它有一个多列光圈盘，随着车轮的转动，光线不断地通过和被阻挡，使光电式传感器产生电脉冲，记录脉冲数目来测量车速。

④霍尔式脉冲转速传感器

车轮转动时，使霍尔式传感器产生频率正比于车轮转速的信号，来进行测速。

需采用两路测速，两套传感器安装在不同的车轴和不同的侧面，以保证测量准确性和提高测量精度，并对车轮空转、蠕滑、死抱等引起的误差进行修正。

转速传感器无法精确补偿车轮滑转和滑行，可用一台多普勒雷达装置向 ATP/ATO 系统输入第三个车速信息。这个信息跟转速传感器输入的车速相比较，以检验车速测量系统的可靠性。

⑤雷达测速

雷达测速应用多普勒效应。当无线电波碰到一个静止的物体时，被反射回来的电波频率与发射的电波频率一样，其差频为零；当无线电波碰到一个移动的物体时（不论该物体是迎着发射源还是背离发射源），被反射回来的电波频率与发射的电波频率不一样，其差频与移动物体的速度成正比，与发射源的工作波长成反比，并与雷达辐射方向和移动物体方向间的夹角有关。雷达测速的工作原理如图 2-4 所示。

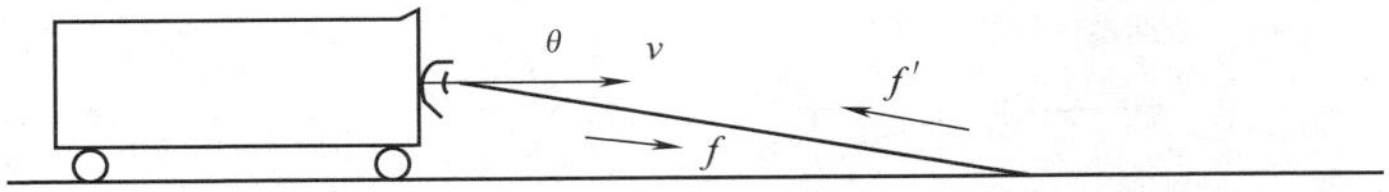

图 2-4 雷达测速的工作原理

雷达天线由列车向地面发射频率为 f 的微波波束，电磁波被地面反射回来，由于反射体的相对运动，产生多普勒效应，其频率将偏离 f 而变成 f'。f' 与 f 的差值 f_d 称为多普勒频率。

$$f_d = |f' - f| = 2fv\cos\theta/c$$

式中 v——列车运行速度；

c——电磁波在空气中的传播速度；

f——雷达天线发射电磁波的频率；

θ——雷达电磁波辐射方向与列车运动速度方向之间的夹角。

多普勒频率 f_d 与车速成正比，测得 f_d 即可得到列车的运行速度。

(2)测距

在目标—距离模式中，列车位置对于安全性至关重要。如果列车无法掌握它在线路中的准确位置，那么它就无法保证在抵达障碍物或限制区之前停车或减速。如何测量距停车点的精确距离是列车运行超速防护系统的重要任务。通过连续确定列车行驶距离，ATP 车载设备可以随时查找列车的精确位置。距离信息以音频轨道区段的分界来定位，当列车经过轨道区段的分界时，距离测量被同步。

测距是通过测速与轮径完成的，距离测量系统记录车轮旋转的次数，考虑运行方向和车轮直径，计算出列车走行的距离。距离测量系统利用两个速度传感器测得的数据，通过两个通道进行比较。如果结果不一致，为可靠起见，取其中的最大值。

在跨越轨道区段分界时，如果已经接收到带有有效时间标记的新报文，距离测量装置复位为零。

ATP 系统允许输入正确车轮直径，由此来确保正确测量速度和距离。当维护人员键入密码后，通过面板上的开关和显示器就可设置轮径，数据进入 ATP 单元后会存放 EPROM。此项来自 ATP 处理器的安全输入，可以以步长 1 cm 进行调整，以对磨损予以补偿。注意，这是一项在线操作，离线后无法操作。

也可采用应答器来进行测速测距。应答器(APR)沿线路等间距放置，由装在列车上的发射应答器读取。每个应答器都有一个独一无二的识别号，存储在 ATP/ATO 系统存储器中。这个系统可以确保在指定范围内对转速传感器发出的信号进行自动重新校正，也能进一步确定列车位置。

6. 速度限制

速度限制分为固定限速、临时限速、在道岔或道岔前方的限速、具有短安全轨道停车点的限速。下面介绍常用的固定限速和临时限速。

(1)固定限速

固定限速是在设计阶段设置的。ATP 车载和 ATO 设备都储存着整条线路上的固定限速区信息,速度梯降级别为 1 km/h,它决定了“目标—距离”工作模式下的可能给出的最优行车间隔。

(2)临时限速

限制速度在某些条件下(施工现场、临时危险点)可以被降低。临时限速区的范围总是限制在一个或多个轨道电路。

在紧急情况下,通过特殊速度码,可立即将任何一个轨道区段上的速度设置为 25 km/h。如果需要设置临时性限速区,可以在地面安装应答器。这些应答器允许以 5 km/h 为一个阶梯,降到 25 km/h。在带有允许临时限速的编码的轨道区段里,可通过设置应答器来实施。

ATP 通过设置区域限速或闭塞分区限速来设置速度限制。

①区域速度限制

区域速度限制是针对轨道区段内的预定区域的,可分为 15 km/h、30 km/h、45 km/h、60 km/h。区域限速可由 ATP 轨旁设备设置,也可在需要时由控制中心控制,但控制中心只能复位控制中心设置的区域限速。如果控制中心离线或通信失败,则本地轨旁设备可直接设置区域限速。一旦设置了限速,集中站的 ATP 轨旁设备就将产生到速度限制区的新的目标距离和实际的目标限制速度,并传送给接近限速区域的列车,列车在该区域中的运行速度就不允许超过限速。如果列车速度超过限速,则 ATP 车载将启动紧急制动,直到列车速度低于限速。

②闭塞分区限速

闭塞分区限速是对单独的轨道区段设置最大的线路和目标速度。通过 ATP 轨旁设备选择最大速度,所选的速度作为轨道区段的最大速度。

控制中心可以确定和解除临时限速。解除时,要执行一套安全防护措施。临时限速区段的范围总是限制在一个或多个轨道区段。

7. 常用制动和紧急制动

ATP 车载设备具有常用制动和紧急制动两级防护控制的能力。在常用制动失效后,可施行紧急制动。

常用制动是直接控制列车主管压力使机车制动与缓解,不影响原有列车制动系统的功能。它缩短了制动空走时间,大大减小了制动时的纵向冲击加速度,使列车运行更安全、舒适。

紧急制动是将压缩空气全部排入大气,使副风缸内压缩空气很快推动活塞,施行制动,使列车很快停下来。紧急制动时,列车冲击大,中途不能缓解,充风时间长,不能使列车安全平稳地运行。ATP 车载设备收到紧急停车命令后,将发送给影响区域内列车的数据信息中的“线路速度”“目标速度”设置为零。一旦发出紧急制动指令时,中途不得缓解，直到停车。

紧急制动的实施可通过下列三种基本方式的任何一种来实现：

①在列车超速、后退、移动时车门打开等的情况下，直接由 ATP 功能提供防护。

②在故障情况下（例如在需要报文时，不能接收到报文），直接由 ATP 功能作为安全防护。

③由司机或牵引控制设备执行，不依靠 ATP 功能。

在危急情况下，控制中心按下紧急停车按钮或车站按下安装在站台两侧的紧急停车按钮即可启动紧急停车。

因为紧急制动可能会导致不能接受的距离误差，实施紧急制动后，ATP 车载设备不允许保持在 SM、ATO 或 AR 模式。随着紧急制动的取消，列车可以行驶，但其运行受到 RM 模式强制的限制，列车速度限制为 RM 速度。RM 模式继续到报文接收和距离同步再次得到满足。一旦满足，即向 SM 模式转换。如果列车在车辆段运行并选择了 RM 模式，发生紧急制动时，ATP 功能不能监督运行方向。

如果有 ATP 功能直接启动，但不能被缓解的紧急制动，这说明 ATP 车载设备出现了完全的故障。在这种情况下，必须通过使用故障开关来隔离故障设备。

8. 停站

(1)车站程序停车

线路上的车站都有预先确定的停站时间间隔。控制中心 ATS 监督列车运行图，计算需要的停站时间以保证列车正点到达下一个车站，由集中站 ATS 传送给车载设备。控制中心能通过集中站 ATS 缩短或延长车站停站时间。在控制中心要求下，列车可跳过某车站。这一命令由控制中心通过集中站 ATS 传给列车。

(2)车站定位停车

设置站台安全门时，车门的开度和安全门的开度要配合良好。要求安装有安全门的地下车站允许停站误差为 ±0.25 m，其他车站允许停站误差为 ±0.5 m。

车站定点停车是靠一组地面应答器提供至停车点的距离信息，应答器设置的多少可视定位停车精度而异，一般为 3 或 4 个。地面应答器设于沿线离站台的确定距离内，当列车标志天线置于地面应答器作用范围内时，使列车接收滤波—放大电路开始振荡，振荡频率通过调谐应答器来确定，每个应答器根据距站台的距离调制在不同的频率上。地面停车应答器布置示意图如图 2-5 所示。

离定位停车点 350 m 处设置外方应答器对；离定位停车点 150 m 处设中间应答器对；离定位停车点 25 m 处设内方应答器；离定位停车点 8 m 处设站台应答器。350 m 和 150 m 应答器成对布置，具有方向性。无源应答器具有固定的谐振频率，列车经过时与车载应答器产生谐振。有源应答器能发送特定的频率信号。

当列车正向运行经过 350 m 应答器时，列车接收停车标志频率信息，启动定点停车程序，产生第一制动模式曲线，按此制动曲线停车列车离定位停车点较远；当列车驶抵中间应答器时,产生第二制动模式曲线,并对第一阶段制动进行缓解控制,以使列车离停车点更近;当列车收到内方应答器传来的停车信息时,产生第三制动模式曲线,列车再次进行缓解控制,使列车离定位停车点的距离更近;列车收到站台应答器送来的校正信息,即转入停车模式,产生第四制动模式曲线,列车又一次缓解控制。经多次制动、缓解控制,确保列车定位停车的精度控制在规定的范围之内,当车载定位天线与地面定位天线对齐时,又收到一个频率信号,立即实施全常用制动,将车停住。

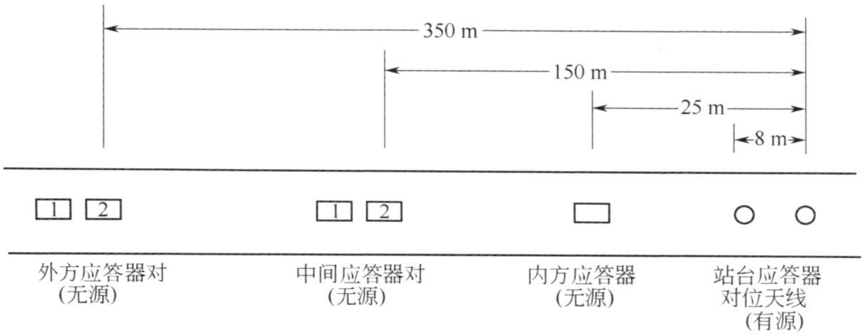

图 2-5　地面停车应答器布置示意

9. 车门控制

通常情况下,在车辆没有停稳在站台或在车辆段转换轨上时,ATP 不允许车门开启。当列车在车站的预定停车区域内停稳且停车点的误差在允许范围以内时,地面定位天线会收到车载定位天线发送的停稳信号,列车从 ATP 轨旁设备收到车门开启命令,ATP 才允许车门操作,车载对位天线和地面对位天线才能很好地感应耦合并进行车门开关操作。这需要地面和车载 ATC 设备及车辆门控电路共同配合。有了车门开启命令后,使 ATP 轨旁设备改发打开安全门信号,当站台定位接收器收到此信号,便打开与列车车门相对的安全门。

列车停站时间结束(或人工终止),地面停站控制单元启动 ATP 轨旁设备,停发开门信号,由司机关闭车门,同时关闭安全门。

在列车停靠站台的精度已经偏离了 ±0.5 m(对于地下车站)或 ±1 m(对于高架车站或地面车站)的情况下,列车可以被允许以小于 5 km/h 的速度移动,以满足精确停车点的要求。

左、右车门选择由车门开启命令来执行,此命令通过轨旁 ATP 系统取得。

ATP 不断监视安全车门关闭列车管,以确保车门没有被异常打开。

地面 ATP 设备还将列车停准、停稳信息送至控制中心作为列车到站的依据。车门关闭后,车载 ATP 才具备安全发车条件。

车站在检查了安全门已关闭好以后,才允许 ATP 子系统向列车发送运行速度命令信息,列车收到速度命令,同时检查了车门已关闭后,可按车载 ATP 收到的速度命令出发。

六、ATP 的运行特性

1. 危险点和保护区段

危险点是不能越过的轨道区段的始端或已占用的轨道区段的始端。列车无论如何都不能越过危险点,否则将导致危险情况的发生。

因此,ATP 保护区段必须在危险点处终止。ATP 保护区段的长度是以运营条件为基础的,例如轨道区段的速度限制、减速度、坡度、在距离测量中出现的误差。它确保常用制动或紧急制动的列车最迟在 ATP 保护区段末端(危险点前方)停稳。

2. 安全停车点和运营停车点

安全停车点是在危险点的基础上定义的。

运营停车点是对列车应停车的车站设置的。运营停车点位置的设计根据运行方向决定,运营停车点无安全显示。

安全和非安全停车点,在 ATP 轨旁单元中按互相独立处理。它们的编码数据借助于零目标速度和目标距离传到车载设备。仅非安全停车点可应 ATS 请求而取消。

3. 输入数据

生成报文所需的数据由联锁设备、轨道空闲检测设备、相邻 ATP 轨旁单元和紧急制动按钮提供,需要输入的数据有:线路上轨道区段的连接和道岔布置、设计的最大安全速度(它们被固化在 ATP 轨旁单元内)、临时限速区段、设计的安全区段、道岔设定和道岔区段的侧向限速、进路的入口、轨道空闲检测、紧急停车等。

4. 列车方向保证

列车的方向由司机控制台上方向开关的状态来控制。ATP 根据由两个速度传感器所接收到的速度脉冲,安全地确定列车的方向。ATP 执行一项交叉检查,以确认所探测到的运行方向与由方向开关所选择的方向的一致。

5. 出/入车辆段的运行

(1)进入车辆段

正常情况下,列车从正线运行至车辆段内,以 ATO 或 SM 模式接近车辆段且要求列车停在车辆段入口附近。然后,当列车到达合适位置且列车速度不高于预定低速值,即 RM 速度,系统将提示司机选定 RM 模式。

(2)车辆段内的正常驾驶

在车辆段内,没有提供 ATP 功能的轨旁设备,不可能采用 ATO 或 SM 模式,只能使用 RM 模式。列车运行速度监督在预定低速值(例如 25 km/h),称为 RM 速度。ATP 功能不监督驾驶方向,列车可以自由地以“前行”或“反向”的方向移动。

(3)从车辆段发车

在有效的驾驶室用总钥匙打开 ATP 和 ATO 车载单元。ATP 执行自检测,并在成功地完成自检测之后启动 ATO 车载单元。只要没接收到报文,ATP 就认为列车在车辆段内,并保持在 RM 模式中。

当从车辆段向正线行驶时,要求使用 RM 模式,这由车辆段的出段信号机来控制。当列车一进入正线前的转换轨,就会接收到从轨道电路发来的报文,ATP 车载单元将自动转换至 SM 模式。如满足转换到 ATO 模式的全部条件,ATO 启动按钮就会亮,司机按下 ATO 启动按钮时,ATP 车载单元将会转换到 ATO 模式。

第二节　ATO 系统基本原理

ATO 系统主要用于实现“地对车控制”,即用地面信息实现对列车驱动、制动的控制,包括列车自动折返,根据控制中心指令自动完成对列车的启动、牵引、惰行和制动,送出车门和安全门同步开关信号,使列车按最佳工况正点、安全、平稳地运行。

一、ATO 系统基本概念

ATO 为非故障—安全系统,其控制列车自动运行,主要目的是模拟司机的最佳驾驶,实现正常情况下高质量的自动驾驶,提高列车运行效率,提高列车运行的舒适度,节省能源。

ATP 系统是城市轨道交通列车运行时必不可少的安全保障,是提高城市轨道交通列车运行水平(准点、平稳、节能)的技术措施。

ATO 子系统采用的基本功能模块与 ATP 系统相同。和 ATP 系统一样,ATO 也载有有关轨道布置和坡度的所有资料,以便能优化列车控制指令。ATO 还有一个双向的通信系统,使列车能够直接与车站内的 ATS 系统接口,保证实现最佳的运行图控制。

当列车处在自动驾驶模式下,ATO 车载运用牵引和制动控制,实现列车自动运行。

二、ATO 系统的组成

虽然各公司的 ATO 系统结构不尽相同,但 ATO 系统的基本组成是共同的,即都由轨旁设备和车载设备组成。

ATO 轨旁设备通常兼用 ATP 轨旁设备,接收与列车自动运行有关的信息。

ATO 车载设备由设在列车每一端驾驶室内的 ATO 控制器(包括司机控制台)及安装在列车每一端驾驶室车体下的两个 ATO 接收天线和两个 ATO 发送天线组成,还包括 ATO 附件,这些附件用于速度测量、定位和司机接口。ATO 车载设备通常和 ATP 车载设备安装在一个机架内。

ATO 具有一个双向通信系统,通过车载 ATO 天线和地面 ATO 环线允许列车直接与车站内的 ATS 连接,实现最佳的运营控制,完成 ATO 下列功能:程序停车、运行图调整、轨旁/列车数据交换、目的地和进路控制等。

ATO 还具有定位停车系统，为列车提供精确的位置信息，包括车底部的应答器和对位天线，以及每个车站 ATC 设备室内的车站停车模块和沿每个站台设置的一组地面应答器。

ATO 的功能不考虑故障—安全，因此，ATO 车载单元是非故障—安全的一取一配置。ATC 显示单元不要求是故障—安全的，因而 ATC 显示单元采用基于商用计算机硬件。

ATO 向列车广播设备及车内信息显示牌提供报站信息（即目的地号、下一车站号）。ATO 车载通信系统在所有模式中处于活动状态，向轨旁设备传输信息。ATO 车辆报告系统在自动模式中处于活动状态，提供车站标识和车站停车状态信息。

三、ATO 系统的主要功能

ATO 系统的功能分为基本控制功能和服务功能。

基本控制功能是自动驾驶、无人自动折返、自动控制车门开闭，这三个控制功能相互之间独立地运行。服务功能包括：列车位置、允许速度、巡航/惰行、PTI 支持等。

1. ATO 系统基本控制功能

（1）自动驾驶

①自动调整列车运行速度

ATO 车载控制器通过比较实际列车运行速度、ATP 给出的最大允许速度及目标速度，并根据线路的情况，自动控制列车的牵引及制动，使列车在区间内的每个区段始终控制速度（ATP 计算出来的限制速度减去 5 km/h）运行，并尽可能减少牵引、惰行和制动之间的转换。

②停车点的目标制动

车站停车点作为目标点，由 ATP 轨旁单元和 ATS 系统控制。当停车特征被启动后，ATO 系统基于列车速度、预先决定的制动率和距停止点的距离计算出一个制动曲线，采用最合适的减速度（制动率）使列车准确、平稳地停在规定的停车点。与列车定位系统相配合，可使停车位置的误差达到 0.5 m 以下。

如果列车超过了停车点，ATP 准许后退一定距离；如果超过后退速度限制值，向司机发出声音和视觉报警。

③从车站自动发车

当发车安全条件符合时（在 ATO 模式下，关闭了车门，这由 ATP 系统监视），ATO 系统给出启动显示，司机按下启动按钮，ATO 系统使列车从制动停车状态转为驱动状态。停车制动将被缓解，然后列车加速。ATO 系统通过预设的数据提供牵引控制，该牵引控制可使列车平稳加速。

停站时间由 ATS 控制，并会传送给 ATP。另外，基于车站和方向的停车时间也储存在 ATP 轨旁单元中，用作 ATS 故障下的后备程序。

④区间内临时停车

由 ATP 系统给出目标点位置（例如前方有车）及制动曲线，并将数据传送给 ATO 系统车载单元，ATO 系统得到目标速度为“0”的速度信息后，自动启动列车制动器，使列车停稳在目标点前方 10 m 左右，此时车门还是由 ATP 系统锁住的。一旦前方停车目标点取消，速度信息改为进行码后，ATO 系统使列车自动启动。假如车门由紧急开门打开或司机手柄被移至非零位置，那么列车必须由司机重新启动 SM 或 ATO 模式（如果允许）。

在危险情况下，例如按下紧急停车按钮或因常用制动不充分而使列车超过紧急制动曲线，由 ATP 启动紧急制动。ATO 向司机发出视觉和音响警报，5 s 以后音响警报自动停止。

⑤限速区间

临时性限速区间的数据由轨道电路报文传输给 ATP 车载设备，再由 ATP 车载设备将减速命令经 ATO 系统传达给机车驱动制动控制设备。此时 ATO 车载设备的功能犹如 ATP 系统与驱动、制动控制设备之间的一个接口。对于长期的限速区间，数据可事前输入 ATO 系统，在执行自动驾驶时，ATO 系统会自动考虑到该限速区间。

（2）无人自动折返

无人自动折返是一种特殊情况下的驾驶模式，在这种驾驶模式下无需司机控制，而且列车上的全部控制台将被锁闭。

从接收到无人驾驶折返运行许可时，就自动进入 AR 模式。授权经驾驶室 MMI 显示给司机，司机必须确认这个显示，并得到授权，锁闭控制台。

只有按下站台的 AR 按钮以后，才实施无人驾驶列车折返运行。ATC 轨旁设备提供所需的数据以驾驶列车进入折返轨，列车将自动回到出发站台。列车一到出发站台，ATC 车载设备就会退出 AR 模式。

无人自动折返功能的输入是来自车载速度/距离功能的列车当前的速度和位置及 ATP 速度曲线。

无人自动折返功能的输出是至列车制动和牵引控制系统的命令。

（3）自动控制车门开闭

由 ATP 系统监督开门条件，当 ATP 系统给出开门命令时，可以按事前的设定由 ATO 系统自动地打开车门，也可由司机手动打开正确一侧的车门。车门的关闭只能由司机完成。

当列车空车运行时，从 ATS 接收到的指定的目的地号阻止车门的打开。

车门打开功能的输入是来自 ATP 功能的车门释放、运行方向和打开车门的数据，以及来自 ATS 功能的确定目的地号。

车门打开功能的输出是将车门打开命令发给负责控制车门的列车系统。

2. ATO 系统服务功能

(1)列车位置

列车位置功能是从 ATP 功能中接收到当前列车的位置和速度等详细信息。根据上一次计算后所运行的距离来调整列车的实际位置。此调整也考虑到在 ATP 功能计算列车位置时传送和接收的延迟时间,以及打滑和滑行。

另外,ATO 功能同测速单元的接口为控制提供更高的测量精确性。列车位置功能也接收到地面同步的详细信息,由此确定列车的实际位置和计算列车位置的误差。对列车位置调整可在由 ATO 功能规定的、直至接近实际停车点 10 ~ 15 m 的任意位置开始。由于这种调整,停车精度由 ATO 控制在希望的范围内。

列车位置功能的输入来自 ATP 功能的列车当前速度和位置、轨道电路信息的变化、测速单元的读入、轨道中同步标记的检测及 SYNCH 环线、轨间电缆或无线通道的输入。

列车位置功能的输出用作校正列车位置信息。

(2)允许速度

允许速度功能为 ATO 速度控制器提供列车在轨道任意点的对应速度值,这个速度没有被优化,只是低于当前速度限制和制动曲线给的限制。允许列车速度调整是为了能源优化或由惰行/巡航功能完成的列车运行。

允许速度功能的输入来自 ATP 功能的轨道当前位置的速度限制,以及列车制动曲线。

允许速度功能的输出至 ATO 速度控制器。

(3)巡航/惰行

巡航/惰行功能的任务是按照时刻表自动实现列车区间运行的惰行控制,同时节省能源,保证最大能量效率。

ATO 巡航/惰行功能协同 ATS 功能中的 ATR 功能,并通过确定列车运行时间和能源优化轨迹功能实现巡航/惰行功能。

①确定列车运行时间的功能

由 ATO 和 ATR 功能确定的列车运行时间,通过车站轨道电路占用完成同步。当列车在 ATO 功能下,从报文给定的列车运行时间中减去通过计时器测定的已运行时间,以确定到下一站有效的可用时间。

确定列车运行时间功能的输入来自 ATC 轨旁功能的轨道电路占用报文,以及通过 ATC 轨旁和 ATP 车载功能来自 ATR 功能的运行时间命令。

确定列车运行时间功能的输出至能源优化轨迹功能的到下一站停车点的有效运行时间。

②能源优化轨迹功能

能源优化轨迹的计算要考虑加速度、坡度制动及曲线制动。因此,整套系统的轨道曲线信息都储存在 ATO 存储器中。借助此信息,并使用最大加速度,惰行/巡航功能计算出到下一停车点的速度—距离轨迹。

能源优化轨迹功能的输入来自确定列车运行时间功能的至下站可用的列车运行时间、ATO 存储器的轨道曲线、ATP 功能的 ATP 静态速度曲线(例如速度限制)。

能源优化轨迹功能的输出至 ATO 速度控制器的速度—距离轨迹。

(4)PTI 支持

PTI 支持功能是通过多种渠道传输和接收各种数据,在特定的位置(通常设在列车进入正线的入口处)传给 ATS,向 ATS 报告列车的识别信息、目的号码和乘务组号,以及列车位置数据(例如当前轨道电路的识别和速度表的读数),以优化列车运行。

PTI 功能是由车载设备和轨旁设备实现的。由 ATC 车载设备提供的数据,通过 ATO 功能传输到 PTI 的轨旁设备,进而传给 ATS。

在将信息传输至轨旁设备之前,ATO/PTI 功能收集数据,完成合理检查。编辑信息必需的数据从 ATS 轨旁功能、司机 MMI 功能发送至 ATO。

PTI 是一个非安全功能。

四、ATO 系统的基本要求

1. 根据线路条件、道岔状态、前方列车位置等,实现列车速度自动控制。列车在区间停车应尽量接近前方目的地。区间停车后,在允许信号的条件下列车自动启动。车站发车时,列车启动由司机控制。

2. ATO 应能提供多种区间运行模式,满足不同行车间隔的运行要求,适应列车运行调整的需要,司机手动驾驶及由 ATO 系统驾驶之间可在任何时候转换,手动驾驶时由 ATP 系统负责安全速度监督,自动驾驶时由 ATO 系统给出对驱动、控制设备的命令,ATP 系统仍然是负责速度监督。

3. ATO 定点停车精度应根据站台计算长度、列车性能和安全门的设置等因素选定。站台定点停车精度宜在 ±(0.25 ~0.50) m 范围内选择。

4. ATO 控制过程应满足舒适度和快捷性的要求。舒适度的要求主要是指牵引、惰行和制动控制及各种工况之间的转换控制过程的加、减速度的变化率。快捷性主要是指控制过程的时间宜短,以减少对站间运行时分的影响和提高运行质量。ATO 应能控制列车实现车站通过作业。

5. 自动记录运行状态、自诊断及故障报警。

五、ATO 系统的基本工作原理

1. 列车自动驾驶

和 ATP 系统一样,ATO 也存储了轨道布局和坡度信息,能够优化列车控制命令。ATO 中有一套最大安全速度数据,与 ATP 的最大安全速度数据互相独立。这样,为了保证乘坐的舒适性,ATO 可按照最大速度行驶,不过这一速度要小于 ATP 的最大安全速度。ATO 的最大速度可以任意设置，递进精度为 1 km/h。

ATO 利用通过地面 ATP 设备传来的编码得知前方未被占用的轨道区段数目或前行列车的位置，知道当前本次列车的位置，列车就可以在到达安全停车点之前，综合考虑安全因素，尽量以全速行驶。

ATO 系统的自动驾驶功能是通过 ATO 车载设备控制列车牵引和制动系统而实现的。为此，ATO 需要 ATP 的数据有：从 ATP 轨旁单元接收到的全部 ATP 运行命令、测速单元提供的当前列车位置和实际速度信息、位置识别和定位系统的信息、列车长度、ATS 通过向 ATP 轨旁单元发送的出站命令和到下一站的计划时间。

如果 ATO 自检测成功完成且 ATP 设备释放了自动驾驶，信号显示“ATO 启动”，可以实施 ATO 驾驶。

由 ATO 系统执行的自动驾驶过程是一个闭环反馈控制过程，自动驾驶的闭环控制框图如图 2-6 所示。测速单元通过 ATP 向 ATO 发送列车的实际位置信息，反馈环路的基准输入是从 ATP 数据和运营控制数据中得出的，ATO 向牵引和制动控制提供数据输出。

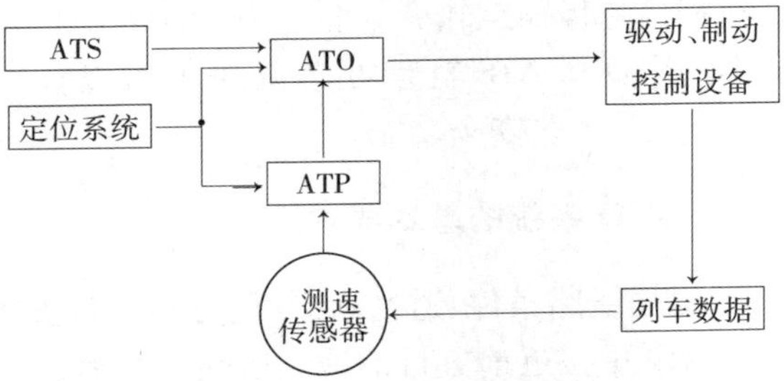

图 2-6　自动驾驶的闭环控制框图

ATO 模式在以下条件下被激活：ATP 在 SM 模式中；已过了车站停车时间；联锁系统排列了进路；车门关闭；驾驶手柄处于零位。

于是，司机通过按压启动按钮开始 ATO 模式，列车加速达到计算的速度曲线。假如其中一项条件不能满足，启动无效，ATP 关闭 ATO 至牵引的控制信号。

在达到计算速度时，系统根据这个速度曲线控制列车的运行。当接近制动启动点时，ATO 设备将自动控制常用制动使列车运行跟随制动曲线。

2. 车站程序停车

线路上的车站都有预先确定的停站时间间隔。控制中心 ATS 监督列车时刻表，计算需要的停站时间以保证列车正点到达下一个车站。由集中站 ATS 传送给 ATO 车载设备。

控制中心能通过集中站 ATS 缩短或延长车站停站时间。如果控制中心离线，集中站 ATS 预置一个缺省的停站时间，该时间是可编程的。

在控制中心要求下，列车可跳过某车站。这一跳停命令由控制中心通过集中站 ATS 传给列车。

3. 车站定位停车

车站精确停车通过在车站区域的轨道区段标识、分界过渡和 ATO 环线（非 CBTC

时)变换来进行。轨道区段标识被用来确定停车特征的合适起始点。轨道区段分界过渡和轨旁 ATO 环线(非 CBTC 时)变换提供了距离分界,该距离分界用于达到所要求的位置精度。

当停车特征启动后,ATO 基于列车速度、预先确定的制动率和距停止点的距离计算制动特征。ATO 将通过根据要求改变牵引和制动需求来遵循此特征。制动率调整值通过轨旁 ATO 取得。此调整是动态,是根据异常线路情况作出的,并且可以从 OSS 或 SCR 中进行选择。

停车点是列车头尾和车站头尾的匹配。一旦列车停车,ATO 会保持制动,以避免列车运动。

ATO 可以与站台安全门(PSD)的控制系统全面接口,保证列车精确和可靠得到站停车。

4. 车门控制

ATO 只有在自动模式下才执行车门开启。在手动模式,由司机进行车门操作(ATP 仍会提供一种安全的车门使能功能)。

当列车驶抵定位停车点,列车的定位天线(它接至车辆定位发送器和接收器)位于站台定位环线上方,环线置于线路中央,它连向站台定位发送器和接收器;也即只有当列车停于定位停车的允许精度范围内,车辆定位接收器收到站台定位发送器送来的列车停站信号,ATO 系统确认列车已到达确定的定位区域,这时 ATO 系统发出“列车停站”信号给 ATP 系统,以保证列车制动。ATP 系统检测到零速度,通过列车定位发送器发送 ATP 列车停车信号给地面站台定位接收器,站台接收器检测到此信号,将其译码,使地面“列车停站”继电器工作,此时车站 ATP 发送器发送允许打开左车门(或右车门)的调制频率信号,车辆收到允许打开车门信号,使相应的门控继电器工作,并提供相应的广播和允许开门的信号显示,这时司机按压与此信号显示相一致的门控按钮,才可以打开规定的车门。

有了车门打开信号以后,使车辆定位发送器改发打开安全门信号,当站台定位接收器收到此信号,使打开安全门继电器吸起,以使与列车车门相对的安全门打开(包括安全门的数量及位置)。

列车停站时间结束(或人工终止),地面停站控制单元启动车站 ATP 模块,轨道区段停发开门信号,车辆收不到开门信号,使门控继电器落下。司机按压关门按钮,关闭车门,与此同时,车辆停发打开安全门信号,车站打开安全门继电器落下。车站在检查了安全门已关闭及锁闭好以后,才允许 ATP 系统向轨道区段发送运行速度命令信息,车辆收到速度命令同时,检查了车门已关闭和锁闭、ATO 发车表示灯点亮,列车可按 ATP 车载收到的速度命令进行出发控制。

如果车门控制系统遇到在发出车门关闭请求后车门关闭被阻止的妨碍时,车门将会循环关闭。如果车辆在 x(s)后还探测不到车门的关闭,告知车辆报告系统(VAS),同时产生一条关于关闭车门被阻止的报告。然后,车门在 y(s)的延迟后被请求关闭。

在 z(s)后，如果车门还是被检出没关，车门将会打开，一条关门受阻的报警送到轨旁设备。x、y、z 的时间从1 ~ 15 s可改变。

5. 轨旁/列车数据交换

列车与轨旁的通信是非安全的。任何情况下控制中心需要与列车通信时，轨旁设备都作为数据交换的接口。列车发到轨旁的数据有：分配列车号；目的地；车门状态；车轮磨损表示（从 ATP 到控制中心）；在接近车站时制动所产生的过量车轮滑动；紧急情况或异常情况（比如不正确的开门）。轨旁发到列车的数据有：车辆车门开启命令；列车号的确认；列车长度；性能修改数据；出发测试指令；车门循环测试；主时钟参考信号；跳停指令；搁置命令；申请车载系统和报警状态。

6. 性能等级

性能等级是列车标识的一部分，可以被中央 ATC 所修改。列车从轨旁接收到由中央 ATC 所确定的性能等级。性能等级由速度限制、命令的加速、预定的减速构成。为了减少数据的传输量，一张六个性能等级的表存放在列车上。为了修改当前性能等级，中央 ATC 发送单数字命令。

7. 滑行模式

滑行模式是一种额外的性能等级，其要求是级别处于有效状态，并且当申请滑行时，目标速度大于 40 km/h。滑行模式会使列车在上电的间隙进行滑行，并且允许列车的实际速度在重新上电之前下降 11 km/h。

六、ATO 与 ATP 的关系

在“距离码 ATP 系统”的基础上安装了 ATO 系统，列车就可采用手动或自动方式进行驾驶。在选择自动驾驶方式时，ATO 系统代替司机操纵，诸如列车启动加速、匀速惰行、制动等基本驾驶功能均能自动进行。然而，不论是由司机手动驾驶还是由 ATO 系统自动驾驶，ATP 系统始终是执行其速度监督和超速防护功能。可以这样认为：手动驾驶 = 司机人工驾驶 + ATP 系统；自动驾驶 = ATO 系统自动驾驶 + ATP 系统。

三种制动曲线如图 2-7 所示，曲线①表示列车的紧急制动曲线，由 ATP 系统计算及监督。列车速度一旦触及该制动曲线，立即启动紧急制动，以保证列车停在停车点。曲线①对应于列车的最大减速度，一旦启用紧急制动，列车务必停稳后经过若干时间才能重新启动。因此，这是一种非正常运行状态，应该尽量避免发生。曲线②表示由 ATP 系统计算，在驾驶室内显示出来的最大允许速度，它略低于紧急制动曲线（之间的差值通常为 3 ~5 km/h）。当列车速度达到该曲线值时，应给出告警，但不启用紧急制动。显然，曲线②对应的列车减速度小于曲线①的减速度，一般取与最大常用制动对应的减速度。曲线③则是由 ATO 系统动态计算的制动曲线，也即正常运行情况下的停车制动曲线。通常将与此曲线对应的减速度设计为可以达到平稳地减速和停车的目的。

从这三条停车制动曲线可以明显地看出：ATP 系统主要负责超速防护，起保证安全的作用；ATO 系统主要负责正常情况下列车高质量地运行。

因此，ATP 是 ATO 的基础，ATO 不能脱离 ATP 单独工作，必须从 ATP 系统获得基础信息。而且，只有在 ATP 的基础上才能实现 ATO，列车安全运行才有保证。ATO 是 ATP 的发展和技术延伸，ATO 在 ATP 的基础上实现自动驾驶，而不仅仅停留在超速防护的水准上。

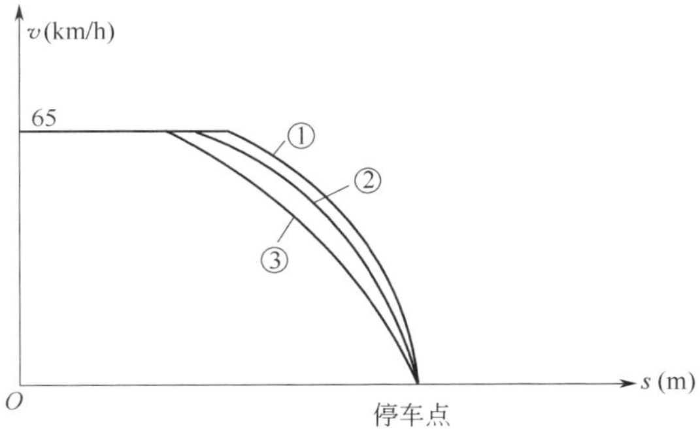

图 2-7 三种制动曲线

七、全自动无人驾驶

1. 自动运行等级(GOA)

根据自动运行的程度，城市轨道交通的自动运行等级(GOA)可分为四个等级：

GOA1a，不连续监督下的人工驾驶运行，列车运行控制系统在特定的位置上监督列车速度，为点式控制方式。

GOA1b，连续监督下的人工驾驶运行，列车运行控制系统连续地监督列车速度，为 ATP 模式。

GOA2，半自动运行，装有 ATO 的人工驾驶运行，又称为 ATO 模式。

GOA3，无司机运行，列车上不再安排专职司机，司机被 ATO 的系统功能所取代，仅安排乘务人员以应对突发事件。

GOA4，无人监督运行，列车上不安排任何工作人员。

2. 自动驾驶模式

自动驾驶模式(AM)分为：有人驾驶的自动化运行模式 STO(Semiautomatic Train Operation)、无人驾驶有人跟车的自动化运行模式 DTO(Driverless Train Operation)、全自动无人驾驶模式 UTO(Unattended Train Operation)。

(1)STO 模式

指列车按控制中心给定的指令自动运行、到站自动停稳并对准站台门后，自动打开车门，但关闭车门和启动列车发车运行的操作还需由司机人工确认和完成，是司机在监控列车自动运行，一旦遇突发事件，司机直接控制列车运行。

这是目前普遍采用的一种驾驶模式，在各城市轨道交通运营线路普遍运用，其技术已经相当成熟，并具有完善的应用和管理规程，满足当前在建城市轨道交通运营的要求。

(2)DTO 模式

指包括开关车门、启动列车发车在内的所有驾驶操作均有系统按控制中心指令自动完成,列车监视人员只对列车设备状况和列车运行前方环境实施监视,对设备故障和意外情况进行及时处理,不直接参与正常的列车运行控制。

目前,国内已有采用 DTO 驾驶模式的线路,其驾驶模式中,列车功能都是自动的。ATS 根据运行时刻表在固定时间唤醒车载设备,并按 ATS 指令进入正线运营,其运营时间内一切功能无需司机介入(包括运营完毕后列车返回车辆综合基地自动休眠)。但需要有人监控乘客上、下等情况。

(3)UTO 模式

指真正实现完全无人自动驾驶,实现区间的列车停车后的自动起动和自动运行、车站定点停车、车站自动开关车门、无人驾驶自动折返、车站停车到时自动发车、自动进库休眠、自动按时叫醒、自检发现故障自动上报及按时刻表由车库自动出发等。同时对列车设备状态进行检测,对列车各系统进行自动诊断,将列车设备状况信息及故障报警信息传送到控制中心,对各种故障和意外情况需要详细分类,并做出对应的处置预案。

目前,已有线路采用该模式。车辆可不设驾驶室(隐藏驾驶台,应急时可以打开,简单操控列车),也不设专职驾驶人员,车辆完全由计算机控制按运行图自动运行。

3. 全自动无人驾驶的功能及实现

(1)驾驶控制功能

UTO 完全由信号系统根据运行图控制列车运行。OCC 控制车载 ATO,通过 MVB(多功能车辆总线)传输到 TCMS(列车管理系统)、ICU(逆变器控制单元)、BCU(制动控制单元)。

UTO 可实现列车自动折返。此时,列车根据信号系统的移动授权自动确定运行方向,同时自动激活/关闭相应侧面驾驶台,实现驾驶室转换。不会造成数据丢失(如车门状态/控制数据,制动、牵引状态及控制数据等)和系统误判。

(2)唤醒功能

每天运营前或有列车插入时,信号系统根据列车运行图给每列列车自动分配识别号,两端驾驶室都选择自动模式。列车发车前 OCC 自动向列车发送唤醒指令,列车收到该指令后车载各子系统执行启动、自检和静态测试等程序。各子系统进行静态自检,TCMS 汇总各子系统的自检情况、列车唤醒工况等信息,发送给信号系统和 OCC。如唤醒成功,列车可随时投入运营,等待信号系统发送发车指令。若唤醒不成功,行车调度员根据列车的相应故障信息进行人工干预。在任何时候,行车调度员均可远程唤醒列车。

(3)休眠功能

列车运营结束后入段停放,列车停稳后,为节省能源,UTO 对列车自动启动休眠程序。在休眠前,ATO 给地面列车维护系统发送是否下载列车维护信息的指令。在一定时间内,列车关闭车载子系统,进入休眠状态。休眠后 ATO 系统的唤醒模块一直有电。

(4)车门、安全门控制功能

除车门联动、开关门控制外,还具备系统故障应对功能。若个别 PSD 故障,需人工将故障 PSD 关闭并锁定,PSD 向信号系统报告锁定 PSD 的位置(站台号和门编号)。在列车到达前,信号系统将故障 PSD 位置信息发送给列车,列车自动对对应车门进行电气隔离,使此车门不参与开关门动作,同时向乘客广播。

(5)停车控制功能

雨天或轮缘有油会导致停站距离加大或不准,此时 ATO 重新调整停车,采用缓慢跳跃式调整直到停车点。若列车越过了 PSD 区域,也可退行调整。若列车越过站台 5 m 或超过给定次数的调整后仍未停准,则列车自动启动越过本车、站行驶至下一车站,并自动告警至 OCC,同时通过车载 PIS 向乘客广播。

(6)后备蠕动功能

如 ATS 发送的牵引/制动指令故障或丢失,行车调度员确认故障并远程启动以不超过 20 km/h 的速度运行,此时,ATP 监督,进入车站并停稳后,司机上车人工驾驶对位停车。

此外,还具备广播、视频、故障数据传输,火灾报警,障碍物检测等功能。

第三节 ATS 系统基本原理

ATS 系统主要实现对列车运行的监督和控制,包括:列车运行情况的集中监视、自动排列进路、自动列车运行调整、自动生成时刻表、自动记录列车运行实迹、自动进行运行数据统计及自动生成报表、自动监测设备运行状态等,辅助调度人员对全线列车进行管理。

一、ATS 系统的基本概念

ATS 子系统主要是实现对列车运行及所控制的道岔、信号等设备运行状态的监督和控制,给行车调度人员显示出全线列车的运行状态,监督和记录运行图的执行情况,在列车因故偏离运行图时及时做出调整,辅助行车调度人员完成对全线列车运行的管理。

ATS 在 ATP 和 ATO 系统的支持下,根据运行时刻表完成对全线列车运行的自动监控,可自动或由人工监督和控制正线(车辆段、停车场、试车线除外),及向行车调度员和外部系统提供信息。在全自动无人驾驶的区段,ATS 功能延伸到车辆段/停车场内的运用库。

ATS 系统功能主要包括:时刻表编辑、列车运行监视、列车自动调整、自动排列进路等。ATS 工作方式为集中管理、分散控制。

ATS 系统能与 ATP/ATO 系统、计算机联锁设备配套使用,并有与时钟系统、乘客向导系统和综合监控系统的接口。

ATS 系统负责监控列车的运行,是非安全系统。

二、ATS 系统组成

ATS 系统由控制中心设备、车站设备、车辆段设备、列车识别系统及列车发车计时器等组成。因用户要求不同,ATS 的硬件、软件配置差别很大。

1. 控制中心设备

控制中心设备是 ATS 系统的核心,用于状态表示、运行控制、运行调整、车次追踪、时刻表编制及运行图绘制、运行报告、调度员培训、与其他系统的接口。控制中心设备组成如图 2-8 所示。

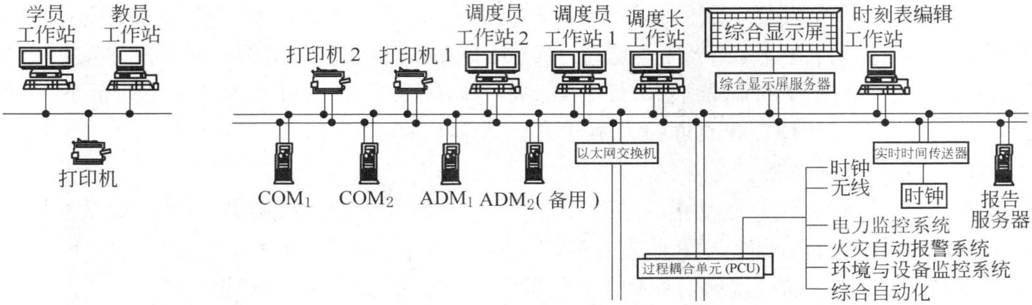

图 2-8 控制中心设备组成

控制中心 ATS 设备主要包括中心计算机系统、综合显示屏、调度员及调度长工作站、运行图工作站、培训/模拟工作站、绘图仪和打印机、维修工作站、UPS 及蓄电池。其中,综合显示屏、调度员及调度长工作站设于主控制室,控制主机、通信处理器、数据库服务器、维修工作站设于设备室,运行图工作站设于运行图室,绘图仪和打印机设于打印室,培训/模拟工作站设于培训室,UPS 设于电源室,蓄电池设于蓄电池室。

(1)中心计算机系统

中心计算机系统包括控制主机、COM 服务器、ADM 服务器、TTE 服务器、局域网及各自的外部设备。为保证系统的可靠性,主要硬件设备均为主/备双套热备方式,可自动或人工切换。系统能满足自动控制、调度员人工控制及车站控制的要求。

实际的进程映象都存储在 COM 服务器(通信服务器)上。所有从联锁和外围设备发送来的数据都由 COM 服务器最先得到和处理,一些应用功能也由 COM 服务器激活,并在此服务器上运行,如列车自动调整、自动列车跟踪、自动进路设定等功能。因此,COM 服务器是自动调整功能的核心部分。

ADM 服务器(系统管理器)用于系统数据存储、处理所有不受运行事件影响的数据,如系统配置、计划时刻表、计划运行图等。通常在系统启动或收到一个询问指令或对某一设备的参数进行设置时才需要。列车自动调整功能所需要的计划时刻表数据,就是在系统启动时从 ADM 服务器中读得的。

TTE 服务器(时刻表编辑器)建立离线时刻表的操作者平台。时刻表的编译也是 TTE 服务器的任务。ADM 服务器存储的计划时刻表由 TTE 服务器提供。

(2)综合显示屏

综合显示屏用来监视正线列车运行情况及系统设备状态,由显示设备和相应的驱动设备组成。

(3)调度员工作站及调度长工作站

调度员工作站及调度长工作站,用于行车调度指挥,与ATS计算机系统接口,是实际操作平台,使调度员能在控制中心监视和控制联锁设备及列车的运行,如需要可显示计划运行图和实绩运行图。调度员能将系统投入列车自动调整,必要时可人工干预。

典型的配置是32位台式机、显示器、键盘(带功能键)、鼠标。设两个工作站,它们与正线运转有关。调度长工作站是备用控制台,它能替代或扩大其他两个工作站中任一个的工作。

(4)运行图工作站

该工作站用于运行计划的编制和修改,通过人—机对话可以实现对运行时刻表的编辑、修改及管理。

(5)培训/模拟工作站

培训/模拟工作站配有各种系统的编辑、装配、连接和系统构成工具及列车运行仿真的软件。它可与调度员工作站显示相同的内容,有相同的控制功能,能仿真列车在线运行及各种异常情况,而不参与实际的列车控制。实习调度员可通过它模拟实际操作,培养系统控制和各种情况下的处理能力。

(6)打印机服务器、绘图仪和打印机

打印机服务器用于缓冲和协调所有操作员和实时事件激活的打印任务。绘图仪和打印机,用于输出运行图及各种报表。

(7)维修工作站

该工作站主要用于ATS系统的维护、ATS系统故障报警处理和车站信号设备的监测。

(8)局域网

把本地和远程工作站、服务器的PLC连接在一起。细缆以太网允许各成员间进行高速数据交换(10 Mbit/s)。

(9)UPS及蓄电池

控制中心配备在线式UPS及可提供30 min后备电源的蓄电池。控制中心一般设在城市轨道交通线路的较大车站,它配套现代化、高性能、模块化的控制系统,是基于灵活的工作站结构。工作站的硬件设置相同,所不同的是扩展的内存和接口板,具有与分散的联锁设备、综合监控系统、乘客向导系统等通信的界面。控制中心与各站联锁设备间由遥控系统联系,如过程联结单元完成所有分散接口与联锁装置及ATO系统的通信控制,车辆段服务器把车辆段的两台远程MMI与控制中心联结起来。

2. 车站设备

车站分集中站和非集中站,设备不同。

(1)集中站设备

集中站设有一台 ATS 分机,是 ATS 与 ATP 地面设备和 ATO 地面设备接口,用于连接联锁设备和其他外围系统,采集车站设备的信息,传送控制命令,使车站联锁设备能接收 ATS 系统的控制,以实现车站进路的自动控制。为从联锁设备取得所需数据,配备了可编程控制器型远程终端单元,采用模块化设计,扩展十分容易。它还控制站台上 PIS 的列车目的显示器、列车到发时间显示器和发车计时器 DTI。车站 ATS 设备的功能有:

①接收、存储其管辖范围内当日的列车计划时刻表。

②根据计划时刻表及列车运行情况,自动控制及办理管辖范围内的列车进路,包括进出正线、终端站折返进路等。

③特殊情况下,可以按控制中心设定的运行间隔控制列车运行。

④根据计划时刻表自动控制列车到站及出发时刻。

⑤采集管辖范围内的所有车站的列车运行信息、设备工作状态,并将这些信息送至控制中心 ATS。

⑥实现本管辖范围内的列车车次追踪。

⑦控制无道岔车站的设备,并向相邻的 ATS 设备传送有关信息。

⑧控制 ATO 地面设备,向列车传送运行控制信息。

(2)非集中站设备

非集中站不设 ATS 分机。非集中站的 PTI、PIS 和 DTI 均通过集中站的 ATS 分机与 ATS 系统联系。有岔非集中站的道岔和信号机由集中站的计算机控制,通过集中站的 ATS 分机接收 ATS 系统的控制命令。

3. 车辆段设备

(1)ATS 分机

车辆段设一台 ATS 分机,用于采集车辆段内存车库线的列车占用及进/出车辆段的列车信号机的状态,在控制中心显示屏上给出以上信息的显示,以便控制中心及车辆段值班员及车辆管理人员了解段内停车库线列车的车次及车组运用情况,正确控制列车出段。

(2)车辆段终端

车辆段派班室和信号楼控制台室各设一台终端,与车辆段 ATS 分机相连,根据来自控制中心的实际时刻表建立车辆段作业计划。

车辆段联锁设备通过 ATS 分机与控制中心交换信息,实现段内运行列车的追踪监视,车辆段与控制中心间提供有效的传输通道,距离较长时用 Modem。

4. 列车识别系统(PTI)

PTI 设备是 ATS 车次识别及车辆管理的辅助设备,其由地面应答器和车载应答器组成。地面应答器设于各站,PTI 设备用于校核列车车组号。当列车经过地面应答器时,地面应答器可采集到车载应答器中设定的列车车组号,并经车站 ATS 设备送至控制中心,校核是否与中心计算机列车计划中的车组号一致,若不相同则报警并进行修正。

5. 列车发车计时器(TDT)

TDT 设备设于各站,为列车运行提供车站发车时机、列车到站晚点情况的时间指示,提示列车按计划时刻表运行。正常情况下,在列车整列进入站台后,按系统给定站停时间倒计时显示距计划时刻表的发车时间,为零时指示列车发车;若列车晚点发车,则 TDT 增加停站时间的计时。在特殊情况下,若实施了站台扣车控制,TDT 给出“H”显示;如有提前发车命令,TDT 立即显示零;列车通过车站时 TDT 显示“ = ”。

三、ATS 系统的基本要求

1. 同一 ATS 系统可监控一条或多条运营线路,可实现相关线路的统一指挥,并且也有利于实现资源的共享。监控多条运营线路时,应保证各条线路具有独立运营或混合运营的能力。

2. ATS 的计算机及网络系统应采用冗余技术,应设调度员工作站、调度长工作站、时刻表编辑工作站和工程师工作站及其他必要的设备。调度员工作站的数量,根据在线列车对数、线路长度和车站数量等因素合理配置。

3. 运营线路上的车站应纳入 ATS 系统监控范围,涉及行车安全的应急直接控制应由车站办理。车辆段、停车场可不全部列入系统监控范围。

4. ATS 系统应满足列车运行交路的需要,凡有道岔的车站均应按具有折返作业处理。

5. 出/入车辆段、停车场的列车不应影响正线列车的运行。

6. 系统故障或车站作业需要时,经控制中心调度员与车站值班员办理必要的手续后,可实现站控与遥控转换,车站值班员也可强行办理站控作业。站控与遥控转换过程中,不应影响列车运行。

7. 列车进路控制应以联锁表为依据,根据运行图和列车识别号等条件实现控制。

8. ATS 系统应具有良好的实时控制性能,系统处理能力、设备空间等应留有余量,信息采集周期宜小于 2.0 s。

9. ATS 系统可与计算机联锁设备接口;ATS 系统的进路控制方式应与联锁设备的进路控制方式相适应;ATS 系统控制命令的输出持续时间应保证联锁设备的可靠动作,其与安全相关的接口应有可靠的隔离措施。

10. ATS 系统宜从时钟系统获取标准时钟信号。

四、ATS 系统主要功能

ATS 系统具有下列主要功能：列车运行情况的集中监视和跟踪；列车运行实绩的自动记录；时刻表自动生成、显示、修改和优化；自动排列进路，按行车计划自动控制道旁信号设备以接发列车；列车运行自动调整；列车运行和设备状态自动监视；调度员操作与设备状态记录、运行数据统计及报表自动生成；运输计划管理、输出及统计处理；实现沿线设备及列车与控制中心之间的通信；列车车次号自动传递；车辆修程及乘务员管理；系统故障复原处理；列车运行模拟及培训；乘客向导信息显示。

1. 列车监视和跟踪

进行在线列车的监视、跟踪、车次的移位及显示。

(1)列车监视

列车监视是用计算机来再现列车的运行，列车运行由轨道空闲和占用信号来驱动，列车由车次号来识别。ATS 给 MMI、乘客信息显示系统、模拟线路表示盘提供列车位置和车次号。

(2)车次号输入、追踪、记录和删除

列车车次号是 ATS 功能的先决条件，必须在固定时间内提出。当列车由车辆段或其他地点进入正线运行时，ATS 系统将根据计划时刻表自动给计划车加入车次号。列车车次号输入用于修改和确认列车车次号，输入方式有：在读站自动输入车次号、时刻表系统提出车次号、系统自动生成虚假车次号、调度员人工输入。

车次号在该列车通过读站时被记录，出错时调度员可用另一车次号予以替代。车次号从列车在车辆段开始至全部正线连续追踪，在中心表示盘及显示器上的车次窗内随着列车运行的位置动态显示。调度员可人工修改，并能由车次查出对应车组号。车次号删除是从 ATS 系统中清除车次号记录，在被监视到离去本区段、被覆盖时删除，也可人工删除。

(3)列车运行识别

列车运行由轨道占用信号从“空闲”到“占用”的翻转来识别。列车运行被监测到，就在计算机内再现。

(4)集中显示

控制中心表示分为大屏表示盘（目前用得较多的是背投式）和显示器。在站场布置图上显示正线全线列车运行及信号设备的工作状况，如列车位置及车次号、信号显示、道岔位置、轨道区段状态、进路状态及开通方向、车站控制状态（站控或遥控）、行车闭塞方式（自动闭塞或站间闭塞）、站台扣车状态、信号设备报警等，以及根据调度员的需要在显示器上显示车辆段内列车运用状况及各种报告。

2. 时刻表处理

时刻表处理包括安装、修改、存储时刻表及描绘、显示和打印实绩运行图。

系统提供时刻表编制用的数据库,通过调度员的人工设置如站停时间、列车间隔、轨道区段布置等数据产生计划时刻表。每天运营前将当日使用的计划时刻表从控制中心传至车站 ATS 分机。

系统存储适合于不同运行情况的多套时刻表,根据时刻表自动完成列车车次号的跟踪与更新,自动生成时刻表。

控制中心 ATS 根据列车运行的实际情况自动绘制列车实绩运行图。系统随时对时刻表的状态进行比较。利用车次号和列车位置可以对一列车的计划位置和实际位置进行比较。在发生偏离(早点或晚点)时,系统一方面通过适当的显示通知调度员,另一方面自动产生相应的纠正措施。

3. 自动建立进路

控制中心能对列车进路、信号机、道岔实现集中控制,可根据当日列车运行计划时刻表自动控制列车运行,包括:自动办理正线各种进路并控制办理的时机;自动控制列车驶入、离开正线的时机;自动控制车站列车停车时间及发车时间。必要时,通过办理控制权转移手续,可将控制权转移至车站。

调度员必要时可以人工控制,包括人工建立及取消正线各种进路等。调度员的人工控制命令在执行前均由中心计算机检查其合理性,并给出提示。

自动建立进路的功能是形成控制道岔位置的命令和在适当时间向信号系统发送这些命令。将列车车次号和位置信息、道岔位置和已选信号系统的信息提供给自动建立进路系统,命令的输出由接近列车的监测和进路计划来控制。

4. 列车运行调整

不断地对计划时刻表与实际时刻表进行比较,通过调整停站时间自动调整列车按计划时刻表运行,在此基础上自动产生列车的出发时间。在装备有 ATO 的线路上能通过对列车运行等级的设置实现对列车运行的自动调整。调度员也可通过人工命令调整列车停站时间来到调整列车运行。

5. 乘客信息显示系统

用来通知等待的乘客下一列车的目的地和到达时间。

6. 列车确实位置识别

列车识别码由司机在开始旅程前选定,由列车自动发送。

7. 服务操作

操作员能修改数据库、列车参数、控制与显示数据库信息。

8. 仿真及演示

系统仿真是通过仿真手段,离线模拟列车的在线运行,主要用于系统的调试、演示及人员培训,是一种必不可少的运行模式。它与在线控制模式几乎完全相同,唯一的差别是列车定位信息不是实际获取,而是随车次号的设置而出现。仿真模拟运行能够模拟在线控制中的所有功能，但它与现场之间没有任何表示信息和控制命令的信息交换。

培训/演示系统具有模拟时刻表，模拟列车运行的调度等，可记录、演示，据此对学员进行实际操作的培训。

9. 遥控联锁

联锁设备由远程控制系统操作，它提供了与运营控制系统的接口界面。

10. 运行报告

ATS 能记录大量与运行有关的数据，如列车运行里程数、列车实绩运行图、列车运行与计划时间的偏差、重大运行事件、操作命令及其执行结果、设备的状态、故障信息等。ATS 系统所记录的事件都应该有备份，通过选择，可回放已被记录的事件。ATS 系统提供数据备份和恢复功能，并可回放和查询；提供运行分析报告。

ATS 中心可提供多种报告，辅助调度员了解列车运行情况，以及系统工作情况。调度员还可调用列车运用计划并进行修改，可登记、记录、统计数据、离线打印。

ATS 系统可按用户的要求提供各种统计功能，以完成各种统计报表（如日报表、周报表、月报表等）。

11. 监测与报警

能及时记录被监测对象的状态，有预警、诊断和故障定位能力；监测列车是否处于 ATP 保护状态；监测信号设备和其他设备结合部的有关状态；具有在线监测与报警能力；监测过程应不影响被监测设备的正常工作。

在相应工作站上，报告所有故障报警的状况并予以视觉提示，直到恢复正常状态为止。重要的故障以音响报警提示，直到确认报警状况为止。

要报警的不正常状况包括：ATC 轨旁系统内的故障；轨道电路和轨旁设备内的故障；ATC 车载系统和车辆设备内的故障；通过 TWC 传送的 ATC 车载状态信息和在 DTS 设备内检测出并由 DTS 报告的故障。

五、ATS 系统基本原理

1. 自动列车跟踪

列车追踪系统是监视受控区域内列车的移动的。不论是自动还是人工方式，每列列车与一个列车车次号相关联。当列车由车辆段进入正线运行时，ATS 系统根据计划时刻表自动给该列车加入车次识别号。根据对来自联锁设备的信息的推断，随着列车的前进，列车车次号在列车追踪系统中从一个轨道区段单元向下一个轨道区段单元移动。列车移动在调度员工作站上的车次号窗内以列车识别号显示出来。车次号按先到先服务的原则显示。

（1）列车识别号报告

每次列车准备进入运营时，它将自动地被分配一个列车标识，根据预先存储的列车时刻表来命名进入系统的列车。根据列车跟踪，显示列车标识并能在显示器上移动列车标识。

列车识别号包括目的地号、序列号和服务号。目的地号规定列车行程终到地点。序列号按每次行程自动累增。乘务组号和车组号将显示在特定的对话框中。

如果某一列车出现在列车追踪系统所监视区域，该列车识别号必须报告给列车追踪系统。列车识别号报告给列车追踪系统的方法有：手动输入、用读点（PTI）读入、从列车时刻表中导出、在步进检测中产生。

当无法自动导出列车识别号时必须手动输入。调度员在其监视区的第一个区段输入列车识别号，如果该区段已被某一列车识别号占用，则不能输入列车识别号。

在系统的边界点，例如车站，可安装检测接近列车的 PTI。当多次读入的车次号被传输时，列车自动追踪系统可以识别出这些读数属于这一列车。

列车运营是由时刻表决定的，时刻表系统建议列车的识别号，将车次号输入到相应进入的区段，按它们的出现顺序调用。

步进是列车号从一个显示区段移动到下一个与列车移动相应的显示区段的前进。当轨道区段发生从空闲到占用的状态变化、轨道区段发生从占用到空闲的状态变化、来自 PTI 的有效列车数据的输入或来自 OCC MMI 功能的人工步进命令的输入时，都会产生步进。如果由于故障不能自动步进，也可以手动步进。

（2）列车识别号跟踪

列车自动跟踪要完成：列车号定位、列车号删除、车次号处理。

①列车号定位

列车号向轨道区段的分配是由下列任一情况所启动：

a. 在列车离开车辆段的地点，一个向正线方向的列车移动被识别，列车号从时刻表数据库取出。

b. 来自 PTI 的有效列车数据输入。

c. 来自 OCC MMI 的一个列车号插入或修改的输入或在没有列车号能被步进到的位置识别到一个列车移动时，依照时刻表产生一个列车号。

②列车号删除

当步进超出自动列车跟踪功能的监控范围或从 OCC MMI 功能输入一个人工删除命令时，列车号被删除。

③车次号处理

车次号处理包括：从 OCC MMI 功能输入一个新的列车号、输入列车识别号、更改列车识别号、删除列车识别、人工步进列车识别号、查询列车识别号。

2. 自动排列进路

通过列车进路系统，实现了进路的自动排列，这可以节约调度员大量的操作工作量。其功能就是将进路排列指令及时地输出到联锁设备中去。

调度员可在任何时候都绕过列车进路系统，用手动方式办理进路。列车进路系统则在可用性检查中检测这一行动。列车进路系统可由调度员关闭,这一点是必要的,因在当调度员人工办理进路时,要避免列车进路系统发出命令的危险。列车进路系统可以为某些信号机、某些列车和某些联锁而关闭。

只有正常方向才考虑自动选路,反方向要受到 OCC MMI 的干预。

(1)运行触发点

列车进路系统只是在列车到达某一特定地点时才被启动,该特定地点称为运行触发点。运行触发点的位置必须进行配置。运行触发点的选择应能使列车以最高线路允许速度运行,但其又不能发生得太早,否则其他列车可能会遇到不必要的妨碍。为此,可以确定一个延时时间来决定输出列车进路指令的时间,该时间称之为接通时间。由最长指令输出时间、联锁最长设定时间、列车到达接近信号机之前司机看到和做出反应的时间、预留的时间等来决定。

在驶近列车进路始端时,可以确定多个运行触发点,这样就可以保证列车进路系统的可靠工作,即使在出现问题而未发送出列车位置的情况下也能保证其可靠性。对于每一条进路,应在其他始端的前方,配置一个附加的,称之为重新建立的运行触发点。

对每个运行触发点,要对启动列车进路系统的目的地编码予以配置。列车进路由列车初始位置和列车的终到(目的)编码来确定。终到编码必须含在列车识别号中。列车位置、列车号是通过列车追踪系统报告给列车进路系统的,它决定了所要求的目的地。

(2)确定进路

当到达触发点的列车请求进路时,已配置的数据就确定了进路。为此,为每个带有效目的地码的触发点配置一条进路。

对于每一条进路,还可以配置出替代进路。替代进路是必要的,如果该进路已被其他列车占用,那么就可以把替代进路按优先顺序存储到运行触发点处。进路可由两种方法予以确定,第一种,进路由时刻表来确定,前提条件是必须有一个时刻表系统,能提供当天适应于每一列列车的时刻表,列车进路系统利用这些信息确定列车的进路命令,相关的替代进路也被确定;第二种,从地点相关的控制数据中来确定进路,为此有必要在车次号中包含目的地码,然后相应的进路就可以通过目的地码的方式指派到每一个运行触发点。

(3)进路的可行性检查

在进路设定指令输出到联锁设备之前,需进行若干可行性检查,该检查将决定执行或拒绝命令。首先要进行进路始端检查,以检查没有排列敌对进路,然后进行触发区段检查,检查没有其他列车处于该列车和进路入口之间,确认该列车是否到达进路的始端。接着要进行进路可用性检查,目的是防止将不能执行的命令发送到联锁设备。这种检查要经过若干步骤来实施:第一步,要检查是否自始端开始的进路已排好;第二步,检查进路的自动办理是否可能;第三步,检查是否有短期障碍(如轨道被占用等)。如果所有检查都成功完成,则给联锁设备输出一个进路命令。

在规定的时间间隔之后进行办理进路检查,以查明联锁设备是否允许执行选择进路的命令,已办理好进路,并与输出命令相符。

列车自动排路功能不能取消进路。

3. 时刻表系统

时刻表系统要完成:时刻表数据管理、向其他 ATS 功能模块提供时刻表数据、向外部系统提供时刻表数据、为停站时间时刻表在线装载设置界面、为时刻表的离线修改设置界面、为使用中的时刻表增加或删除一个列车行程设置界面、按自动列车追踪请求安排列车识别号。

ATS 设备包括时刻表数据库,该时刻表数据库里存储有 ATS 功能要求的所有时刻表信息。时刻表数据库里的信息是由时刻表计算机提供。

(1)时刻表编辑

时刻表的编制和修改在离线模式下用给定的数据在时刻表编辑器中编辑。基本数据代表一列列车在某段线路上的运行,包括:站间运行时间、车站与折返线之间的运行时间、在折返线上的停留时间。

时刻表包括到站和离站时间。为了编制时刻表,调度员必须通过时刻表编辑界面输入以下数据:运行始发时间、运行始发地点、运行终到站、每一运行间隔阶段的开始时间和终止时间、每一运行间隔阶段(是一个时间段,在当日对所有列车有效)的运行间隔。

调度员通过时刻表编辑界面输入必要的信息后,时刻表编译器/模拟器从该信息中综合出所需时刻表。如果新的时刻表存在冲突就会被显示。调度员可以调整时刻表的结果。如果调度员存储时刻表,时刻表就被确定。为不同类型的运行阶段可存储不同的时刻表。

列车运行图或列车运行档案通过列车运行图表示器显示出来。

(2)时刻表系统处理程序

手动选择当天运行的时刻表,这样的时刻表当天运行有效。

时刻表查询功能通过向时刻表系统查询,得到列车的计划到达或出发时间及到达下一站的时间。列车自动调整从时刻表系统得到用于列车调整的时刻表数据。

如果列车识别号在列车自动追踪时丢失,则向时刻表系统询问列车识别号,时刻表系统能给一个列车识别号建议。对此,确定的列车识别号是(按当天时刻表)预定的地点和时间最适当的车次。

(3)时刻表比较器

时刻表比较器比较时刻表上预定的到达或出发时间和当前列车的到达和出发时间,为列车运行图表示器和自动列车跟踪提供列车与当前时刻表的偏差,启动列车自动调整列车。若时刻表偏差超过一规定值,时刻表偏差通过 MMI 给以显示,时刻表比较器进而给列车自动调整指令以调整列车的运行，其目标是补偿列车的实际偏差。此时，更新在乘客信息显示盘上的列车到达时间。

4. 列车自动调整

由于许多随机因素的干扰，列车运行难免偏离基本运行图，尤其是在列车运行密度高的城市。一辆列车晚点往往会波及许多其他列车。当出现车辆故障或其他情况时，列车运行紊乱程度更加严重。就需要从整体上大范围地调整已紊乱的运行秩序，尽快恢复运行。人工调整很难尽善尽美。

采用自动调整方法，可以充分发挥计算机的优势，能比较及时并全面地选出优化的调整方案，使列车运行调整措施更智能化，避免人工调整的随意性。同时，调度员也可以积极发挥主观能动性，尽一切可能主动干预列车运行调整。

(1)列车运行调整所需采集的数据

调整列车运行，首先必须实现对列车运行情况及轨道区段、道岔、信号等设备状况的集中监督。基本数据包括：车站的顺序和种类、站间运行时间、各站的停站时间、车站与折返线之间的运行时间、在折返线上的停留时间和计划时刻表数据等。

实时数据包括调度员下达的控制指令、在线运行列车的实时位置和速度、在线运行列车的限制速度和安全距离。

(2)列车运行调整的目标

①减少列车实绩运行图与计划运行图的偏差。

②所有列车的总延迟最短。

③减少乘客平均等待时间。

④列车运行调整的时间尽量短。

⑤实施运行调整的范围尽量小。

⑥使整个系统尽快恢复正常运营。

(3)列车运行调整的系统模式

列车运行调整的系统模式是指系统调整列车运行的自动化程度，可分为人工调整和自动调整两种类型。

人工调整方式下，除具有自动排列进路、自动的时刻表和车次号管理功能外，还具有自动调度功能，即能根据时刻表和调度模式，按时自动调度列车从端站出发，但运行调整仍需要人工进行。

自动调整除具有人工调整模式的全部功能外，还具有自动调整功能，能根据计划时刻表自动调整列车停站时间和运行等级，使列车尽量恢复正点运行。

调度员应具有通过策略选择程序引用正确策略的能力。对于计算机显示的可应用方案和实施选择方案，什么样的修正动作是最适宜的，调度员能做出最佳判断，选择最适宜的方案。

(4)列车运行调整的基本方法

对列车运行进行调整,实质上是对列车运行图的重新规划,它是在 ATS 对列车运行和道岔、信号设备能实时控制的基础上实现的。当列车偏离计划运行图的程度不大时,可以利用运行图自身的冗余时间,对个别列车进行调整即可恢复按图运行;当列车运行紊乱程度较严重时,则需要大幅度调整列车运行。

①改变车站停车时间

通过车站 ATS 适时发送命令,控制站内列车的停站时间。若列车晚点,可使列车提前出发(但也必须受车站最小停站时间的约束);若列车早点,则可延长列车停站时间。这种方法可以在一定范围内调整列车正点运行。

②改变站间运行时间

根据列车的速度和位置,可以预测列车到达下一站的到站时间。如果预测的到站时间晚于计划到站时间,可以向列车的 ATO 设备发送命令,提高 ATO 运行等级,缩短站间运行时间,从而及时消除可能出现的晚点。

③越站行驶(跳停)

如果列车晚点太多,需要快速赶点,可要求列车直接通过下一个车站或多个车站,以尽快恢复到计划时刻表上。

④改变进路设置

在有配线的车站,可通过改变进路的设置来改变列车运行的先后顺序,从而达到调整的目的。

⑤修改计划时刻表

当列车晚点时间比较多或涉及晚点的列车比较多时,可以考虑直接修改计划时刻表,尽可能地减小对整个系统的影响,保证系统的有序运行。修改计划时刻表通常包括加车、减车和时刻表整体偏移等。

⑥等间隔调整

当列车运行较多偏移时,可以按相等的运行间隔进行调整。

(5)列车运行调整的算法

①线路算法

一旦列车进入运营,线路算法将监视和控制列车的运行性能。线路算法的主要功能是快速和自动地管理由于较小的线路干扰造成的延误。线路干扰是指列车与其时刻表相比提早或滞后的状态,这将影响列车停站时间和在正线上列车的运行。线路算法通过调整列车的停站时间和运行等级,动态和自动地调整列车运行性能和列车运行时刻,使延误的影响减小或消失,以使本站的出发计划误差和下一站的到达计划误差最小。还调整受影响列车的前行列车和后续列车的空间间隔,以平稳地脱离线路干扰。当线路算法确定一列车或一组列车不能保持与时刻表一致(在时刻表误差内),它将产生一个报警。调度员能从时刻表控制中撤销一列车或一组车或修正时刻表误差并取消报警,还能中止线路算法的自动运行。线路算法还应用于列车到达车站之前启动车站广播设备和乘客向导系统的控制。

②进路控制算法

进路控制算法将监督所有运营中列车的进路。列车上所存储的进路应能被控制中心改变。控制中心能自动地或人工发出命令,要求改变目的地,并且能验证列车已收到的新目的地。

5. 控制和显示

当调度员输入命令时,列车控制和显示功能将驱动显示和报警监视器,提供运行状态和历史信息,还检查从现场返回的所有状态数据并按要求动态地更新显示和报警信息;允许调度员在授权的情况下,人工向系统输入命令,调用各种显示;处理所有调度员的输入及协调这些输入的执行。控制和显示功能不允许不能执行的自动控制请求。

ATS 主机服务器将处理所有送到调度员工作站的输入和来自该工作站的输出。接收从工作站来的命令,包括:登记、退出、显示、复制、跟踪、列车控制、自动运行调整、数据输入、一般用户信息、报警、报警处理、进入/退出处理、列车和轨旁状态请求、诊断信息请求等。

对于重要的命令采用命令释放程序,如调度员的命令和确认;进路、保护区段、轨道区段、道岔和信号机的状态;列车位置;时刻表数据库中的每日时刻表;时刻表偏差;所有 ATS 功能的错误信息;记录功能中的运营信息和错误信息。

调度员可通过控制中心 ATS 控制联锁设备。借助于设备显示器上的对话框和鼠标来输入联锁指令,然后送到联锁设备中,可实现如下操作:打开/关闭列车进路模式、打开/关闭联锁区域、指定联锁区域、对单一道岔操纵。

车辆段内信号机由车辆段信号楼控制,出段信号机由 ATS 系统自动控制。段内调车作业应能自动追踪,并能与 ATS 控制中心交换信息。

操作授权决定调度员可以使用哪些命令和可以访问哪些信息。调度员操作授权由系统管理员决定,并且通过登录过程完成。

线路的现状通过 MMI 以图形方式实时地向调度员显示。全线概况显示由 ATS 系统控制,显示的信息包括列车的位置和进路状况、车站名和站台结构、保护区段、轨道区段、道岔和信号机的状态,以及所有 ATC 系统状态和工作的动态表示、ATC 报警信息。信息的类型与显示的详细程度可以由调度员的显示控制命令而控制。缩放功能允许从全景显示缩放到单个要素的显示。

MMI 可显示调度员对话框和基本视窗。所有的功能、线路的总体情况和详细情况都可以在基本视窗上进行选择。

以下功能可通过基本视窗进行选择:设备和系统的总体概况;对话,如用于系统登录/退出或调度员控制;信息功能,如操作日志或用户的登记。

系统概况显示出各种硬件设备及它们的状况,通过这种办法能很快查找出损坏的设备。

列车识别号总体显示表示每一列车的列车识别号。详细情况显示是详细地表示出一些较小的区域,用于控制决策及监督特定列车或功能,如线路地形、列车识别号及道岔编号、信号机编号和详细报警。

6. 记录

按顺序和类别存档从其他 ATS 功能得到的信息,例如操作信息和错误信息。能够通过 MMI 功能检查记录。记录序列存放在 MMI 工作站上,必要时能够回放。

收到的操作和错误信息时按事件和起因(联锁功能、ATS 功能、操作系统或联锁命令)分类。每个信息的文本和类别按时间顺序储存在操作记录上。

ATS 系统的记录和回放功能允许 MMI 工作站记录显示在监视器上的事件。记录和回放功能只在控制中心的三个调度员工作站上有效,并将在这些工作站记录 MMI 监视器显示的画面。

7. 列车运行图显示

列车运行图在线路—时间坐标上显示。横坐标是线路轴,纵坐标是时间轴。线路上的车站按次序描绘在线路轴上。

在计划运行图中,显示预定的到站和离站时间。在实绩运行图中显示当天计划运行图,以及当天的相应计划运行图及与时刻表的偏差。实绩运行图与相应计划运行图用不同的颜色对比显示。

各种运行图的每一运行线上,都标示了线路标志和列车行程号。时刻表偏差显示在相应该列车的运行线边,该偏差表示相应列车通过该车站的发车时间偏差。

通过列车运行图显示功能可执行下列操作:设置运行图颜色、放大部分运行图、调出时刻表、调出当前运行图。

8. 培训/演示

培训/演示系统能完整测试 ATC 系统全线的列车运行调整和列车跟踪功能的有效性。此外,模拟应能验证特定时刻表的有效性。模拟功能是交互式的,允许调度员输入。培训/演示系统具有两种供学员选择的模式,一是列车运行模式,在该模式下学员可以通过选择某一联锁管辖区,由显示器上观察该区的工作情况,作为系统的初步培训;另一模式为指令模式,在该模式下,学员可进行各种命令输入,并能通过显示器动态地给出命令响应,如果命令错误,自动给出提示报警。由此可对学员进行实际操作的培训。

(1)培训/演示系统的组成

培训/演示系统包括有一个模拟 MMI(DS)和一个模拟 PC(S-PC)。

DS 是供学员学习的,在培训和演示系统中模拟 ATS 部分,包括了 ADM(系统管理服务器)、COM(通信服务器)和 MMI 功能。DS 为一个工作站,带有两台监视器和一台用于打印操作日记和报警表格的打印机。该工作站能执行多达 20 列列车的 ADM/

COM 和 MMI 的功能，其操作系统、ATS 软件模块及应用数据通常都与 ATS 系统一样。

S-PC 供教师工作，是一个标准的 PC，在培训和演示系统中模拟外部设备和处理过程。该 PC 机的性能足以保证能模拟要求的行车间隔内的 20 列列车。

S-PC 和 DS 是通过以太网连接的。

(2) DS

在 DS 上只有模拟必须的 ADM、COM 和 MMI 功能，模拟系统无冗余。学员需用相应的用户名才能进入 DS。MMI 功能是否全部、部分或根本就不对学员开放，就取决于这一用户名。DS 上必要的 ADM 功能都对学员开放。

COM 中用于模拟目的的功能，在 DS 上开放，包括：列车时刻表比较、列车自动调整、自动办理进路、列车监视和追踪、时刻表管理（但不得对时刻表进行修改）。

COM 中的以下功能不在 DS 上开放：PIS（乘客信息显示）、DTI（发车计时器）、BAS（环境与设备监控系统）、FAS（火灾自动报警系统）、车辆段联锁接口、TEL（通话）。

概况显示在 MMI 上的模拟模式下全部可以实现，设备显示包括轨道概况、列车号概况、细部概况，以及系统概况。

在模拟模式下学员完全可以实现以下对话：变更责任（全部功能）、记录、变更工作站、联锁对话、列车移动监视、列车自动调整对话。

在模拟模式下学员不具备以下对话：车辆段服务对话、时刻表编辑器、列车运行图显示、记录和回放。

(3) S-PC

S-PC 模拟全部有关联锁功能、有关外部设备、有关 ATP 功能、有关 ATO 功能、列车运行。S-PC 具有图像操作界面，里面装有用户化的线路平面。

与 MMI 一样，S-PC 显示线路平面，包括联锁元件及列车运行车次。DS 和 S-PC 的显示因为模拟的局限与实际设备的状态可能不相同。联锁元件的显示也会按实际情况的变化而变化。用这种办法，教师就可在 S-PC 上设置轨道区段是否空闲或被占用，进路是否已办理完毕等。

在正常操作情况下，即无教师输入任何干扰的情况下，在 S-PC 上模拟实际过程时，只需很少的操作。

S-PC 模拟每一个相关的联锁元件（轨道区段、信号机、道岔）的功能，若有状况的变化，则将其用报文形式传送到 DS。模拟联锁元件之后，还模拟相关的联锁功能，实时模拟办理进路，ARS（自动办理进路）的开/关及从当地控制转到遥控都属此范围。

S-PC 全部模拟 PTI（列车识别系统）功能。当列车进入或离开车站或停在车站时，S-PC将 PTI 报文（到达、停车和出发报文）发送给 DS。对于那些在车站区域以外的 PTI，S-PC 将在列车通过 PTI 时就产生一个通过报文。S-PC 还生成 RTU（远程终端单元）的生存标志。

除了 LCP（局部控制盘）指示灯不模拟以外，全部当地的 LCP 功能，如扣车和放行以及远程LCP扣车、放行和跳站等均被模拟。模拟包括对运营停车点和停留时间的处理。

DTI的功能仅仅是部分模拟。如果列车在车站停车，那么S-PC在停留时间过后，就自动解除停车点的命令，以使列车离开车站。

ATS与ATP功能有关的只有运营停车点的办理和解除及车站内紧急停车和反向命令等。因此S-PC不模拟其他ATP的功能。如果一列车离开车站的轨道区段，S-PC则办理其运营停车点。如果另外一列车又进站了，而原运营停车点又没被取消，那么该停车点就继续保持下去。在停车点解除之后，列车就继续行驶。停车点还可由ATS在列车进入车站之前予以解除。在这种情况下，列车就会实现经车站不停车运行。

ATS与ATO功能有关的仅有惰行/巡航和给出的列车识别号。因此，S-PC不模拟其他ATO的功能。在S-PC的模拟过程中，要给出两站之间的距离。S-PC通过走行时间和到达目的地车站的距离就可以确定出准点到达目的地车站的速度。与真正的ATO不同，该模拟器的速度对整个运行时间都是常数，所确定的速度限制在实际的最大允许速度值内。输入到S-PC里的列车识别号可以由DS更改。

模拟列车运行，如果ATR被关闭，那么列车则以在S-PC中规定的某一速度走行。例如，列车每15 s就向前移动一个轨道区段。对于使用中的ATR而言，列车向前移动的速度不是常数。给出旅行时间，S-PC就计算出列车相对于实际速度的向前移动的相对时间。

六、ATS系统运行

1. ATS正常运行

ATS系统的正常运行，在大部分情况下，是自动进行的，无需调度员干预。由于车站ATS分机可存储管辖范围内的当日运行时刻表，中心一般仅为监视，而由ATS分机进行列车运行的自动控制。

车站的ATS处理器通过从信号系统收到的轨道电路占用信息，监视列车运行情况，据此为列车办理进路。办理哪条进路及何时办理进路的依据是时刻表或根据调度员为该列车提前指派的目的地信息。

ATS分机可以对列车驾驶曲线作细微的调整，以遵守时间表规定的出发时间。停站时间可以调整，ATO滑行开关控制参数可以修改。

调度员工作站对时刻表所作的其他修改内容也将传达给ATS分机，并用来确定新的出发时间。

当列车接近某个ATS分机的控制区边界时，该ATS分机就将列车资料传给同一条线上的下一个ATS分机，这样收取这些资料的下一个ATS分机可以为列车办理所需的进路。

ATS分机将有关其控制区内的列车和信号设备（轨道区段、道岔、信号机等）的信息传给 OCC 中的 ATS 设备，这些信息在工作站的屏幕上显示，供调度员监控，并在显示盘上显示整个线路的情况。

如果正常的自动运行发生问题（例如要求的进路无法设定）时，ATS 分机向 OCC 发出报警信号，要求调度员的人为干预。

调度员也可以根据需要，脱离系统的自动运行，而 ATS 能提供对列车分配、进路办理和道岔转换的全面人工控制。

车辆段内的 ATS 设备没有自动运行模式。

2. 列车调度

ATS 系统用列车时刻表自动地和人工地调度列车。在培训/演示计算机上生成时刻表并下载到 ATC 主机服务器上，由系统维护 4 类时刻表：日常、周六、周日、假日和特殊时刻表。在同一时间只使用一种时刻表。在每晚的一预定时间，系统将设定次日的时刻表。在设定之前，调度员有权选择为次日建立的时刻表类型。如果没有选择，系统将自动地选择相应的符合本日的时刻表类型。

时刻表由每列列车的调度数据构成，列车调度数据包括：列车标识号、转换区和终端区的出发时间、车站到达和出发时间、每列车的起始站和终点站。

系统提供应用程序以在培训/演示工作站上生成和更新时刻表。该应用程序是菜单驱动的，并且不要求繁杂的原始数据编辑。一旦生成时刻表，它可以方便地直接下载到在线系统或被存储。

系统按“待用的”“现役的”或“停用的”来标识计划列车。待用列车是正等待自动或人工将其插入系统中去的列车。现役列车是指一列正在被系统跟踪和生成历史信息的列车。当一列车到达其目的地或从系统中将其人工撤销时，则该列车被认为是停用的。可用两种方法将一列停用的列车再次插入系统。第一种，可以修改列车的进入时间，使列车标识号再次插入某车站的序列窗中，该列车再次成为待用的。第二种，指定车站直接将列车插入系统，使列车成为现役的。

调度员接口包括用鼠标/键盘移动、插入、交换和撤除列车跟踪标识号的功能。“插入列车”的功能将引入一列计划或非计划列车进入系统并在指定的轨道区段上方显示列车的标识号。“撤除列车”的功能是从系统中撤销早先进入的列车标识号，并取消显示。“移动列车”的功能是将一列计划或非计划列车的标识号从一个显示位置移到另一个位置。“交换列车”的功能是用于交换两个列车标识号的位置，还包括由调度员编辑列车出发数据、到达时间和目的地标识号的功能。

ATS 系统从转换区和终端区及车站之间的正线上调度和跟踪列车。基于当前的预存时刻表，给被检出的列车配上一个标识号。在计划出发后的规定时间内，若一列车没有出清联锁区，则向调度员发出报警。在每个车站转换线，随后的三列计划列车将在值班员的 CRT 上显示。系统调度和跟踪进出车辆段的列车。ATS 系统将实际的标识号与时刻表中的列车标识号相比较，如果它们相同，系统将为列车设定一条进路进入下一车站;如果这些标识号不同,系统将产生一条报警。

在列车计划出发前的一个指定时间内,列车没有到达转换区或终端区,将引发车站控制台处的一条报警。

列车要出发时,ATS 系统通过列车出发指示器发送一个指示给司机。

3. 列车控制

ATS 系统以自动控制模式或人工控制模式来控制和调整列车。系统将根据从本地接收到的轨道表示信息连续地跟踪列车,并在工作站显示器和显示盘的轨道图上显示每列车的位置,在与每条轨道相关的地方显示列车标识号。列车标识号将自动跟随轨道表示显示变化。利用这种方式,在整个范围内可监督列车的运行。在运营中系统维持每一列车的跟踪记录,包括列车在每个车站的到达和出发、实际走行时间、计划走行时间和实际与计划走行时间的差值。通过列车进入跟踪时所派给它的列车识别号可以找出列车记录。

系统提供一组控制功能,用这些功能调度员能人工指挥通过其控制区域的列车。这些功能包括启动道岔、设置进路、取消进路和关闭信号。"进路设定"的功能是将发送控制命令给车站,来排列和开通一条进站或出站进路。如果在联锁区有一条以上的进路可以使用时,将从优先表中选择进路。如果优先进路不能使用,则选择顺序中的下一条进路。"启动道岔"的功能是发送控制命令给车站以转动道岔。"关闭信号"的功能是发送控制命令给车站,取消已开放的信号。

4. 运行图/时刻表调整

在每个车站,集中站 ATS 与控制中心 ATS 相连,将运行图和时刻表的调整信息传给列车。

运行图调整是由控制中心确定的,控制中心计算保证列车正点到达下一个车站所需要的运行图。有 6 个运行等级加上滑行模式可供选择。典型的调整是改变运行等级,包括设置最大速度和加速度。启动滑行模式也可影响运行时间。控制中心将运行图调整信息传到轨旁 ATS 再传到列车。

时刻存储表在集中站 ATS 中,必要时也可从控制中心获得,只能选择一个时刻表。

发生控制中心离线时,指定的集中站如终点站使用缺省的调度时刻表来进行列车调度。缺省的调度时刻表是建立在每天、每周的运行上,可由本地编程或由控制中心控制。

5. 目的地/进路控制

列车进路在正常情况是通过车地通信系统的进路申请建立的,该申请受控制中心的监督。如果控制中心同意进路申请,进路就可执行。控制中心的操作员只有在异常条件下才会干涉。控制中心能拒绝任何进路申请。在异常情况下或存在不同的进路要求时,控制中心将干涉。如果申请的进路不满足控制中心的要求,控制中心将发出报警并将进路置为手动。

轨旁设备可从控制中心、车站 ATS、接近轨道区段接收进路申请。在有车地通信环线的任何集中站，车站 ATS 都能通过轨旁车地通信模块询问列车的目的地编号。车站 ATS 在时刻表中查找列车车次号，向联锁设备发送进路申请，由联锁设备选择需要的道岔和信号机以建立进路。车站 ATS 也向控制中心传送进路信息。如果控制中心同意进路申请，列车就可以在完成停站时间后离开车站。如果控制中心离线并且车地通信申请的进路有效，则进路不需批准即可执行。如果控制中心离线而车地通信申请的进路无效，则进路不会执行。如果车站 ATS 失效，则通过自动的接近出清来排路。

6. 自动排列进路

在中央自动模式（CA）中，系统根据当前时刻表自动地请求排列进路。通过使用时刻表和由系统采集的实际列车数据（实际到达/出发时间和实际到达/出发进路），计算机将检测冲突，提议解决的方法，以有效和及时的方式自动设置进路。

只有当列车和车站的控制模式都设在 CA 模式时，才能自动为列车排列进站进路。系统提供修改列车和车站控制级别的功能。“设定车站控制级别”的功能是请求设定本地、人工或自动控制等级。“设定列车控制级别”的功能是将一单独的计划列车的控制等级设为自动或人工。在 CA 模式时，系统基于自动排列进路规则，设置列车前方的最佳进路号码。如果所要求的进路因故没有开通，或一列列车在预定的时间因故未离开车站，则向调度员发出一条报警。

如果调度员人工排列一条不同于计划进路的列车进路进站，则自动排列进路功能将不为该列车排列出站进路，它认为调度员有其改变到达进路的原因。当列车到达站台时，系统试图在列车出发前 1 min 设置出站进路。若列车晚点，系统将在停站时间结束前 1 min 设置出站进路。用设定最小停站时间的功能可以人工调整停站时间。

“自动提议”的功能是确定列车冲突，然后提出可能解决的办法。当停站列车离站时，“自动提议”功能可被人工或自动触发，所提议的解决办法提供调度员确认。应说明的是所有解决办法均需调度员确认，也就是说调度员确认列车不可以偏离其时刻表。

7. 历史数据记录

系统采集所有列车、车站信息和出现的报警。这样做是为了编辑一份完整的系统运行历史。数据写入磁盘供以后分析用，并可将其归档供长期存储。所记录的列车数据包括：计划和实际到达时间、计划和实际出发时间、计算的计划偏差。

可以联机检查数据或在网络打印机中的一台打印出来。显示的格式是易读的并且按列车或车站组织。根据接收到的轨道表示，确定联锁区之间的列车实际走行时间，计算列车计划走行时间与实际走行时间的偏差并记录下来。通过使用“列车的计划时间”或“车站的计划时间”功能，来检查所记录的运行图偏差。“列车的计划时间”的功能是显示列车通过全部车站的计划的、实际的和偏差的时间。“车站的计划时间”的功能是将显示所有的列车通过指定车站的计划的、实际的和偏差的时间。如果列车超出了晚点阈值，则认为列车晚点到达车站，由调度员来调整晚点的阈值。

系统记录所有动作，诸如轨道区段占用、信号机和道岔的状态、进路设定和解锁数据及列车运行等。所有采集到的信息都可以用文字或图形的格式在线查看。

如果指定了文字格式，则数据可送到打印机打印出来或在屏幕上显示出来。这类格式化的数据展示了所记录的控制和表示的顺序，以详细检查在特定的车站内所发生的事件。一个调度员或所有调度员都可以请求数据并可按指定的时间或时间范围请求数据。

如果指定图形格式，必须由指定的调度员和时间来请求数据。在工作站上显示的信息与事件发生时的一样，用连续更新时间显示来描述每个事件实际出现的时间。系统还能加速、慢速或暂停重放图形显示。

由系统采集来的全部数据被储存在磁盘上最少 72 h（这个缺省值可由调度员联机调整），还可以使数据从系统删除之前，自动进入 WORM 磁盘备用。系统不能自动地从 WORM 磁盘中再次调用数据。由于系统只能使用驻留在磁盘上的文件，因而为了分析 72 h以前的数据，系统管理员需要先恢复已存入 WORM 磁盘的备用数据文件。这类处理过程能通过使用系统文本和可能提供的命令程序来简化。

8. 其他支持功能

（1）模拟

能模拟响应调度员控制和系统发生事件时中央 ATC 系统的表示。列车运行、轨旁表示和 TWC 表示都被精确地模拟，以便能对列车时刻表和算法进行测试。所有模拟的对控制中心控制命令的轨旁回应时间都通过一个文本数据库来进行配置。对于每一轨道区段的运行时间也通过一个文本数据库来进行配置。

由于表示的来源对系统的其他功能是不透明的，模拟器可用来测试系统工作并向学员提供一个逼真的列车控制环境。当启动模拟系统时，模拟器被激活并可在培训/演示工作站上使用。

（2）调试

调试功能给用户提供软件系统内部作业的接口，允许输入和扫描内部信息。调试功能是一个软件开发和故障查找的诊断实用程序，并且供熟悉控制中心 ATC 系统软件的维修人员使用。调试功能可用于诊断由中央启动控制所遇到的问题，通过参照一张编码—功能分配表，维修人员可以扫描输出控制和进入现场点，以便确定问题的来源。如果看到预期的控制，而未看到预期的表示，则问题来源可以缩小，排除了控制中心 ATC 系统的软件问题。

调试功能还可以与培训的模拟器一起使用，因为模拟器功能生成响应调度员控制的所有预期现场表示，调试功能可以用来促成一个非预期的表示或生成一个模拟报警条件。以此方式，调度员可在系统运营之前熟悉处理过程。

(3)重放

重放功能提供启动重放和执行交互重放功能的用户接口。重放功能允许请求、检查和控制一段重放时间。在输入有效的重放请求时,重放功能恢复存储的数据并处理数据文件,然后用户能检查所要求数据的重放。

重放一段时间给用户提供了图形化的系统状态再现和影响系统状态的作业,这些是基于存储数据基础上的。重放应用 X-window 屏幕,允许用户交互使用。重放功能启动和初始化图形并执行重放允许用户控制时间段。当用户输入有效的时间时,重放尝试从硬盘驱动器或依附于控制中心 ATC 主机服务器处理器的 WORM 磁盘上恢复已经存储的配置文件。如果文件没有找到,重放将发送一条信息给用户。

(4)构成常备时刻表

该功能给用户提供了生成新时刻表、编辑已有时刻表和修改日历数据的接口,控制中心 ATC 系统用日历数据自动选择时刻表。在生成新时刻表时,系统提供了减少由用户输入所需数据量的特性。该功能是一个独立可执行的功能,培训/演示工作站的约定管理器窗口内的应用程序菜单启动,它为用户提供输入和修改列车时刻表及日历信息的能力。该功能只能由某一个用户在培训/演示工作站上使用。由于构成常备时刻表功能在培训/演示工作站上使用,并且被设计成单用户操作,所以不用文件锁闭机制来阻止多用户修改同一时刻表。

该功能只与脱机时刻表数据一起应用,时刻表数据库的访问是受限制的,并由用户来控制,直到新时刻表和日历信息被编入控制中心 ATC 主机服务器,任何脱机的时刻表和日历的变化均不会影响联机系统。不存在对这些时刻表和日历文件的自动版本管理。用户在对文件作修改前,可以复制一个时刻表或日历文件到不同文件名中去,这样修改之前的时刻表或日历文件能再恢复。

七、故障模式运行

1. 控制中心工作服务器故障

工作服务器若发生故障,自动开关就会探测到,然后把控制权转交给备用服务器,备用服务器即成为工作服务器。该服务器探测到自己已成为工作服务器后,向所有车站 ATS 索取信息,并停止处理来自工作站的控制指令。

为了响应控制中心发出的信息的要求,每个车站 ATS 将其控制区内的信号设备和列车的完整信息送给控制中心。控制中心索要的车站 ATS 信息的发送速度受到控制,以避免让通信网络或中央服务器超载。当所有信息收集齐全后,恢复全部的控制设施,供调度员使用。

从工作服务器失灵,到自动开关测出失灵状态、转交控制权,再到信息传送完毕,整个过程需时不到 1 min。除了向控制中心传送信息外,车站 ATS 还继续执行所有正常的列车跟踪和路线设定功能,线路继续运营,但路线设定功能降级。

2. 控制中心设备全面失灵

如果控制中心设备全面失灵，系统在车站 ATS 指挥下继续运行，基本上就是这种能力的延伸。车站 ATS 在硬盘上存储有 7 d 的时刻表信息，每个车站 ATS 将继续按照当前的时刻表，自动设定路线。

车辆段控制器可以独立于控制中心，将出站列车信息传给相邻的车站 ATS，因此可以指定一列列车投入运行，由车站 ATS 指挥它在正线上行驶，直到它返回车辆段。

当控制中心系统恢复后，每个车站 ATS 将把其当前状态的信息送给控制中心，恢复监视、控制整个系统的能力，调度员能够上载存储在本车站 ATS 和车辆段控制器中的记录信息。

3. 车站 ATS 处理器失灵

车站 ATS 的工作处理器失灵后，被自动开关探测到，就会把控制权转交给备用处理器。由于 ATS 处理器是热备式，备用处理器掌握有关控制区内联锁和列车当前状态的全部信息，因此能够立即投入，为列车安排进路，并向控制中心汇报状态信息。

一个车站 ATS 中的两个处理器都有一个专用的联锁接口连通本地信号系统。当失灵的处理器重新启动后，它可以获得该区所有的信号信息，包括已占用轨道区段。

在工作处理器和备用处理器之间没有更新机制，但在运行的前几分钟内，备用处理器自动与工作处理器同步。

第三章

基于轨道电路的 ATC 系统

第一节　基于轨道电路的 ATC 系统概述

基于轨道电路的 ATC 系统有速度码系统和距离码系统两种。不论是速度码系统还是距离码系统,其轨道电路都被用作双重通道。当轨道电路区段上无车时,轨道电路发送的是轨道电路检测信号或检测码;当列车驶入轨道电路区段,立即转发速度信号或有关数据电码。

一、速度码系统

速度码系统通常使用频分制方法,采用的是移频轨道电路,即用不同的频率来代表不同的允许速度。由控制中心通过信息传输媒体将列车最大允许速度直接传至车上,这类制式在信息传递与车上信息处理方面比较简单,速度分级是阶梯式的。

上海轨道交通 1 号线从原 GRS 公司引进的 ATC 系统和北京地铁从西屋信号有限公司引进的 ATC 系统就属于这类系统。它们是早期的产品,只能构成固定闭塞。因为存在运行及效率方面的问题,早已停止发展。

现以 GRS 公司的 ATC 系统为例说明其基本工作原理。它是一种典型的频分制速度码系统。频分制速度码系统的示意图如图 3-1 所示。在无列车经过时,轨道电路用于检测列车占用,与每一个阻抗线圈相对应的发送与接收电路都与固定的频率相对应。4 个载频分别为:f_1 =2 625 Hz,f_2 =2 925 Hz,f_3 =3 375 Hz,f_4 =4 275 Hz, 在轨道电路中所传送的信号是调幅信号,所采用的调制频率有 f_{s1} =2 Hz,f_{s2} =3 Hz。

由图可见,当列车进入某一轨道电路区段后,检测继电器失磁落下,向轨道电路改发来自控制中心的速度信息。载频为 2 250 Hz,调制频率 f_1 ~f_6 分别为 6.83 Hz、8.31 Hz、10.10 Hz、12.43 Hz、15.30 Hz 和 18.14 Hz, 六个调制频率各代表不同的允许速度。显然,这种速度分级是比较粗略的。另外设置了两个调制频率为 4.5 Hz 及 5.54 Hz,用以分别给出左、右车门的门控信号。

速度码系统从地面传递给列车的允许速度(限速值)是阶梯分级的,在轨道电路区段分界处的限速值是跳跃式的。阶梯式限速曲线如图 3-2 所示。这种方式对于平稳驾驶、节能运行及提高行车效率非常不利,因此速度码系统已被距离码系统所取代。

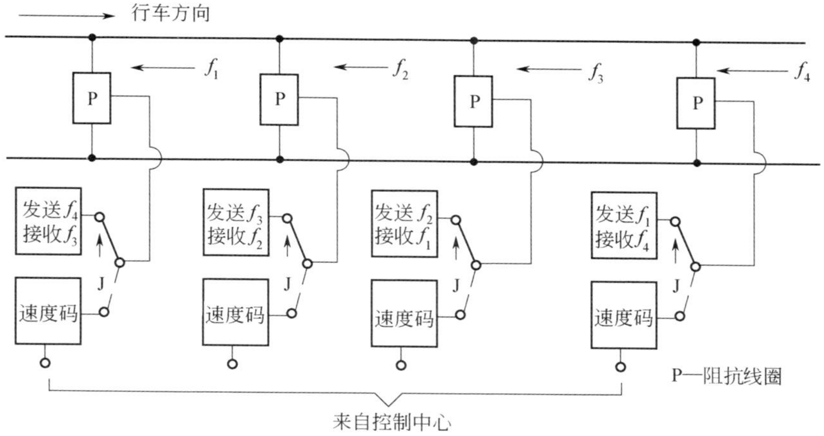

图 3-1　频分制速度码系统示意

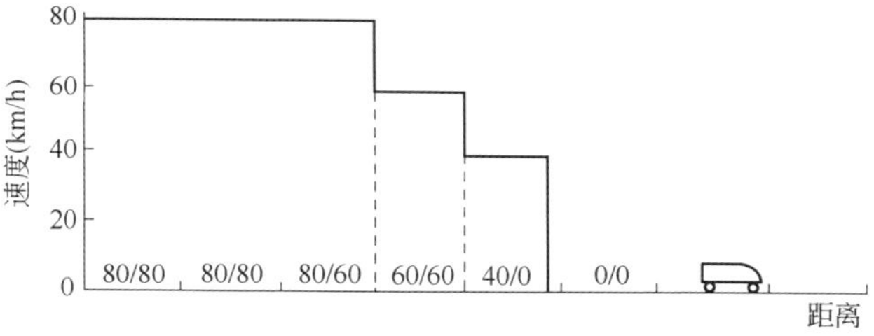

图 3-2　阶梯式限速曲线

注:图中“80/60”是区段“入口/出口”限制速度,其他类同。

各轨道电路区间采用不同的频率,车载设备的自动调谐(频率跟踪)能使列车接收装置自动适应所在轨道电路的传输频率。一段线路上轨道电路频率的配置及其有关的信息码如图 3-3所示。当列车位于“0010”段轨道电路时,车载设备可接收到本段轨道电路的载频 f_1,下一段轨道电路的载频 f_3、本段轨道电路编号、下一段轨道电路的编号等有关信息。在车载设备中,装有两套接收调谐电路,当列车位于“0010”段轨道电路时,接收调谐电路 A 调谐于 f_1,接收调谐电路 B 调谐于 f_3(频率预置);当列车位于“0100”段轨道电路时,接收调谐电路 B 调谐于 f_3,接收调谐电路 A 调谐于 f_5(频率预置),如此反复进行。

自动频率跟踪原理如图 3-4 所示。接收调谐电路由两级滤波器组成:第一级为带通滤波器,用以抑制牵引电流的干扰;第二级为窄带通滤波器,其通频带受一个逻辑单元控制,而逻辑单元则根据来自地面的信息码调整滤波器的有关系数,从而使接收调谐电路的通频带随地面信息码而变化,进而实现自动频率跟踪。

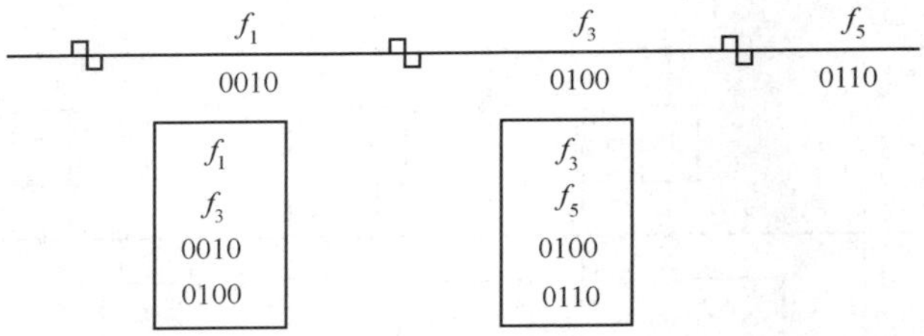

图 3-3　轨道电路频率的配置及其有关的信息码

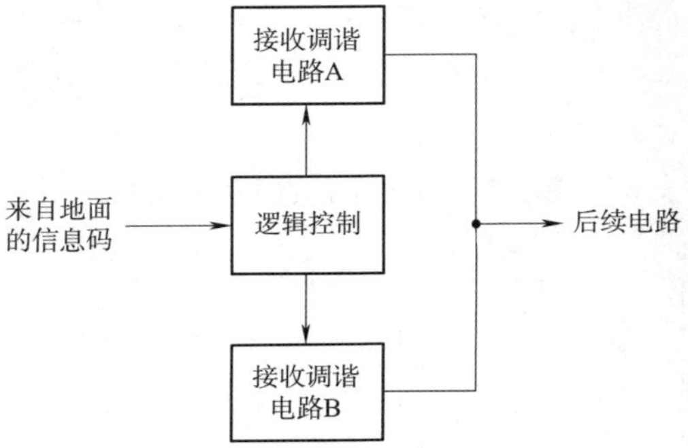

图 3-4　自动频率跟踪原理

二、距离码系统

距离码系统采用数字编码音频轨道电路。从地面通过轨道电路传至车上的是前方目标点的距离等一系列基本数据，车载计算机根据地面传至车上的各种信息及存储在车载单元内的列车自身的固有数据，实时计算出允许速度曲线，并按此曲线对列车的实际运行速度进行监控。

距离码系统的速度监控是实时、无级的，可以构成准移动闭塞，有效地实现平稳驾驶与节能运行及较高的行车效率。我国城市轨道交通引进西门子、US&S、ALSTOM 等基于轨道电路的 ATC 系统都是这类系统，国产试验型准移动闭塞 ATP 系统也属于这类系统。

用数字编码轨道电路实现列车速度监控如图 3-5 所示。当列车进入该轨道区段时，转换继电器落下，一方面向联锁装置给出有车占用的表示，另一方面由转换继电器接通列车速度控制系统的发码装置，通过轨道电路的发送电路将有关列车控制的地面信息送上轨面，这些信息将由位于列车最前部的车载天线接收。当列车驶离该轨道区段时，转换继电器吸起，导致轨道电路发送轨道检测码，使轨道继电器吸起。

必须指出，这类系统依赖列车进入轨道区段实现轨道电路表示码与信息码之间的转换，在“有车占用表示”延时给出情况下（当轮轨分路条件不理想时，列车第一轮对驶入轨道电路区段将并不马上给出“有车占用表示”，而在第二轮对，甚至更后的轮对相继驶入轨道电路区段后,才能给出“有车占用表示”),如不采取特殊的保护措施,有可能使列车闯入危险区,将会对安全造成极大威胁。为此,有的系统规定了轨道电路表示码与信息码之间的最大转换时间,若当列车驶入轨道电路区段,在最大转换时间之内车载设备尚未接收到信息码,则直接启用紧急制动,保证列车不闯入危险区。

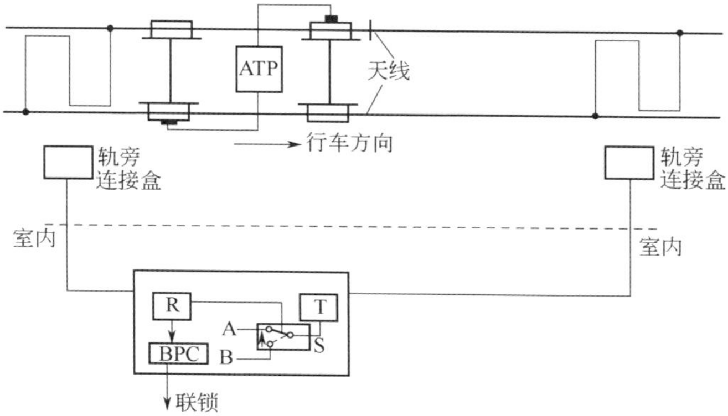

图 3-5 用数字编码轨道电路实现列车速度监控

R—接收;T—发送;BPC—比特一致校核;A—轨道电路发码;B—ATP 信息发码;S—转换继电器

当列车进入轨道区段时,轨道电路以频移键控方式向车载设备传送信息。该信息是以按协议约定的报文电码形式传送。目前可在每 1 s 内传送一组报文电码,对于以 80 km/h 速度运行的列车而言,每 1 s 驶过的距离为 22 m,即使在最短的轨道区段,车载设备也可收到一组完整的报文电码,每一组报文电码的有用信息电码最多为 128 bit。

数据报文电码是串行传输的,电码分为起始同步码、信息码、安全监视码、终止码四大部分。起始同步码用来识别一组电码的开始,车上、地下实现同步。终止同步码用来识别一组电码的结束。信息码的内容与报文结构应按照协议构成。通常,信息码包括以下内容:

(1)车站停车点(用以构成列车停站后开启车门的一个条件)。

(2)列车运行方向。

(3)开启哪一侧的车门(即车站站台的位置,左侧或右侧)。

(4)下一段轨道电路的入口允许速度。

(5)区间最大速度(取决于线路状态)。

(6)下一段轨道电路区段的坡度。

(7)至限速区间起始点的距离(指列车所在轨道电路区段的起始点至限速区间起始点的距离)。

(8)限速区间的允许速度。

(9)目标距离(指列车所在轨道电路区段的起始点至目标点的距离)。

(10)目标速度(目标点的允许速度,如目标点为停车点,则目标速度为零)。

(11)ATP 系统的开始与结束。

(12)列车所在轨道电路的编号确认。

(13)列车所在轨道电路的长度。

(14)下一段轨道电路的编号。

(15)下一段轨道电路的载频频率(用于车载设备预调谐)。

第二节 西门子 ATC 系统

西门子交通技术集团研制的 VICOS(车辆和基础集中操作控制系统)OC 系列自动操作控制系统用于监控联锁设备和控制列车运行。系统 VICOS OC 是一个高可靠性的控制系统,它具有很多自动化功能,自动化水平较高。

一、系统构成

西门子 ATC 系统如图 3-6 所示。

设备安装在现场线路上和机械室、站台、列车上及控制中心(OCC) 内。

ATP 设备包括:轨旁设备、车载设备和同步环线(SYN)。

ATO 设备包括:轨旁设备、车载设备和车地通信环线(PTI)。

ATS 设备包括:系统管理器 (ADM)、通信服务器(COM)、人—机接口(MMI)、打印服务器、打印机、维护操作台(SO)、过程耦合单元(PCU)、模拟表示盘、演示系统(DS)、时刻表编辑器(TTE)、局域网(LAN)、不间断电源(UPS)、局部控制盘(LCP)、乘客信息显示设备(PIIS)、列车到达时刻显示器(ATI)、列车发车时刻显示器(DI)等。

西门子的 ATC 系统按系统功能可划分为 4 个层次:

1. 操作层(中央层)

分布在控制中心及正线各个设备集中站的车站控制室、车辆段信号楼控制室,由控制中心的计算机 VICOS OC501 实现全线运营的集中监控与管理,由集中站车站控制室的 VICOS OC101 执行本地控制功能。

2. 轨旁层(车站层)

分布在沿线的轨旁层由 SICAS 和 LZB700M 系统组成,它们执行全部的联锁和轨旁 ATP 功能。

正线区段室内的联锁设备和接口单元、LZB700M 系统的 ATP/ATO 室内设备、轨道电路室内设备、ATS 车站设备(含与乘客向导牌、发车计时器及应急盘的接口)、室内终端架、电源设备等主要集中设置于联锁区设备集中站信号设备室和电源室,它们执行全部联锁和 ATP/ATO 轨旁功能。在站控室,放置操作工作站 LOW。

主要名称代号对照表

代号	名　称	代号	名　称
ADM	系统管理器	LCP	局部控制盘
ATC	列车自动控制	LOW	现场操作工作站
ATO	列车自动运行	MMI	人—机接口
ATP	列车自动防护	MUX	多路转换器
ATS	列车自动监控	PIS	乘客向导系统
BAS	环境与设备监控系统	PTI	实时列车确认
COM	通信服务器	RTU	远程终端单元
DSTT	接口控制模块	SCADA	电力监控系统
DTI	发车时刻显示器	SIC	车站接口盒
ESB	紧急关闭按钮	SICAS	西门子计算机辅助信号系统
FAS	火灾自动报警系统	STEKOP	现场接口计算机
FTGS	轨道空闲检测系统		

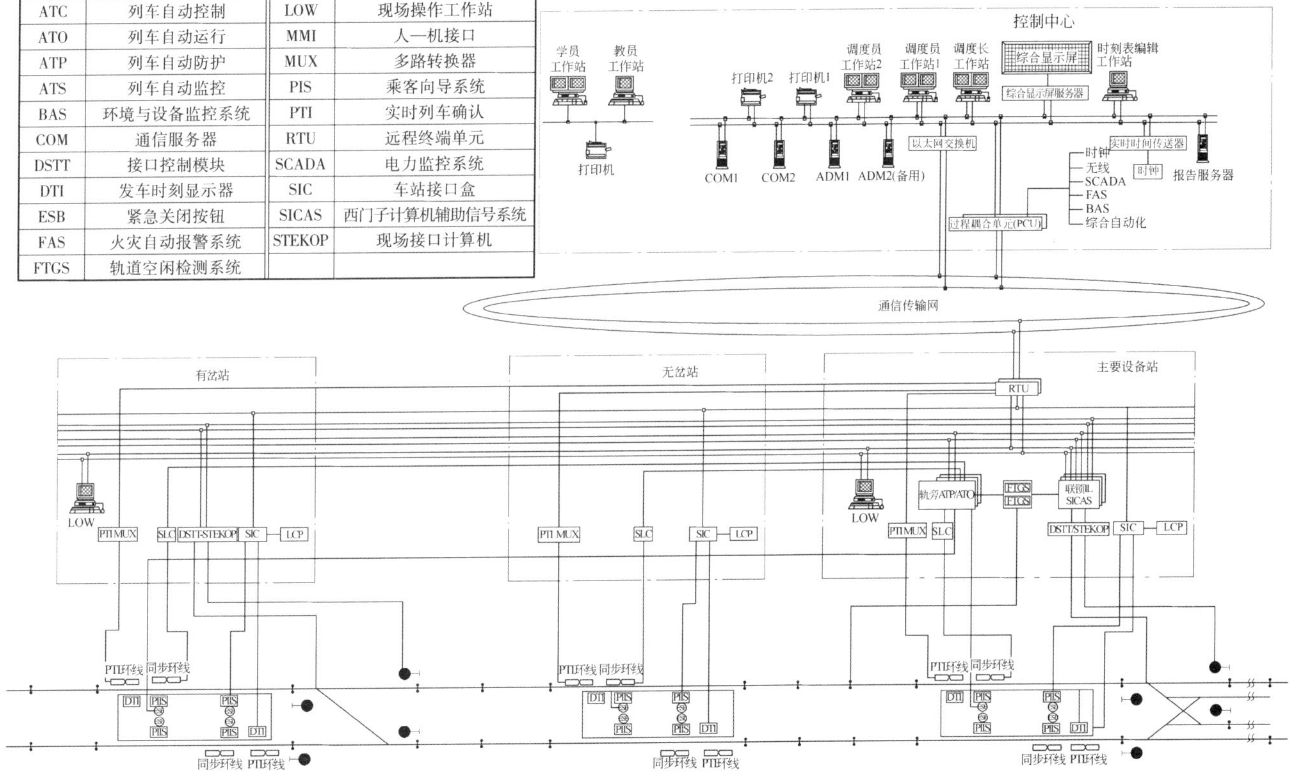

图3-6　西门子ATC系统框图

非集中站的现场设备由设于本站信号设备室内的接口及驱动设备控制，这些接口及驱动设备由相应集中站监控，此外，设备室内还设置终端架、电源设备。

全线分若干个联锁区域，设备分别设于各个集中站，每个集中站管辖 1 ~ 3 个车站。

3. 轨道层

轨道层包括转辙设备和信号机、FTGS 轨道电路、PTI 环线及站台精确停车环线，实现进路的防护与控制、列车检测，以及车地的信息传输、列车位置识别。列车运行监督由在控制区间起始处和全线各个车站的列车位置识别系统（PTI）来实现。

4. 车载层

车载层包括 LZB700M 的车载 ATP/ATO 设备，实现列车自动防护和自动运行功能。

ATP/ATO 轨旁（室内）计算机设备、计算机联锁设备采用三取二结构，ATP/ATO 车载设备采用二取二结构，符合故障—安全原则，并提高了系统的安全性、可靠性和可用性。

为了提高 ATS 系统的可靠性和可用性，中心与车站的通信采用“点对点”双通道热备方式，凡涉及行车指挥的主要设备均按双机热备配置，包括中心的通信器、耦合连接单元、显示接口单元、管理器（维修管理器冷备），以及车站远程终端单元 RTU，保证任一台单套设备或单通道故障时，不影响系统的正常使用。

二、系统特点

1. 为提高在各种故障及特殊情况下系统可用性及尽可能保持自动工作状态的连续，采取了多种措施。

（1）ATP 安全系统按故障—安全原则设计，采用冗余技术（车载 ATP 为计算机二取二系统，轨旁 ATP 为三取二计算机系统），ATS 系统采用双套冗余系统，系统可靠性和安全性高。

（2）采用多级控制方式，有中心控制（人工及自动）、RTU 后备自动控制、车站控制（人工及自动）方式。

（3）模块化设计、故障识别及自动控制模式的自动转换，系统可用性高且便于维修。

（4）以单个信号机及单个列车为基本单元的自动功能设定及取消。

（5）自动功能设定的多种操作方法，如中心或车站对单个信号机，整个联锁区或中心对所有信号机自动功能的设定和取消，中心对单个列车或全部列车自动功能的设定及取消。

（6）灵活、多样、简便的人工介入控制手段。

2. 设计适合信号系统功能要求并满足运营管理需要及其他专业接口要求的列车识别号管理系统，包含列车识别号的组成，在各类人—机界面及打印文件上的显示内容及格式，列车识别号中各项内容的来源及进入系统方式、人工介入的手段等。

3. 设计带有运营要求特征如列车跳停、折返、回库、存车、清洗等的列车目的地号，以支持系统的自动功能和管理要求。

4. 增强列车运行自动调整功能及人工介入能力，各系统均按人工优先原则设计。

(1)调整列车车站发车时间采用列车到达车站时间与实施运行图比较，比较结果送至站台发车时间显示器，控制其倒计时起始时间。

(2)调整列车区间运行时分采用列车车站发车时间与实施运行图比较，比较结果送至 ATO 车载系统，控制列车以秒计的区间运行时分。

(3)设置列车运行修正时间，对每一列车或全部列车的固定运行时间进行以分计的修正，使列车运行自动调整功能符合调度员的意图，也有利于保持及恢复列车等间隔运行。

(4)在车站设置现地控制盘，使车站具有与中心一样的对到站列车进行扣车、放行、跳停等控制能力。

5. 有完善的乘客向导信息系统。在上、下行站台各装设两台显示清晰的乘客信息显示盘，由控制中心直接控制乘客信息显示盘的工作状态，向乘客提供必要的列车信息、如列车终到站、以分计时倒计时式的列车到站时间预告、列车在本站是否载客等。

6. 配备完整的 ATS 子系统管理功能。ATS 子系统管理功能对有效、安全地使用系统，增强使用人员责任心、分析运行事故及使系统工作站标准化都有一定作用，其管理功能包括：

(1)使用人员登记进入及退出。

(2)各工作站职责范围及权限的分配。

(3)按工作性质进行操作人员分类，以及各类操作人员的权限分配。

(4)以上功能的控制及管理。

7. 按运营要素自动编制列车运行图。列车运行图是行车调度自动化的基础，也是运营计划人员意图的直接体现，如何将运营人员的意图通过简便的方法直接转化为可实施的列车运行图是运行图编辑工作站的主要任务，其设计原则如下：

(1)由输入的运行要素直接自动生成运行图，运行要素包括：当天运营起始及终了时间；不同列车运行间隔的时间分段；各时间分段内列车运行间隔；各车站停车时间表；各区间列车运行时间表等。

(2)按不同的列车交路由各自的运营要素生成局部运行图并自动合成完整运行图。

(3)严格的运行冲突自动检查及提示，如追踪间隔及折返间隔不小于可实现值、停站时间不小于规定值、折返站作业间隔时分小于可实现的最小间隔时分、排列进路的实时可能性。

(4)必要的人工介入手段，使运行图编制人员的意图能得到完全体现，并方便地清除运行图中存在的运行冲突。

(5)自动功能设定的多种操作方法,如控制中心或车站对单个信号机、整个联锁区或控制中心对所有信号机自动功能的设定和取消、控制中心对单个列车或全部列车自动功能的设定及取消。

(6)灵活、多样、简便的人工介入控制手段。

8. 确定运行模拟系统的功能。具有培训、演示功能,有1套ATS离线设备,可用于员工培训和系统演示,不影响正常运行。

根据运行模拟系统的使用要求,确定其详细技术规格,如设备类型、人—机接口、各种模拟元素及有关参数、针对功能要求的操作方法等,其用途为:参观演示(离线使用)、行车人员培训(离线使用)、ATS子系统调试时模拟现场设备(在线使用)。

9. 根据运行要求确定运行数据储存功能、屏幕回放功能、各种运行报告内容及文本、报警分类及提示、打印功能及打印机配置等。

三、LZB700M系统

LZB700M系统是ATC系统的一个功能强大的子系统,它用于ATP和ATO。LZB700M中的两个子系统结合在一起,用于增加系统的安全性和有效性。

LZB700M连续式ATP系统利用FTGS型数字式无绝缘轨道电路连续地向列车传输数据;连续地监督、控制列车的运行。ATP在轨旁不需要添加另外的传输设备。

ATP轨旁单元连续地从联锁、轨道空闲监测系统和计划数据中得到驾驶命令,并传输到ATP车载单元。驾驶命令包括目标参数(目标速度和目标距离)、最大允许线路速度和线路坡度。ATP车载设备根据这个数据和列车制动率计算出在当前位置的允许速度。驾驶列车所需的数据通过司机驾驶室内的显示屏显示给司机。

通过测速传感器,连续测量列车实际运行速度和距离。如果列车在当前位置超过允许速度,ATP车载设备在发出警报后,触发紧急制动。

LZB700M遵照安全规则,能使在同一方向运行的两列车之间的间隔极短,连续地计算制动曲线,以保证最小安全距离。

1. LZB700M的配置

LZB700M设备由车载设备和轨旁设备组成。轨旁设备由ATP轨旁单元、FTGS型数字式无绝缘轨道电路、同步定位单元和PTI轨旁单元组成,还有乘客向导牌和发车计时器。车载设备有ATP车载单元、ATO/PTI单元和司机人—机接口MMI。LZB700M系统配置如图3-7所示。

全线正线区段(包括折返线、存车线)、出/入车辆段线(转换轨)及段内试车线均装备LZB700M ATP/ATO地面设备(三取二配置)。运营列车均装备车载LZB700M ATP/ATO设备(二取二配置)。

乘客向导牌采用超级双基色点阵式LED显示屏,双面显示,能显示各种字形、字体的数字、汉字、字母，即显示与乘客乘车有关的信息：如列车到达时间、目的地、列车直通等信息，具有信息编辑功能，可对各种信息进行编辑显示、特技处理显示。

发车计时器采用超级双基色点阵式 LED 显示屏，单面显示，为二位显示 00～99 s，超过99 s 时，以 99 s 闪动表示，闪动周期为秒。根据 OCC 传送数据，在列车停稳后倒计时，表示距开车时间的秒数。当倒计时到0 s 后，改为正计时，表示延迟发车的时间，如停车期间 OCC 发来扣车命令，则计数暂停，取消扣车，则计数器显示器显示为零，发车后显示关闭。

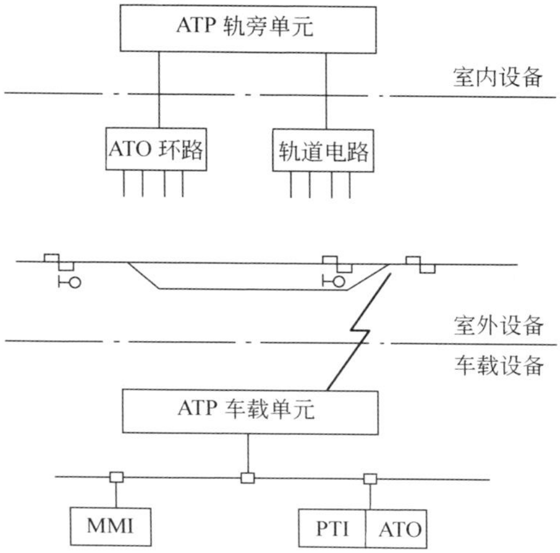

图 3-7　LZB700M 系统配置

2. ATP 轨旁单元

ATP 轨旁单元是 LZB700M 系统同整个列车防护系统其他要素的主要接口。ATP 轨旁设备完成安全功能，由基于故障—安全的 SIMIS® 微机构成。ATP 轨旁单元使用 SIMIS®3216 微机，它提供所需的高标准的储存容量和计算容量。这些 SIMIS® 微机为三取二的结构，以提高系统的安全性和可靠性。

(1) ATP 轨旁单元的主要功能

①摘录司机指令。

②储存线路参数（线路坡度、轨道区段的长度、区间速度限制、区间临时速度限制）。

③与计算机联锁接口。

④同相邻集中站轨旁单元的通信（故障—安全总线系统）。

⑤与 FTGS 轨道电路接口。

⑥与外部设备接口（自诊断、接点输入、紧急停车输入）。

(2) ATP 的输入数据

ATP 轨旁单元为决定运行命令，需要来自联锁、相邻的 ATP 轨旁单元和紧急停车单元的一些数据，以及恒定的线路参数，具体有：

①线路的设计。

②设计的速度限制——最大安全速度。

③临时限速区段。

④设计的安全区段。

⑤道岔设定。

⑥道岔区段的侧向限速。

⑦进路的入口。

⑧轨道空闲检测。

⑨紧急停车。

(3)电码的传输

从 ATP 轨旁到 ATP 车载的传输是单方向的,数据包含在一个有一定长度电码的报文里,这些电码用调频的方式经 FTGS 轨道电路周期地发送。

(4)ATP 轨旁和车载设备之间的数据传输

从 ATP 轨旁到 ATP 车载设备之间的数据传输速率是 200 Bd(波特)。数据以固定的长度分配到报文中,这些报文被周期地传送,综合各种方法来防止传输中的误码。ATP 车载设备能够识别数据传输时引起的错误,并将传输错误的数据作为非法数据而被拒绝。

①用一个高性能的 32 位 CRC 保护码检验传输错误。

②通过一个特定的程序区别每一个电码。

③每一个报文都有一个为附加逻辑电码顺序控制的顺序号。

④每一个报文携带一个电码内容识别编码,在接收器里对电码内容的逻辑进行校验,为了得到这个特性,当前轨道电路的识别码、下一个轨道电路的识别码及下一轨道电路的接收频率必须包括在每一个报文中。

⑤抗相邻轨道电路的干扰是通过不同的轨道电路使用不同的载频来实现的。

⑥使用特殊的和单一的电码型式。

3. FTGS 轨道电路

FTGS 轨道电路用于 LZB700M 的发送设备,从钢轨向列车发送信息及作为列车占用轨道的检测设备。一个 LZB 轨旁单元最多能带 40 个轨道电路区段。

4. ATP/ATO 车载设备

LZB 的轨旁设备通过钢轨连续不断地向 ATP 车载设备传送列车运行指令,供 ATP 和 ATO 车载单元共享使用。车载 LZB700M 单元接收来自 LZB700M 轨旁设备的数据。

ATP/ATO 车载设备由 ATP 车载单元、ATO 车载单元、ATP/ATO 天线(每个驾驶室两个)、人—机接口 MMI(与车辆共用)、测速传感器(每列车安装两个)和服务/自诊断等设备组成。LZB700M 车载设备如图 3-8 所示。

两个驾驶室中的 LZB700M 设备之间用数据通通连接。列车每端要两套天线和一套人—机接口(MMI)。

(1)ATP 车载单元

ATP 车载单元安装在驾驶室的后边,它和 ATO 车载单元安装在同一个机柜内,标准机柜 600 mm × 1 200 mm × 400 mm。

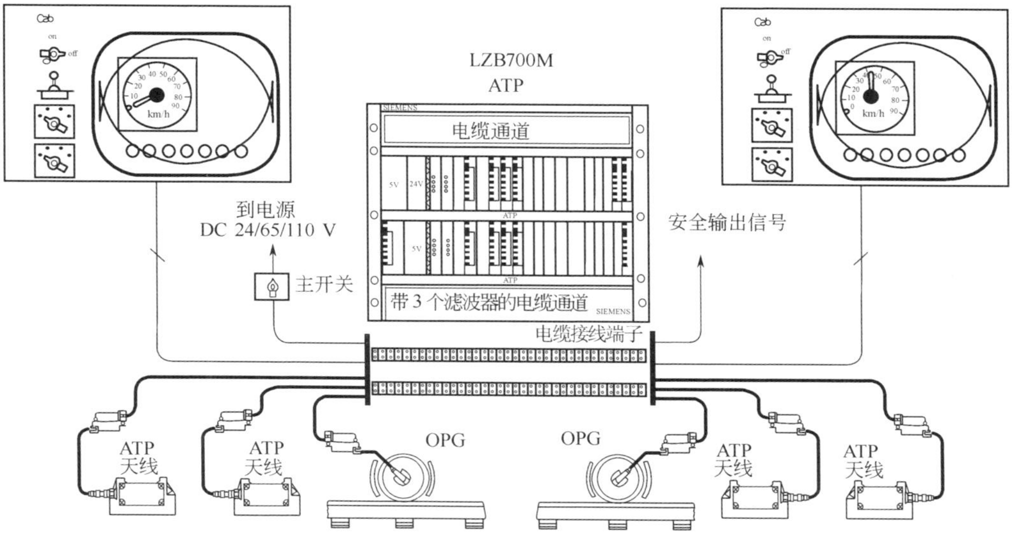

图 3-8 LZB700M 车载设备

ATP 车载单元用来保证列车安全,检查列车运行与限制条件的一致性。列车超速运行将引起 ATP 车载单元执行紧急制动,并使列车停稳。这些与安全密切相关的控制,要求 ATP 车载单元必须是故障—安全的。由于这个原因,ATP 车载单元使用 SIMIS®3116 硬件,为二取二配置。在 SIMIS®计算机中运行的 ATP 功能应用软件,被写在 PASCAL 上,在西门子 COSPAS 实时操作系统下运行。

(2) ATO 车载单元

ATO 子系统是在 ATP 监督下运行的非安全系统,完成列车自动运行、列车速度调整、列车目标制动、车门控制。

当车载设备在 SM 模式,列车已经满足离站所需条件且列车牵引和制动控制手柄已放置零位时,这时司机可以实施自动运行。ATO 能够计算出列车至下一站运营停车点的距离轨迹,同时对速度—距离曲线进行优化。采用综合控制加速、巡航速度及惰行起点的办法,对列车在区间运行进行控制。列车接近车站时,ATO 借助于车站内列车定位系统(SYN 环线),对列车实施制动,并保证列车停车精度控制在误差不超过 ±1 m 的范围内。列车在区间运行及到站停车期间,限制速度曲线由 ATP 监督。

为完成 ATS 的 ATR(自动调整)功能,ATO 将根据计划刻表或调整后的时刻表,控制列车的巡航/惰行运行状态,按规定的时间控制列车在站间的运行。区间运行时间的控制是以时间单位"秒"为可控精度,以此作为 ATS 子系统对列车运行调整的基础之一。

ATO 把收集到的列车数据,传送给 PTI 再传送到 ATS。ATS 使用这些信息优化列车运行。

(3)天线

ATP 天线安装在列车下部走行轨上方,最前端转向架的车轮前面,应以适当的角度与车辆运行方向一致水平地或同心地(一个高度)安装。ATC 天线中心应位于轨道中心。天线与列车第一轮轴间的距离在 0.8 ~ 1 m 范围内;钢轨与天线底缘间的距离应保持在 100 ~ 150 mm范围内。

ATP 天线能感知通过轨道电路发出的信号。每个驾驶室装备有一对 ATP 天线,只有驾驶室在使用时 ATP 天线才被选用。一列车装备有两对天线,每对天线安装在列车的两端,列车前部前导轴的前方。

来自选定天线的信号被传到 ATP 车载单元的接收器模块。另外,每列车应配备一个 PTI 天线,PTI 天线应安装在列车下面,在最前轴的前面。

(4)速度脉冲发生器

速度脉冲发生器(OPG)为 ATP 功能提供输入,用以完成所需的速度、距离和方向信息的计算。OPG 接在列车前部车辆后转向架的两个轴上,如果一个速度脉冲发生器装在前轴的左轮上,另一个应接到后轴的右轮上,反之亦然。

每个速度脉冲发生器有一个齿轮,它与车轮一起旋转。齿轮上的 16 个齿移动经过两个传感器。每个传感器有一个振荡器,产生 45.5 kHz 和 60.5 kHz 频率,具体频率由谐振电路确定。列车车轮的旋转引起两个载波周期的调制,然后传送至 ATP 车载单元进行测算。根据齿轮的旋转方向,一个载波的调制可使运算器确定车组的运行方向。

(5)MMI 显示器

驾驶室内的 MMI 显示器安装在控制台上,靠近控制面板,司机应无障碍地观察到 MMI,该 MMI 显示器不应暴露于太阳辐射。安装 MMI 显示器的开口不应挡住触摸屏的表面。MMI 显示器后面的接口应便于整备和维修。

(6)控制部件

①钥匙开关

使用钥匙开关,可以控制列车是否为人工驾驶。开关可切换到位置“0”(关闭)、“1”(开启)、“F”(运行)和“R”(折返),在位置“1”、“F”和“R”时,都处于激活状态。

②ATO 释放

ATO 释放是“牵引/制动”杆和方向杆接点之间的串行连接。当“牵引/制动”杆在“0”位置上且方向杆在“向前”位置上,则串行连接处于闭合状态(输入信号激活)。这是转换到 ATO 驾驶模式的基本条件。

③紧急制动

ATP 车载单元可以读取紧急制动的实际状态,紧急按钮功能可以由 ATO 继电器进行连接。

④紧急制动的回读

因为紧急制动要求的最大输出负荷超出了 ATP 的输出性能，因此输出被中继继电器放大，继电器的状态被 ATP 回读。

⑤车门控制

ATC 只有在完全 ATO 模式下才能提供自动开/关门功能。车门将在下列条件下用静态 110 V 信号打开：ATP 轨旁单元允许车门向正确的一侧开启、列车停在“停车窗”内的运营停车点、列车处于完全停稳状态。如果其中一个条件没有得到满足，司机手动打开车门。

ATO 不提供更进一步的车门监控，比如在车门阻塞情况下的自动车门开启。

如果所有车门都被关闭并且锁住后，列车控制发出关门指示。

⑥允许车门按钮

使用此按钮，司机可以取消 ATP 车载单元的门控功能。

⑦ATO 启动按钮

当按下 ATO 启动按钮时，开始自动驾驶。只有在 ATP 释放 ATO 之前，才有可能转换到自动驾驶（ATO 模式），这是由 ATO 启动按钮灯亮来表示的。把“牵引/制动”杆从“0”位置移开或把方向杆从“向前”位置移开，就可返回人工驾驶模式。

对于驾驶和制动控制，应提供驱动、制动、ATO 模式和模拟信号的接点。这些控制线路的释放通过 ATP 的继电器实现。一旦释放，ATO 就激活 ATO 启动按钮中的 ATO 启动灯。当司机对点亮的 ATO 启动按钮进行操作时，ATP 读入这一情况，并开始自动驾驶。

⑧RM 按钮

司机可以使用 RM 按钮启动限制模式。此外，如果列车在紧急制动后停稳，则必须显示操作此按钮来取消 ATC 紧急制动的反应。

⑨自动折返按钮

通过按压自动折返按钮，司机可进行自动折返作业。

⑩风扇控制

风扇处于被监测状态。风扇的监控数据被存储，并可通过诊断计算机读取。

⑪故障开关

启用故障开关进行故障运行。故障开关的任务是把 ATC 设备和电源断开，此功能是通过几个 ATP 模块的相互作用实现的。

故障开关必须有两个可连接到第二块 SECOP 板上高可用性的接点。如果 ATP 被故障开关切断，故障开关的另外两个接点可用来连接 ATP 紧急制动输出，也有必要连接牵引释放输出。

(7)静态输出

①紧急制动

紧急制动输出是 ATP 最重要的功能。

②车门释放

为防止车门在未经授权下被打开,车门在列车行驶过程中被锁住。只有在车站内指定的停止段中且 $v=0$ 时,车门才能打开。

③ATO 释放

ATO 释放受到一个安全 ATP 输出的控制,这个输出会激活继电器,该继电器允许"牵引/制动"命令及模拟信号输出。由于继电器的接点未被读回,一般应认为这个输出是非安全的。

④ATP 的安全责任

当 RM 按钮灯闪动时,司机可以转换到 RM 模式,列车在司机监控下驾驶。

⑤牵引释放

当车门处于开启状态时,ATP 提供一个安全输出量,以防止列车移动。如果允许加速,那么就输出高电平。如果在 ATP/ATO 车载单元上的 ATP 故障开关断开,那么就输出低电平。

(8)故障条件下的运行

①ATP 的轨旁故障

ATP 的轨旁故障时,要继续运行必须满足下列条件:ATC 电源打开、ATP 开关在 ON 的位置、启动前按下 RM 按钮。

在按下 RM 按钮之后,列车在 ATP 限制模式下运行,按钮中的指示灯点亮。

②丢失与 ATP 轨旁设备的数据连接

在满足 ATC 有效和 ATP ON/OFF 开关在"ON"的位置的条件下,如果 ATP 车载设备与 ATP 轨旁设备没有数据连接,系统将自动切换到 ATP 限制模式。在这种情况下就没有必要按下 RM 按钮。万一 ATP 轨旁设备出现故障,线路上的列车就如同在车辆段内一样运行。

③ATP 车载设备故障

在 ATP 车载设备发生故障的情况下,ATP 将打断驾驶命令,并启动紧急制动。

④定位丢失

如果 ATP 丢失了列车的定位,列车将启动紧急制动,司机需要按下 RM 按钮继续运行。

⑤列车超出停车窗

如果列车在车站上没有停在停车窗之内,司机可以手动打开车门。

⑥丢失所有车门关闭的指示

如果 ATP 没有认可所有车门都关闭,司机需要按下允许车门按钮,连接 ATP 启动的车门锁闭。

(9)服务/自诊断设备

ATP 和 ATO 功能均与服务/诊断 PC 接口。诊断接口包括安装在 ATP 车载设备信号分配器上的连接器。这个接口为双向 RS-232 串行接口,它最大传输速率是 19 200 Bd。数据以 8 数据位在这个接口上传送,一个停止位和奇数校验。

对 ATP 车载设备的运行,服务/诊断接口提供信息处理记录。它还允许安全数据(如车轮轮径和制动曲线)输入至 ATP 车载单元。数据可通过诊断接口传送至诊断 PC 或从诊断 PC 输入。

安全数据输入功能可供与 ATP 相关的列车数据输入之用。此数据可由技术人员通过司机 MMI 功能和诊断 PC 送入,通过口令保护更为方便。

其他安全数据如 ATP 制动速率和列车长度难以在 ATP 车载单元中编码,不能用上述方法修正。

通过在诊断和维修时与 ATP 车载单元连接的诊断 PC 可输出:来自速度监督功能的列车数据、状态信息、处理数据、记录数据及差错信息;来自速度监督、方向监督、车门监督、紧急停车监督、外部触发的紧急制动监督、报文监督及内部运营监督功能的紧急制动。

(10)ATP 车载与车辆系统的接口

①ATP 和列车紧急制动系统间的接口:数字输出 DC 110 V,低速有源制动。

②ATP 和车门操作系统间的接口:数字输出 DC 110 V,右开门或左开门释放。

③ATP 和车门控制间的接口:数字输入 DC 24 V,关闭和锁闭所有车门。

④ATP 和列车紧急制动间的接口:数字输入 DC 110 V,紧急制动由列车启动。

⑤ATP 和主控选择开关间的接口:数字输入 DC 110 V,主控选择开关的状态。

5. 转换轨

正线与车辆段之间的联锁接口电路应考虑出、入段线的敌对照查条件。出/入车辆段的线路(转换轨)纳入正线 ATC 系统监督,出段列车进入任一条转换轨后可按 ATO 或 ATP 监督下的人工驾驶模式进入正线运行。

6. 软件结构

由故障—安全计算机 SIMIS®3116 和 SIMIS®3216 的模块构成的硬件是软件的基础,在这些硬件模块的基础上,软件包括检查程序、操作系统、设备驱动程序和应用软件。

(1)检查程序

在计算机每次开机的时候,检查程序确保计算机在运行任何应用程序以前无故障。在后台以最低优先级运行的这些检查程序检测硬件错误。它们分成用户无关的(SEPP/SOPP)和用户专用的(ASSEPP/ASSOPP)模块,执行的功能来自于 SEAR。

(2)操作系统

实时操作系统内核 COSPAS 是独立于硬件的。操作系统可同时处理许多程序或程序段(多任务处理的)。软件设计为具有快速处理功能,根据优先权它管理并协调计算机功能的处理。操作系统还能向外部数据交换提供全部所需的驱动。

(3)设备驱动程序

设备驱动程序用以读写外围设备,使用的设备驱动程序取决于选用的硬件模块。

(4)应用软件

应用软件执行实际的控制和安全任务。应用程序的设计是模块化的,它以 PASCAL86 程序语言写入。计算机在独立实时操作系统 COSPAS®下运行。

四、ATS 子系统

在正常运营条件下,全线列车的控制和监视由控制中心(OCC)的 VICOS OC501 系统实现。VICOS 是一个用于实现 ATS 功能的计算机设备网络,主要包括控制中心的 VICOS OC501 和车站控制室的 VICOS OC101。

1. 系统配置

VICOS OC501 硬件基于 SUN 公司的 1 GHz, 64 bit Ultra SPARC 工作站,它可以确保安全性和可靠性要求,并能够实现未来的改建。通过使用冗余的以太局域网可以与所有系统部件实现可靠的通信连接。

VICOS OC501 的基本思路是把操作控制划分为功能模块,不同的功能模块在不同的计算机或其他系统部件上运行。

(1)控制中心设备

VICOS OC501 系统硬件主要由如下部件组成:MMI 服务器(人—机接口)和 TTE 服务器(时刻表编辑器)、COM 服务器(通信服务器)、ADM 服务器(系统管理服务器)、PCU(过程耦合单元)等。

VICOS OC501 服务器之间通过 LAN 总线系统相连。VICOS OC501 是一个多计算机系统,负责协调计算机和显示器的运行,以提高软、硬件的可用性。必要时,程序可在那些并非用于此目的计算机上运行。

VICOS OC501 是一个具有较高自动化、高性能和功能完善的模块式结构的控制系统。它由一个用于实现 ATS 功能的 VICOS 计算机设备网络构成,根据不同的要求,可由不同的标准计算机组件组成。为实现高可用性,采用了冗余技术。

①COM(通信)服务器

VICOS OC501 的核心是 COM 服务器,它是实时过程控制计算机,具有全部自动功能,包括 OCC 的主要控制功能,列车自动监控(ATS)功能、列车进路设定(ARS)功能、列车自动调整(ATR)功能。所有从联锁和外围系统发送来的数据都是先送到该服务器,并进行处理。自动运行控制功能如自动列车进路、自动列车跟踪和自动列车调整也在此服务器上完成,这些功能是由调度员通过 MMI 服务器进行控制的。COM 服务器也同 TTE 通信,以载入时刻表时间。

COM 服务器执行下列职责:预先处理程序数据,处理通过 RTU 从联锁设备传输来的数据;自动列车跟踪;自动进路设置;自动列车调整;通过 RTU 向联锁设备输出命令;存储日常操作记录和报警清单。

对于 COM 服务器,采用了带有无延时转换的热备冗余。热备的 COM 服务器保证了当服务器发生故障、其功能相互替换时不丢失数据。这些服务器的软、硬件都完全一样。主用服务器与其热备服务器平行工作,但热备服务器输出被抑制。如果主用服务器出现故障,那么热备服务器就在检查到故障之后立即接管过程管理,因为它拥有当前过程数据。损坏的服务器被修复之后,它上电后进入热备模式。

②ADM(管理)服务器

ADM 服务器用于中央数据存储,储存系统所有的统计数据和应用软件包括主数据,提供通用数据管理和向 ATS 提供档案设施。在这个计算机上,存储属于该系统的所有系统数据并且一般不能改变,如线路示意图和配置数据。当系统启动,或当数据被改变时,当前的有效数据提供给所有其他计算机。

对于 ADM 服务器,采用了带有自动转换的备份冗余。备份服务器含有 ADM 服务器的软件和数据。ADM 服务器中的数据循环或者作为预先定义的事件的结果传递给备份服务器。必要时,备份服务器接管 ADM 的功能。在损坏的服务器修复之后,它可再次被启动作为备份。

③MMI(人—机接口)服务器

MMI 服务器即操作员台,是操作员与运营控制计算机系统间的人—机界面。在 OCC 装备三个调度员工作站,一个配备给调度主任,另两个配备给行车调度员。每个工作站设有两台彩色监视器、一个键盘和一个鼠标。这些工作站,具有相同的硬件和软件、控制功能及相互备用功能。用户接口界面是以英文和中文被分成不同的显示和对话窗。在进行运营操作时,使用鼠标和键盘,可通过拖动方式从符号栏选择不同的功能,可同时打开不同窗口并根据需要移动窗口。这种多窗口方式可以同时处理多项功能。除拖动工具外,还可通过点击方式实现。

通过 MMI 服务器可进行过程数据预处理(处理通过 RTU 和 PCU 从联锁传输来的数据)、自动列车跟踪、自动进路设置、列车自动调整、命令输出,通过 PCU 向联锁输出命令、存储操作日志和报警清单。

对于 MMI 服务器,采用了无自动转换的替代操作,至少要用两台 MMI 服务器。每一台服务器都授予专门的操作区域,用来监视和控制操作过程。如果一台计算机出现故障,该联锁区域的责任可交给其他操作员。连接更多的 MMI 可增加其可用性。

ATC 显示单元不要求是故障—安全的,采用可兼容的 PC-AT 计算机,它有一个 LCD 彩色显示器,数据进入模块,模块选定按钮可装有灯泡,当按钮为选定的设备有效或要求选定的确认(例如 ATO 启动按钮、AR 按钮),灯会亮。ATC 显示单元通过 DIN 总线接收到从 ATP 或 ATO 车载单元发出的输入或 ATC 显示单元接收到司机通过数据进入模块化人工输入的数据。

④TTE(时刻表编辑)服务器

应用时刻表编辑服务器实现时间表编辑,应用时刻表数据库实现时刻表的生成、编辑、修改及存储。

TTE 服务器是为建立离线时刻表的操作员控制台。编辑好的时刻表的编译也是 TTE 服务器的任务。

时刻表操作员控制台基本上由计算机、一个彩色显示器、一个字符数字键盘和一个鼠标组成。

⑤模拟培训工作站

模拟培训工作站为调度员提供离线培训设备和在线调试、开通工具。

⑥维护员工作站

维护员工作站也放置在控制中心,原则上类似于一个调度员 MMI。维护员 MMI 的功能因为没有线路操作而有所简化。维护员 MMI 用于监督,可得到所有的报警列表、报告和概览。维护人员可利用系统概览功能进行系统维护。计算机和连接电缆以框图的形式表示,当相应的信息对 VICOS OC501 有效时,设备的实际状态可以显示。

⑦打印机

设有两个激光打印机和一个喷墨打印机来执行打印任务。喷墨打印机用于输出连续的记录(操作日志);彩色激光打印机用于输出所谓特殊清单(如报警信息清单)、屏幕显示内容和列车运行图。

⑧控制中心模拟盘

控制中心设大显示屏,显示屏应采用计算机控制技术,能在固定的区域显示需要的报警、行车信息(信息窗)、提示信息(含文字)。

模拟盘或 LED 盘通过串行的 RS-422 接口与 PCU 连接,车次号窗应通过 Profibus L2 来连接,如采用背投系统,则再定义相应的连接。

(2)过程耦合单元 PCU

PCU 在 RTU 和 VICOS OC501 的 COM 工作站之间传输数据,所有的 RTU 通过冗余的串口连接到 PCU。外部子系统接口,如列车无线、BAS、FAS 等将通过一个串口连接到 PCU。

PCU 的主要部件是 SIMATIC(PLC)自动化单元。PCU 提供不同的硬件接口,并且转换通信设备间的协议。

(3)车站远程终端单元 RTU

远程终端单元是连接 VICOS OC501 系统(通过 PCU)和外围子系统的过程耦合单元,其他子系统,如列车识别系统(PTI)、乘客向导系统(PIIS)、发车计时器(DTI)和局部控制盘(LCP)也都通过 RTU 操作。

RTU 设于正线各个设备集中站和车辆段信号设备室,正线的 RTU 主要用于连接 VICOS OC101(车站联锁 MMI)系统与外围子系统的过程连接,同时它也负责故障降级模式下的进路设定、停站时间计算及 LCP(局部控制盘)的连接。

RTU 的主要部件是西门子 SIMATICS5-155H 双机热备可编程控制器。RTU 提供不同的硬件接口，并且在需要时转换通信设备间的协议。

RTU 取得外围设备的数据，如联锁设备的状态表示信息，把它们转换成要求的格式，并把它们传到控制中心 COM 服务器供进一步的处理。在 COM 服务器中，状态表示信息被输入内部进程映象，借助于状态表示信息，监视和控制线路的运行状态。RTU 同样接收从 COM 服务器发出的控制命令，并输出至车站联锁 MMI 及其他外围子系统。

RTU 的具体任务有：指令输出，协调指令输出到连接的外围单元；独立执行给外围单元的指令序列命令顺序；提供连接到 VICOS OC501 系统中多个 COM 服务器的冗余功能；提供连接到冗余外围设备的冗余功能；处理 SICAS 计算机联锁和 ATP 的通信；处理实际列车识别号（PTI）通信；对乘客向导系统（PIS）及停站时间指示器通信的处理；读/写和处理 LCP 的信息/状态表示；在故障降级模式下负责设定进路、运营停车点和计算停站时间、乘客信息数据等。

车辆段 RTU 主要用于从车辆段联锁设备采集停车库轨道占用状态和进段信号机的开放状态，并把它们传到控制中心 COM 服务器供进一步的处理。

（4）车站控制室设备

车站控制室内设有 VICOS OC101 设备，用作本地控制和显示，对本地联锁区域进行监控。在一台 VICOS OC101 出现故障的情况下，相邻联锁区域内的 VICOS OC101 可以接管它的监控工作。VICOS OC101 的用户界面与 OCC 的 VICOS OC501 用户界面一样。

所有要求联锁操作的功能都能在本地操作员工作站（LOW）上执行，不仅正常的联锁操作，如排列进路、转换道岔等，其他与安全相关的功能也能在本地操作员台上执行。本地操作员台包括 PC 和显示器。

在车辆段的信号调度室，车辆段 MMI 可给维修人员提供线路运营状态概况。

2. ATS 软件

VICOS OC501 系统的软件基于 Unix 操作系统、Solaris 2.5.1 或更高版本。服务和帮助程序，如编辑器或输入/输出系统都在操作系统上直接运行，其上设有附加的软件层（SHELL 结构模型），基本系统包括 SOFT BUS、数据库变更系统和多计算机系统等。SOFT BUS 是一个控制系统各部件间的数据交换的软件，并且使多计算机系统管理有效运行。过程数据的配置是在数据库变更系统中完成的。多计算机系统确保了服务器之间的通信，该系统主要是管理各部件的故障监视。

软件的最上层提供操作控制功能，如操作员控制和显示的功能、自动办理进路及列车自动追踪等。

3. 网络通信

VICOS OC501 系统、联锁和外部系统的各部件之间进行通信的网络，视系统的复杂性和规模的不同而不同。VICOS OC501 系统中的服务器和过程耦合单元 PCU 等部件相互连接是通过以太网实现的。以太网中的通信协议用的是 TCP/IP 和 ISO/OSI。计算机联锁通过Profibus（过程现场总线）与 RTU 相连。Profibus 的特点是具有很高的抗电磁干扰和过电压影响的能力。

由于使用了 ISO 标准,以太网设计成一个开放的结构,其硬件和软件与要连接的部件无关。

SOFT BUS 为 ISO 层模型中的 5 层到 7 层而创建。VICOS OC501 软件部件通过 SOFT BUS 进行通信。通过 NFS(网络文件系统)可以获得其他系统的数据,NFS 是 Unix 操作系统部件,采用 TCP/IP。

4. 培训和演示系统

培训和演示系统包括有一个模拟 MMI(DS)和一个模拟 PC(S-PC)。

DS 在培训和演示系统中模拟 ATS 部分,DS 配置成了 DEMS。也就是说,在 DS 中,包括了 VICOS OC501 系统的 ADM、COM 和 MMI 功能。

S-PC 在培训和演示系统中模拟外部设备和处理过程,此部分模拟称之为 BAHNSIM,故 S-PC 也叫作 BAHNSIM-PC。

BAHNSIM-PC 和 DS 是通过以太网连接的。DS 和 BAHNSIM-PC 之间的通信与 COM 服务器和 PCU 的通信完全一样。

DS 为一个 SUN Ultra Sparc 工作站,带有两台监视器和一台用于打印操作日记和报警表格的打印机。该工作站的性能足以可执行多达 20 列列车的 ADM/COM 和 MMI 的功能,其操作系统、SPECTRUM 的基本系统、ATS 软件模块及 DS 上的应用数据通常都与 ATS 系统一样。

BAHNSIM-PC 是一个标准的 PC,其操作系统为 MS Windows-NT。该 PC 机的性能足以保证能模拟要求的行车间隔内的 20 列列车。BAHNSIM-PC 安装有一个 H1-buscard。

5. 接口

(1)车站设备接口

车站设备(本地控制盘、停站时间表示器和乘客信息盘)通过数据总线连接。

(2)时钟系统的接口

主时钟系统向 VICOS-ATS 提供接口,VICOS OC501 系统内部时钟将与主时钟系统同步,并向它的子系统(SICAS 联锁、LZB700M)与时间相关的控制功能传递时间信息。

(3)无线通信的接口

该接口在信号系统同无线通信系统之间传送有关列车构成和位置信息。此信息允许无线通信系统的用户根据列车车次号联系列车。不需要使用控制电路,通过使用 4 线 RS-422,以半双工方式,数据接口可以完成两者之间的数据传输。

(4)数据传输的接口

通信系统提供的单模式双界面 6 芯光缆用于各个车站信号设备室与 VICOS OC501 的信息传输。

(5)SCADA(监督控制和数据采集系统)接口

该接口是 ATS 与 SCADA 系统的牵引动力的状态之间的数据交换,这些信息可以使 ATS 显示牵引动力的状态。SCADA 系统与控制中心的 PCU 连接，数据通过 4 线 RS-422 传输，是异步的点对点多通道的连接，以全双工的方式运行。它传输两个通信装置信息，不需要使用控制电路。

(6)乘客向导系统

控制中心的 COM 服务器通过 PCU 和 OTN 与 RTU 连接。RTU 的服务器放置在联锁所在的车站，RTU 中插入具有数据总线的功能接口板，一个接口板可以控制四个站。接口板通过光纤与 SIC 的 OLM 连接。一个 OLM 通过两线的铜缆连接着四个 PIS 显示器、两个 DTI 显示器 和一个 ET200 模块。把数据发送给乘客向导系统，接收到的信息必须由乘客向导系统分配，用以在站台上指定的乘客向导显示牌(PIS)在到站显示器上显示列车到站时间和在目的显示器上显示列车的目的地。发车时间表示 (DTI)显示器应为在车站的单列车的司机显示发车时间。

五、试 车 线

试车线应设置 FTGS 的室内和室外设备、ATP/ATO 轨旁单元、用于紧急停车时与车辆段联锁系统的接口、精确停车的现场设备(SYN 环线)、PTI 环线、电源设备等故障诊断及维修工作站各一套。试车线将安装与正线上一样的 ATP/ATO 轨旁设备，试车线没有使用联锁。为替代联锁，将使用一台非安全试验 PC(仅用于试车线)模拟必要的联锁功能。

车辆段计算机联锁系统负责对试车线的进路设定。试验计算机模拟 ATP 的轨旁单元联锁接口，使 ATP 能够完成各项试验。

为了测试车辆，一典型的速度曲线将永久存储在 ATP 轨旁单元。在试车线的两端，在行驶的每一方向定制了运营停车点。ATP 的定位环线安装在两端。

第三节　US&SI ATC 系统

一、US&SI ATC 系统概述

1. 基本配置

ATC 系统基于无绝缘的音频数字轨道电路系统(AF-904)，以实现列车检测和车载信号。安全轨旁逻辑使用 MicroLok Ⅱ系统，由安全微处理器来实现；非安全逻辑使用非安全逻辑模拟器(NVLE)来实现。车载列车自动控制用 Micro Cab 车辆软件包来实现。

轨旁信号系统包括一个广域网系统。广域网在轨旁设备室和控制中心之间传输命令和表示信息。

2. ATC 系统设备的布置

组成 ATC 系统的设备位于轨旁、控制中心和列车上，ATC 系统如图 3-9 所示。

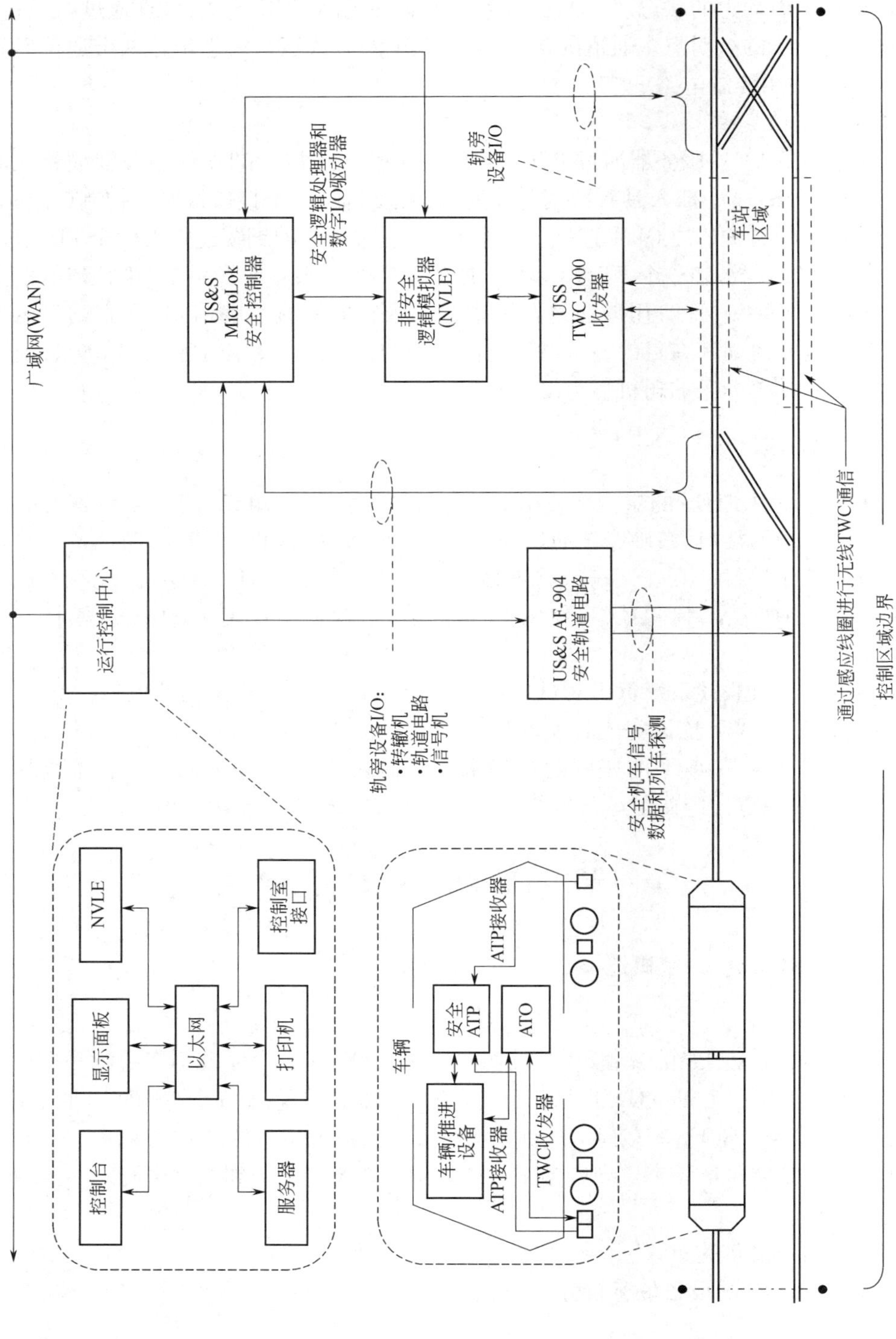

图3-9 ATC系统示意图

轨旁信号系统控制设备被安装在轨旁和指定区域的正线集中站信号设备室(SER)中。轨旁系统包括:AF-904 轨道电路和 PF 轨道电路、MicroLok Ⅱ安全联锁控制器和轨道通信控制器、非安全逻辑模拟器、车到轨旁通信系统。

联锁集中站包括站台、轨道渡线和指示列车转线所必需的轨旁信号机。车站控制计算机(SCC)安装在车站控制室(SCR)中,车站值班员能够通过 SCC 接管控制中心对联锁的控制,由本地完成联锁操作。SCR 里的 SCC 通过局域网连接到 NVLE。SCC 允许维护人员在 SCC 监视器上观察控制区域的联锁和轨道状态,允许紧急状态时或进行维护时,车站值班员在本地能够进行控制。

工频(PF)轨道电路在道岔区段使用,主要是进行列车检测。在渡线和存车线,采用 PF 轨道电路来检测列车,采用 AF-904 环线来向车载 ATC 系统传送 ATP 速度数据。

列车到轨旁(TWC)通信系统在车站区域对列车提供控制和排路信息,同时允许车辆车况信息发送或接收于列车和 NVLE。

正线和车辆段的每一个道岔都有转辙机,用来控制联锁区列车运行的方向。联锁道岔由进路联锁电路来控制,可经本地计算机终端由车站值班员控制。

控制中心 ATC 系统由服务器、工作站和局域网等组成。控制中心和位于车站的轨旁信号设备室(SER)之间的通信是通过广域网来实现的。

非安全逻辑模拟器(NVLE)作为本地控制面板和非安全控制器,进行与 ATS 系统之间的中央 ATS 命令与轨旁表示的收发。列车上车载设备和轨旁之间的通信通过车地通信(TWC)系统来实现。

车载 ATC 系统由 Micro Cab、特征显示单元(ADU)、ADU 电源、ATP 接收线圈和 TWC 天线组成。Micro Cab 通过接收线圈接收轨道电路送来的 ATP 命令。车载设备和轨旁之间的通信通过车地通信(TWC)系统来实现。

二、ATC 轨旁子系统

轨旁信号系统控制设备安装在轨旁和指定集中站的信号设备室中(SER)。

1. 设备组成

轨旁系统包括:联锁 MicroLok Ⅱ 安全子系统、轨道 MicroLok Ⅱ安全子系统、AF-904 轨道电路、PF 工频轨道电路、TWC 子系统、非安全逻辑等效器(NVLE)。

ATP 功能主要是由 MicroLok Ⅱ和 AF-904 系统完成的。

(1)MicroLok Ⅱ 安全联锁控制系统

MicroLok Ⅱ是基于安全微处理器的计算机系统和接口/通信系统,它被用作安全联锁控制器和 AF-904 系统的串行通信中介。

联锁 MicroLok Ⅱ专门用来为轨旁联锁逻辑(转辙机、信号机等)执行安全功能。此系统由 68322 安全微处理器来控制,并基于一种特定的安全结构,软件多样且带有诊断。

与联锁设备的接口通过专门的 I/O 板来处理。每个 MicroLok Ⅱ系统都由一个常规单元和一个后备单元构成,其中一个处于运行状态,而另一个作为冗余后备。当在线系统发生故障时,冗余系统会自动变成在线系统。在线单元将监视后备冗余单元的性能状况,如果冗余单元不可用,向控制中心报警,本地显示器上也有显示。

轨道 MicroLok Ⅱ主要用来提供 AF-904 系统的速度数据逻辑控制。AF-904 轨道占用表示通过主/从串行通信连接从一个轨道电路传到另一个轨道电路。该串行通信连接由这些 MicroLok Ⅱ 系统来进行管理。在这些单元中,基于 68322 的 CPU 板提供了串行通信通道和相关软件,并且不使用 I/O 板。

可由 MicroLok Ⅱ设置区域限速,一旦设置了限速,集中站的轨道 MicroLok Ⅱ就将产生到速度限制区的新的目标距离和实际的目标限制速度,并通过 AF-904 轨道电路传送给接近限速区域的列车。限速区域内的限速列车通过 TWC 天线和环线以预定的载频向轨旁发送零速(速度为零) 信息。来自轨道电路的安全信息和来自 TWC 的非安全信息促使 AF-904 向列车和站台安全门发送“开门” 命令。

当 MicroLok Ⅱ系统发生安全失效时,AF-904 设备将切断串行通信链路,导致系统降级到最限制状态。系统失效时,所有的速度命令都强置为零。备用系统在条件允许时即可接替失效系统。错误日志特性对 MicroLok Ⅱ是有用的,系统可利用它来诊断故障。

联锁 MicroLok Ⅱ检测相关设备的常闭接点,一旦断开即激活紧急停车系统。轨道 MicroLok Ⅱ收到紧急停车命令后,将发送给影响区域内的列车的数据信息中的“线路速度”“目标速度”设置为零。

(2)非安全逻辑模拟器(NVLE)

NVLE 安装在每个站的信号设备室,它允许维护人员在监视器上观察区域和轨道状态,并当出现紧急状况或需要维护时在本地采取控制。

车站信号设备室 NVLE 在控制中心和联锁设备之间提供一个接口。

在每个与联锁相关的 SER 中有两套 NVLE 子系统。其中,一个用于正常运行,另一个用作冗余后备。由 SER 中控制联锁的设备实现在线单元和备用单元之间的自动故障倒换。从在线单元到备用单元的故障倒换也可由控制中心通过远程“复位”命令实现。NVLE 有一个内置的数据日志功能,所有基本的数据都记录在日志中用于排除故障和维护。

NVLE 通过广域网对控制中心和其他 NVLE 进行通信。NVLE 通过直接连接到 MicroLok Ⅱ子系统和 TWC 来进行通信。

端口等效器程序用于监督或等效任何连接到 NVLE 的串口。这些程序用于便携式计算机,通过串口校验输入/ 输出位的功能是否正确。NVLE 上的任何测试或操作都可通过密码授权进行。所有支持工具连同标准操作系统都是 NVLE 软件的一部分,软件平台与控制中心 ATC 使用的是一样的。

(3)AF-904 音频数字轨道电路

AF-904 音频数字轨道电路是一个安全子系统,它在正线上用于确定轨道占用,并将此信息传送到联锁 MicroLok Ⅱ系统(通过轨道 MicroLok Ⅱ 系统)。AF-904 还用来对车载信号数据进行编码,并传送到轨道上,以便车载 Micro Cab 设备接收。每一 AF-904 系统都通过相邻轨道电路的末端进行通信。

(4)车地通信收发器(TWC)

TWC 是一个基于微处理器的系统调制解调器,它通过一个专门的车载天线和轨旁感应线圈提供同轨旁之间的双向通信。TWC 子系统如图 3-10 所示。

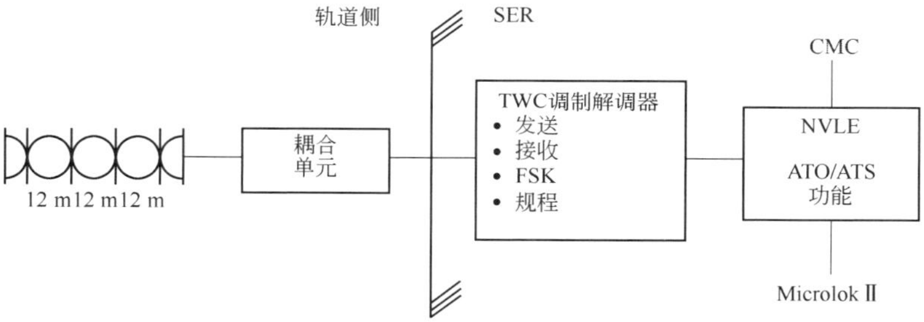

图 3-10　TWC 子系统

TWC 子系统用于实现与站台上的列车的双向通信,完成下列 ATO 功能:程序停车、运行图调整、轨旁/列车数据交换、目的地和进路控制。TWC 与 NVLE 共同作用完成这些功能。

TWC 子系统车地通信交换的数据是,列车到轨旁:分配列车号、目的地、车门状态、车轮磨损表示(从 ATP 到控制中心)、在接近车站时制动所产生的过量车轮滑动、紧急情况或异常情况(比如不正确的开门);轨旁到列车:车辆车门开启命令、列车号的确认、列车长度、性能修改数据、出发测试指令、车门循环测试、主时钟参考信号、跳停指令、搁置命令、申请车载系统和报警状态。

TWC 设备使轨旁和列车间的双向数字数据传输成为可能。数据传输是通过电缆环线间的磁耦合完成的,电缆环线位于轨条和安装在列车下部的天线之间。电缆环线安装在所有车站轨道电路中、存车线轨道电路及车辆段/ 正线分界处的转换轨中。在车站,TWC 环线长度为站台有效长,每隔 12 m 转换一次。轨旁 TWC 是主单元,使用单独载频的 FSK 调制技术来完成发送和接收功能,发送和接收采用相同的载波频率。TWC 车载单元是从单元,只有轨旁单元才能发起与车载单元之间的通信,车载单元仅当接收到合法信息之后才作出回应。车载单元对于包含其 PVID 或一般广播消息的信息作出回应。

TWC 系统是非安全的,但是在车辆和轨旁之间既传输安全数据,也传输非安全数据。TWC 将此数据提交给合适的子系统。

TWC 轨旁单元通过串行链路和 NVLE 接口。NVLE 含有缺省的时刻表，如果控制中心离线则 NVLE 使用该时刻表。NVLE 处理所有来自列车的接收数据及所有发往列车的数据。所有 TWC 数据都要送往控制中心以便记录/处理。

每个车站站台都有一个独立的 TWC 环线，当列车位于站台轨道时，可利用环线完成列车和轨旁之间的非安全信息交换。TWC 环线转换器用于保证精确的车站停车，除了车站站台，车辆段的入/出轨也装有 TWC 环线。通过这些车站站台环线进行通信的 TWC 模块与 NVLE 子系统通过 RS-485 非安全端口直接连接。TWC 子系统包括以下设备：

①轨旁环线。TWC 子系统利用轨条间的轨旁环线与列车通信。

②轨道侧的耦合单元。该单元将发送的或接收的数据耦合到环线间，TWC 调制解调器位于轨道一侧。

③SER 中的 TWC 调制解调器。TWC 调制解调器是基于微处理器的控制单元，建立和管理耦合单元和 NVLE 之间的通信。

调制解调器格式化信息规程，完成 FSK 调制任务。波特率可选择，最大为 9 600 Bd。TWC 调制解调器使用 60 kHz 载频。

TWC 收发器轨旁调制解调器不冗余，不管这一单元发生怎样的故障，列车都不会停止。列车和轨旁的对话的缺失由一个报警器来指明，在这种情况下，需要更换 TWC 调制解调器。为调制解调器提供输入的计算机同样是非冗余的。

列车通过 TWC 天线和环线以预定的载频向轨旁发送零速（速度为零）信息。来自轨道电路的安全信息和来自 TWC 的非安全信息促使 AF-904 向列车和站台安全门发送“开门”命令。

车辆段装备着的安全和非安全设备。车辆段设备室里安装一个本地 ATS 终端监视器。与车辆段信号系统接口是通过并行输入和输出的，在 MicroLok Ⅱ系统和车辆段联锁系统之间由接点进行联系。当列车执行进入/退出操作时，系统会检查转换轨，以避免建立任何敌对进路。在转换轨，为了妥善运行，检查所有的车辆到轨旁功能。

2. 数据通信

从 MicroLok Ⅱ（正常和备用）出来的安全串行 RS-485 是物理连接。这个公共的端口与道岔设备连接。道岔设备的两个输出串口与光纤多路器上的两个隔离 I/O 通道连接。多路器设备支持网络的冗余细缆。

ATC 轨旁系统通信，即 SER 间和 SER 与控制中心间的通信，包括安全和非安全的通信，都是由数据通信子系统完成的，可分为两大类：ATP 通信和 ATO 通信。

冗余的光纤环状网络支持相邻集中站之间安全的和非安全的信息交换。ATC 光纤网络使用专用光纤。与相邻集中站通信所需要的 ATC 设备通过 I/O 电路板接入光纤多路复用器，冗余的 I/O 电路板可满足需要。同样的冗余的光纤环状网络支持 SER

设备和控制中心之间非安全的信息交换。与诸如 NVLE 通信所需要的 ATC 设备通过 I/O 电路板接入光纤多路复用器,I/O 电路板支持局域网配置。

(1)ATP 通信

①联锁 MicroLok Ⅱ单元和轨道 MicroLok Ⅱ单元的通信

一般情况下联锁 MicroLok Ⅱ向轨道 MicroLok Ⅱ单元发送下列数据:相邻联锁区轨道电路状态、速度限制、设置紧急停车、复位速度限制和紧急停车、运行方向状态。

从轨道 MicroLok Ⅱ接收轨道占用状态和站台轨道停车信息。

②相邻联锁 MicroLok Ⅱ单元之间的通信

联锁 MicroLok Ⅱ单元和相邻集中站的 MicroLok Ⅱ单元(从和主)通过光纤环状网络进行通信,发送和接收轨道状态、紧急停车状态和运行方向状态等信息。

③MicroLok Ⅱ单元和 NVLE 单元的通信

MicroLok Ⅱ单元接收 NVLE 单元的下列信息:进路申请、道岔控制申请、操作模式状态、设置速度限制、复位速度限制。

MicroLok Ⅱ向 NVLE 单元发回下列信息:轨道状态、报警状态、道岔表示、运行方向和锁闭、紧急停车状态。

④轨道 MicroLok Ⅱ单元的通信

轨道 MicroLok Ⅱ单元与主联锁 MicroLok Ⅱ通过 RS-485 链路通信,数据交换内容同上述。

轨道 MicroLok Ⅱ单元与 AF-904 模块通过 RS-485 链路通信,双断配置,采用安全的串行通信链路在各个单元之间传送数据。数据流包括地址位、最大到 126 位的数据和 24 位 CRC。

⑤MicroLok Ⅱ与道岔设备的通信

MicroLok Ⅱ(正常和备用)的安全串行 RS-485 端口与道岔设备连接。道岔设备的两个输出串口与光纤多路器上的两个隔离 I/O 通道连接。

(2)ATO 通信

NVLE 通过冗余的以太网与中心和邻近的地点连接。

NVLE 和相邻集中站的 NVLE 单元(主或从)通过光纤环状网络进行任一方向的通信。NVLE 和控制中心通过以光纤环状网络接口的局域网通信,交换的信息包括控制和表示。

NVLE 与 MicroLok Ⅱ单元通过 RS-423/RS-232 链路通信;和两方向的相邻集中站交换 TWC 信息;与车载设备通过站台 TWC 调制解调器交换数据。

(3)数据传输规程

数据传输系统的通信协议分为四大类:类型Ⅰ、类型Ⅱ、类型Ⅲ和安全型。数据传输的类型如图 3-11 所示。类型Ⅰ、类型Ⅱ、类型Ⅲ用于轨旁 NVLE 和控制中心交换各种命令和指示,安全型串行协议用于轨旁配置中 ATP 子系统间的通信。

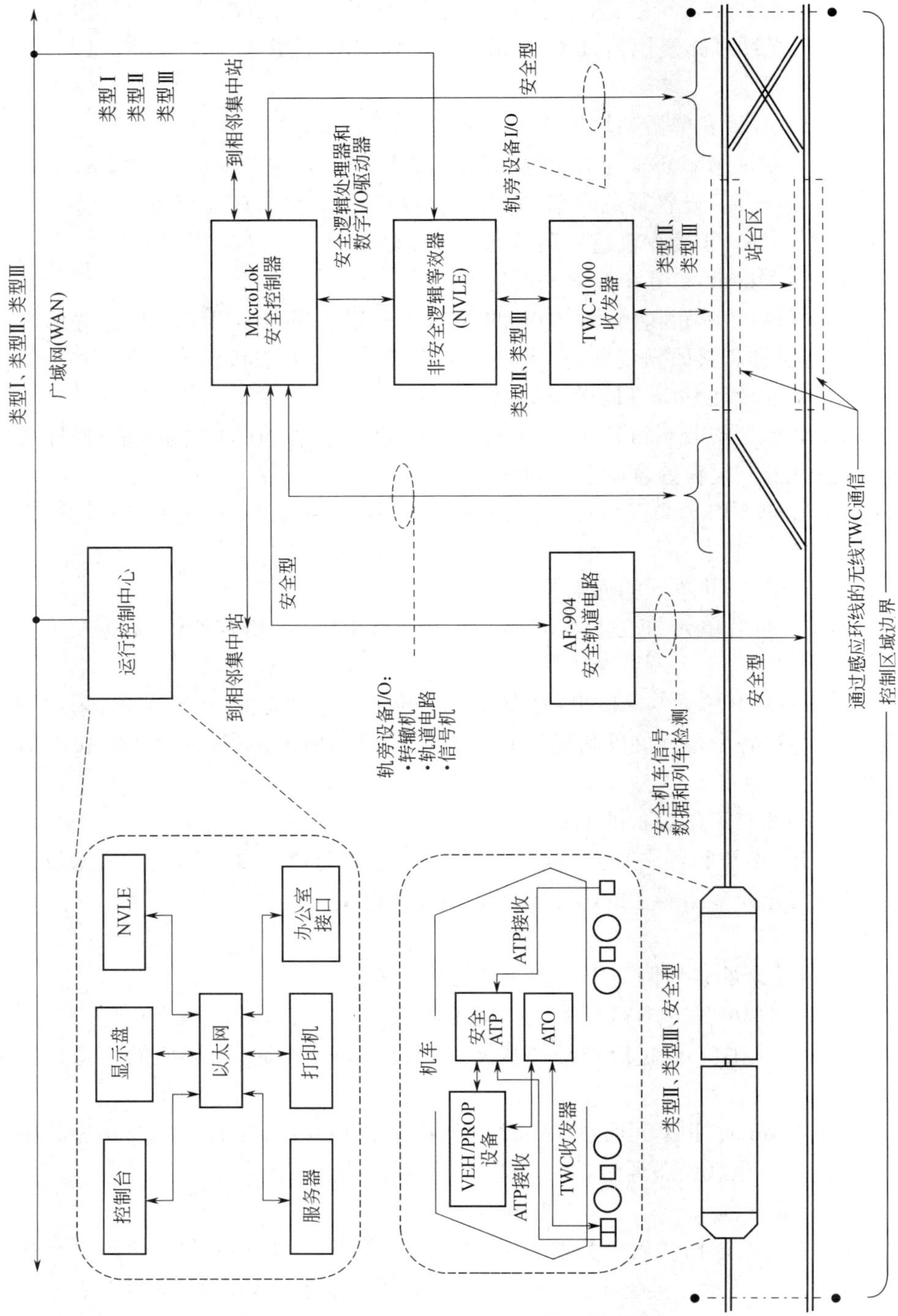

图3-11 数据传输的类型

①类型Ⅰ

类型Ⅰ数据协议定义为 16 位 CRC,外加一个时间顺序和两个操作员完成命令时采取的动作。控制中心机房利用这一协议来手动启动或清除轨旁功能。轨旁功能是指通过MicroLok Ⅱ完成的诸如设置区域限速等功能。控制中心的一个动作就可启动速度限制等功能。一旦 MicroLok Ⅱ接收到命令,即利用自身存在的安全逻辑完成相关功能。

操作员对特定的 MicroLok Ⅱ编地址并使用唯一的功能键来取消速度限制。一旦取消被启动,计时器即开始计时,要求操作员在规定时间内完成取消过程。一旦轨旁接收到启动取消的申请, MicroLok Ⅱ即发回一个确认信息,表明轨旁已接收到信息并利用 16 位 CRC 未检测出错误。此时,操作员必须马上用第二个功能键来确定取消申请。操作员使用第二个功能键完成第二个动作,发出取消速度限制的命令。如果在操作员完成第二个命令前计时器已到时间,那么取消过程中断,必须从头开始。

②类型Ⅱ

类型Ⅱ数据协议可以定义为一个简单命令和命令得到正确执行的表示。所有数据传输使用 16 位 CRC,这一类型协议的安全性除在于始终使用 16 位 CRC,还在于发出的命令必须得到命令已正确执行的确认。如果由于某些原因命令未得到正确执行,那么通信对话就会中断并发出报警。

③类型Ⅲ

类型Ⅲ数据使用 16 位 CRC 进行错误检测。当正确接收到命令后,接收方发送一个单一信息,不需要其他动作。来自车载 VHM 的诊断数据传送到控制中心形成日志的通信采用这一类型的协议。

三、车载 ATC 子系统

1. 列车运行模式

ATC 系统支持两种列车运行模式:自动模式(由操作员辅助的自动)和手动模式(ATP 运行下的手动),ATC 也可以被旁路。

(1)自动模式(操作员辅助)

在自动模式下,列车完全自动运行在车站之间。速度调节和车站停车由 ATO 来执行,ATP 提供超速防护,车门监控由 ATP 系统来执行,启动车站发车需要司机的操作。

列车执行自动折返功能时,列车上有司机或无司机的情况下都可以自动折返。

(2)受监督的手动模式 (处于 ATP 防护下的手动)

在手动模式下,列车在车站之间的运行是手动操作的。司机控制列车运行的所有方面,ATP 提供超速防护,停止和运行功能由司机控制台上的一个按钮来激活。

(3)旁路模式

在此模式中,列车运行完全靠手动来操纵。旁路模式需要破铅封,此时列车运行完全由司机控制，ATP 不提供超速防护。特征显示单元(ADU)通过一个独立的速度输入来显示列车的速度。

当列车处于手动模式时，司机可以通过按下司机控制台上的停止与前进按钮来执行停止和前进的功能。在列车因为缺乏合法的车载信号或因为接到零速度的控制命令而停在轨道上的情况下，可通过停止和前进来移动车辆。注意，此功能必须通过操作员控制面板从 ATC 单元申请，只有获得控制中心调度员的允许，才能遵循严格的操作准则进行使用。通过 ADU 上的一个指示灯，可以指示 ATC 单元已经接收了申请。

此功能在当前速度命令为"0"时，严格将列车的速度限制在不超过 13 km/h(加上超速的 2.5 km/h)的范围内。当处于停止与前进模式时，车辆不间断地搜索下一个轨道电路频率。

此模式保持到以下情况发生：通过轨道电路接收到一个合法的速度码(非 0 km/h)、发生超速、司机再次按下停止与前进按钮、ATP 故障或掉电。

2. 设备组成

ATC 车载系统由一个 Micro Cab、一个特征显示单元(ADU)、一个 ADU 电源、两个 ATP 接收线圈、一个 TWC 天线组成。ATC 车载系统示意如图 3-12 所示。

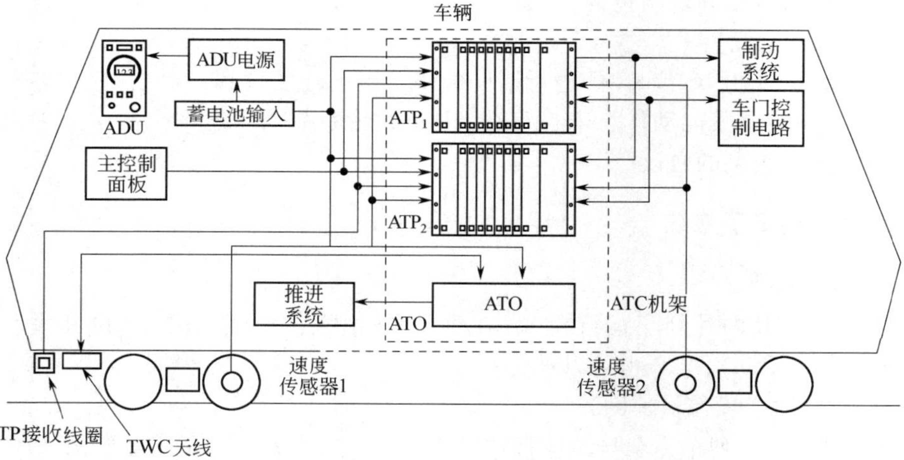

图 3-12 ATC 车载系统示意

还有其他车辆系统，比如 ATC 系统的车辆通信系统(VCS)和车辆报告系统(VAS)接口，它们提供传递到中心的关于车辆的信息。

每一车辆上所安装的 Micro Cab 设备可以被简单地描述为两个独立的功能性系统：ATP 子系统和 ATO 子系统，它们共享安装空间、供电和串行接口。在车辆运行过程中，ATP 和 ATO 子系统同时执行各自的功能，必要时进行数据交换。ATC 机架如

图 3-13 所示，该机架安装在车辆 ATC 设备柜中。一个 Micro Cab 带有两个（冗余）ATP 系统和一个 ATO 系统的 ATC 机架。

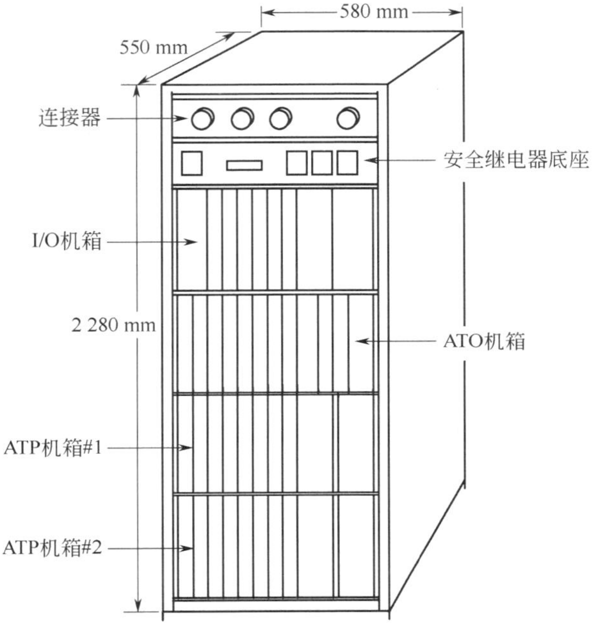

图 3-13　ATC 机架

3. 车载 ATP 子系统

ATP 子系统基于 US&S 的带有微处理器的 Micro Cab 车载信号系统，是一种可编程的、基于微处理器的控制器。ATP 子系统如图 3-14 所示。

（1）ATP 子系统电路板

ATP 系统由一个应用逻辑处理器和一个处理多种数据的 I/O 子系统所组成。I/O CPU 从硬件接口印制电路板控制并处理数据，将这些 I/O 数据发送到应用 CPU，来实现系统逻辑。在 ATC 机架中，ATP 的硬件实现由容纳多种印制电路板的机箱构成，这些印制电路板提供了与所有外设和周边系统接口所需的硬件。

①串行通信控制器板（SCC）

SCC 处理 ATP 单元、ADU 和 VCS 之间的串行数据通信。SCC 还提供了一个诊断接口，用以与便携测试单元（PTU）相连接。通信模式是异步半双工，最大波特率为 9 600 Bd。这里采用了两种接口类型：一个 RS-485 连接 ADU；一个 RS-232 连接 PTU。

②I/O CPU 板

I/O CPU 提供了应用 CPU 和车辆、轨旁/中心系统之间的软件接口。它从安全数字输入板（VDI）接收安全和非安全输入，对这些输入进行预处理和解码，然后将它们发送到应用 CPU。它又从应用 CPU 接收安全和非安全的输出,对安全输出进行解码,并且将它们发送到安全数字输出板(VDO)。I/O CPU 还从 SCC 板、FSK CPU 板和 ATO 单元接收串行 I/O,进行与应用 CPU 之间的数据传输。

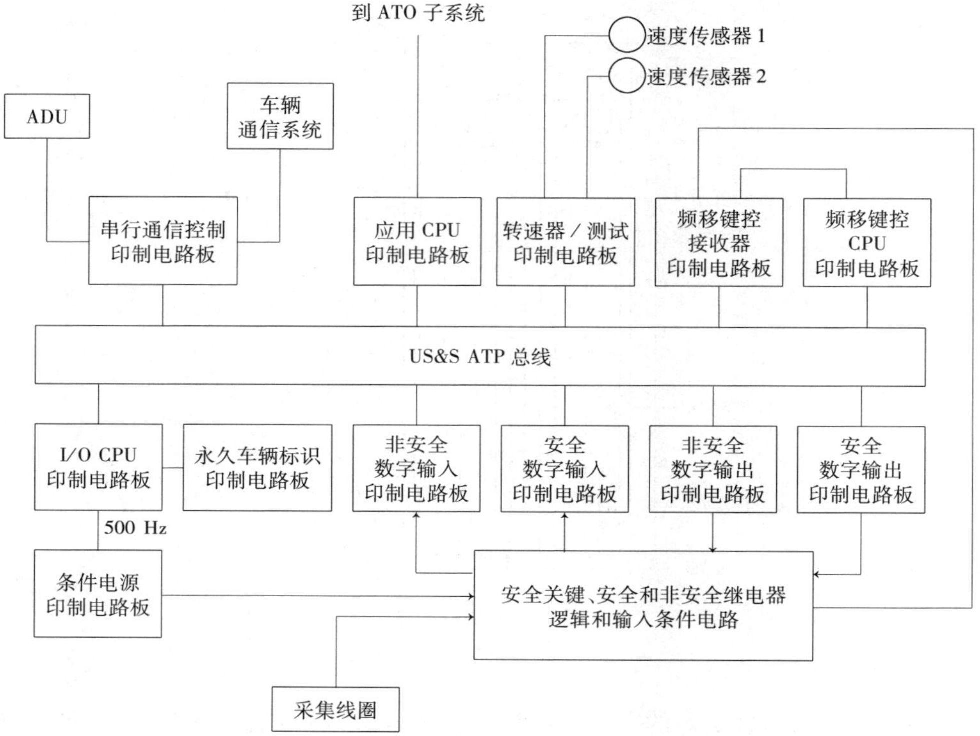

图 3-14　ATP 子系统

③接收器板和移频键控 CPU 板

接收器板是移频键控编码信号接收器和解调器,用来与采集线圈相接口。采集线圈可从轨道电路中提取数码数据,在载波频率 9.5～16.5 kHz 的范围内,它能以 200 bit/s 处理 FSK 信号。FSK CPU 包含一个微处理器,用于安全解码功能。

④转速器输入板

转速器输入板与安装于轮轴上的多通道速度传感器相连接,处理其所产生的脉冲。此板还为 ATO 子系统提供了一个条件信号。

⑤VDO、VDI 和 NDO 板

每块安全数字输出板(VDO)有 8 个输出,每个输出可以驱动一个带有若干接点与列车管相连的继电器。

每块安全数字输入板(VDI)有 16 个输入,每个输入都使用一个光耦,并且带有防护网络。

每块非安全数字输出板(NDO)有16个输出,每个输出可以驱动一个带有若干接点与列车管相连的继电器。

⑥应用CPU板

此板基于68332微处理器,用来实现车载系统的安全逻辑和应用程序。这个处理器利用了MicroLok Ⅱ可编程安全控制技术,它包含一个稳定版本(不可修改)的MicroLok Ⅱ可执行程序(与用于MicroLok Ⅱ轨旁ATP控制器的相同),用以运行其应用程序。应用CPU从I/O CPU取得所有输入,并传送所有输出。

⑦条件电源板(CPS)

CPS为VDO板提供直流电源,仅当ATP单元以安全方式运行时,才产生直流电源。在故障情况下,直流电源从VDO板撤除,导致所有输出处于逻辑零的状态。I/O CPU提供对CPS的持续有效的输入。

(2)ATP相关外设

①特征显示单元(ADU)

ADU安装在司机控制台上,由显示器、表示、报警和开关组成,为ATP系统提供人—机界面,允许司机控制和监视ATP和ATO的功能。当ATC系统处于手动或旁路运行模式时,司机可以控制车辆。此时,非安全数据呈现给司机。

②永久车辆标识(PVID)

PVID是一个串行EPROM,位于车辆之上,可以记录车辆标识信息,区分其所在的车辆,以对特定轨旁命令作出反应。车辆标识对于印制电路板和车辆ATP系统的机箱来说是安全的,每一车辆的永久标号由连到ATP单元的电缆连接器上的EPROM来设置,该电缆是车辆的永久组成部分。如果ATP硬件被调换,新的硬件将会靠电缆的EPROM连接来呈现出车辆的标号。车辆ID是TWC列车ID的一部分,用在列车ID跟踪等方面。

③便携测试单元(PTU)

便携测试单元是ATC系统的维护控制台,是一台便携的PC机,包括接口电缆和要执行这些功能所必需的软件。PTU用来与ATC机架接口,取得数据日志和系统状态信息,它还可以用来设置系统参数,比如车轮的尺寸。通过一个由菜单驱动的数据获取程序,通过SCC印制电路板上的诊断接口来访问ATC系统。

另有厂家测试成套设备(STS),是一种完整的、基于PC机的测试工作站,它可以允许系统维护者对ATC系统中的所有印制电路板执行制造级别的测试和校准。

④车载诊断辅助软件和工具

静态出发测试由静态出发测试命令手动启动,此命令可以由ATC的控制中心由任何具有TWC信号功能的轨道来发出。司机也可以通过转换开关转换运行模式,手动激活这项测试,列车必须处于停止状态。

ATC执行范围很广的内部诊断。内部自检在每一系统周期都执行,存储所有探测到的故障,供维护人员调用。自检的目的是确认 Micro Cab 中央处理单元(CPU)硬件和软件及其他大多数系统印制电路板的正常运行,主要的故障报告给车况监视器(VHM),并且,根据需要通过 TWC 传送给轨旁控制室和控制中心。事件日志可以通过 Micro Cab 串行通信印制电路板前面板上的 EIA RS-232 诊断端口来调取。

(3)速度传感器

采用两个速度传感器,每个传感器都是多通道的,它们安装在无动力车辆(有摩擦力制动设备)的轮轴上。传感器信号既被用在 ATP 单元,又被用在 ATO 单元,以确定车辆运动参数,包括真实速度、方向、所行里程、回转和零速度(车辆停止)。

DF-17 是一个多通道的脉冲产生器,采用光学传感技术。它应用一个多列光学光圈盘,对四个独立光电电路所侦测到的四股独立光线,决定是否让其通过。DF-17 每转产生 128 个脉冲,这些传感器特征可以提供小到 1 km/s 的速度测量精度。

传感器的输出是基于旋转距离的脉冲,ATC 必须根据车轮直径,将这些脉冲转换成现行距离。车辆速度由每单位时间(250 ms)的脉冲计数来确定。

转速器可以探测到大于 1 km/h 的速度。ATP 子系统比较来自两个转速器的数据,以最后决定列车的速度。

系统允许输入正确车轮直径,来确保正确测量速度和里程,此项来自 ATP 处理器的安全输入可以以步长 1 cm 进行调整。一旦输入进入 ATP 单元,信息会存放 EPROM。轮径值在下一次作修改以前将一直保持。

轮径访问入口在 ATP 的前面板,位于 ATC 设备柜门之后。当维护人员键入密码后,前面板的开关和显示器就可以被用来设置轮径。

ATP 中还提供了车轮磨耗的纠正功能。

4. 车载 ATO 子系统

ATO 子系统如图 3-15 所示,ATO 与 ATP、TWC、VCS 和 VAS 相接口,所有的数据通过串行连接进行传输。

ATO 子系统印制电路板有:

①I/O 和应用 CPU

I/O 和应用 CPU 用来实现速度调节和车站停车功能。速度输入直接通过 ATP 的条件速度输出取得,由此产生速度特征,并通过不同的因素同车辆的真实性能相比较。ATO 的输出用来控制车辆的性能,这是通过能产生推进和制动命令的 P-wire(P-线圈)来实现的。

②串行通信控制器板(SCC)

SCC 板是一个中断驱动的处理器,它用来与 TWC、VCS、VAS、ATP 子系统和连接到 PTU 的串行诊断接口一起处理所有的串行数据通信。

③非安全数字输入和非安全数字输出板

非安全数字输入板用来作为车辆逻辑的数字输入接口;非安全数字输出板用来作

为 ATO 和本地车辆逻辑与列车管之间的接口。

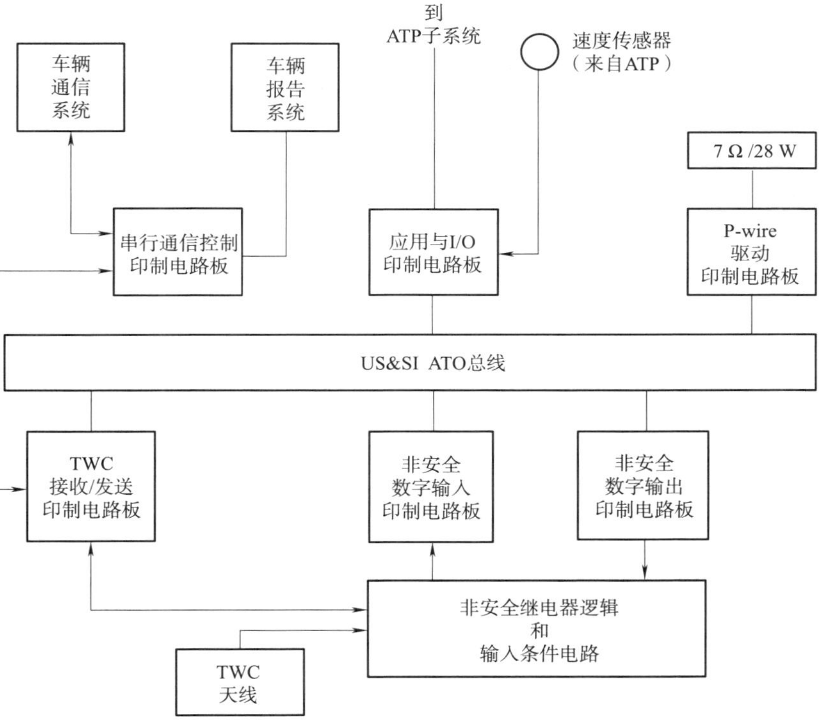

图 3-15 ATO 子系统

④P-wire 驱动板

此板包含用以驱动直流 P-wire 的电路。P-wire 对控制 ATO 所申请之推进或制动磁力的模拟信号作出回应。

⑤TWC 调制解调板

TWC 调制解调板包含通过 TWC 采集线圈收发数据的电路。

5. 车载 TWC 子系统

车载 TWC 子系统安装于车辆车载天线与车辆底盘之间。车载 TWC 子系统印制电路板有：

①串行通信控制器板(SCC)

SCC 包含一个微处理器，由它实现用于控制 TWC 收发印制电路板的调制解调器功能。

②发送/接收板

发送/接收板为 SCC 提供了必要的电路，用以与车载天线相接口，并进行信号的收发。TWC 不包含系统智能，仅仅包含将数据从轨旁发送到合适车载子系统的功能。

6. 司机界面

ATC 系统的司机界面由司机控制台和特征显示单元(ADU)来实现。

ADU 不管当前的运行模式如何,总是同时显示车辆真实速度的示意图和数字表示,是一个双色发光二极管构成的示意性的圆环。每个发光二极管代表 2 km/h 的增量,表示的范围为 0 ~ 90 km/h。绿色发光二极管表示当前速度,红色发光二极管表示当前速度限制。当 ATP 处于控制状态(自动和手动模式)时,显示当前速度限制。ADU 内部的一个压电报警器在处于超速情况中时提供持续的声音报警。所有 ADU 上的控制和表示都是非安全的。

7. 数据通信

(1)车辆安全通信

由轨旁 AF-904 设备产生的数据信息,通过轨道电路发送,车辆上的感应线圈接收数码数据,由 ATP 车载子系统解码。

(2)对车辆的非安全通信

非安全数据在预定轨旁位置通过 TWC 系统被发送到车辆。虽然 TWC 系统提供双向的通信,对于轨旁,还是有一个主从的关系。

(3)车辆 ATC 相关子系统之间的通信

ATC 车载系统之间的联系如图 3-16 所示,表示的是 ATO、ATP、TWC 单元之间的关系,还表示了 ADU、列车管、VCS、VAS 之间的应用接口。ATO、VCS、VAS、TWC 和 ATP 之间是由串行通信连接。串行通信还连接 ATP 单元和 ADU,通过安全或非安全继电器接点,并行接口输出到列车管。并行接口通过位于输入印制电路板上的光缆适配器输入到 ATP。

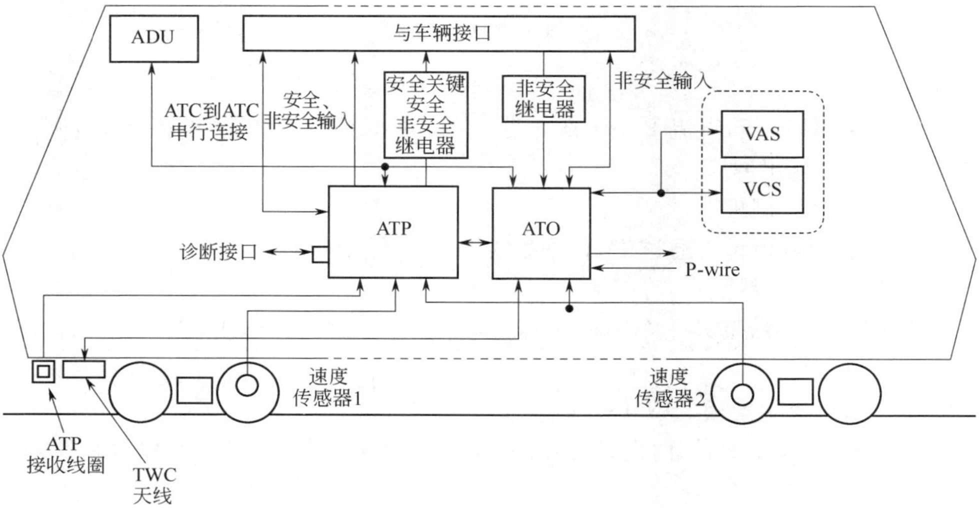

图 3-16　ATC 车载系统之间的联系

四、控制中心 ATS

1. 控制中心 ATS 系统组成

中央 ATS 系统是基于一个在各自独立处理器上执行各种功能的分散处理网络。控制中心 ATS 系统由中心服务器、操作员工作站、以太网和外围设备组成，是一种分布式的网络结构。控制中心 ATS 系统组成如图 3-17 所示，它包括操作系统软件、控制软件和其他使系统工作所需的软件。

中央 ATS 系统利用 Dec Alpha 计算机平台，此平台是 POSIX 适应的并且是 64 位 RISC 结构。系统网络设计成冗余的 10Base -T/100Base -TX 以太链接，网络上每个处理器都被连接到两个网上并有权使用从网络上其他所有处理器得到的数据。

在整个中央 ATS 系统硬件中都使用模块设计，给每个子系统提供可替代的和可修复的模块和部件，以便于故障查找和维修。如果出现故障，终端服务器模块能“热交换”来帮助置换。在修理或替换无效模块过程中，每个计算机系统可由备用系统执行其功能。执行同一功能的中央 ATC 系统的所有硬件（如磁盘、WORM 驱动器、磁带驱动器、打印机等）均可互换。

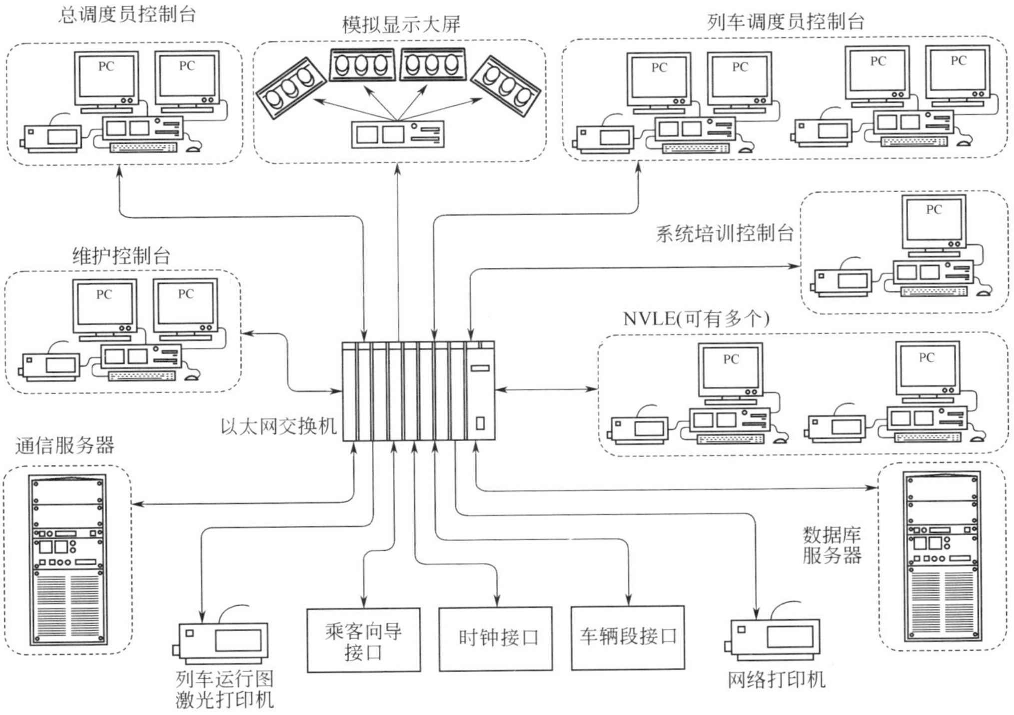

图 3-17　控制中心 ATS 系统组成

为每个中央 ATC 计算机系统提供总计为 256 MB 的内存,可通过增加附加的内存模块到机架的备用内存槽中来扩展内存。通过增加附加的外部或内部磁盘驱动器,每个中心 ATC 处理器能将磁盘容量扩展 2 倍以上。通过增加另外的工作站、服务器模块或打印机到网络上,中央 ATC 系统可进一步扩展。DTS 系统可通过增加另外的现场通信接口单元来扩展。

中央 ATS 系统的有如下特征:

①高质量、技术先进的计算机系统。

②分布式的网络体系结构。

③现代化的图形用户界面。

④冗余配置的 64 位 RISC 服务器。

⑤配有高分辨率图形的 64 位 RISC 工作站。

⑥几乎无数据丢失的快速故障转换响应时间(服务器)。

⑦动态的工作站恢复时在线控制区域的重新配置。

⑧模块化的、可扩展的系统,使用维护方便。

⑨所有工作站硬件是相同的并可通用。

(1)中央 ATS 的计算机系统

ATS 系统的计算机设备由多种操作员工作站和 ATC 主机服务器组成。ATC 主机服务器、终端服务器设备、现场接口设备放在设备室。

提供两个 ATC 计算机系统,ATC 主服务器 A 和 ATC 主服务器 B 计算机系统按主/备结构工作,执行所有 ATC 控制功能。

ATC 主机服务器、DTS 模块和 LAN 的冗余性服务增加了列车自动监控系统的整体工作性能,消除出现故障时丢失功能的可能性。

使用的操作系统是 Digital Unix 操作系统,源代码以 C ++ 编程语言开发,提供计算机系统完整的开发工具、C ++ 编译器和自诊断程序。

系统采用用户友好界面和现代化图形用户界面。用 X-Window 系统来开发用户界面,接口将遵循 Motif 标准,提供报警信息(带语音),为系统的维修人员/系统管理员提供标准的启动和关闭程序。

(2)通信子系统

中央通信子系统包括局域网 LAN、光纤网 DTS 和光数据传输系统 CTS。

LAN 由冗余的 10Base -T/100Base -TX 自适应快速以太网交换机组成。自适应两个网络(网络 A 和网络 B)符合冗余要求,如果一个网络不能工作,则第二个网络能承担中央 ATC 系统的全部工作。两路终端服务器提供给网络 A 和 B 上以提供乘客向导系统、SCADA 和火灾报警系统的冗余连接。

DTS 由位于中央设备室的现场接口设备、位于每个信号设备室的现场接口和光缆组成。在中央 ATC 系统和远程区域的通信通过一个带有冗余的、反向环配置的光缆系统完成,以确保一个环的损坏不会影响其他环的工作,并可提供持续的网络通信。在中央设备室,通过软件程序监督每个通信通道,如果该软件检测到某一通信链路内的数据丢失,它就启动一次故障转接,连接到其他链路(即从主用到备用)。通过停止主用线路的传送和启动备用线路上的传送实现故障转接。

控制中心和轨旁之间及相邻 MicroLok Ⅱ联锁设备之间的数据通信通过 DTS 完成。DTS 将控制数据通过 LAN 和 CTS 从中心 ATC 计算机传递到信号设备室,并且通过 CTS 和 LAN 从信号设备室传递指令数据到中心 ATC 计算机。

(3)控制和显示子系统

控制和显示子系统是人—机界面,并且在必要时取代 ATS 系统或在正常运行期间帮助 ATS 系统。

工作站除了显示和监督列车运行外,还与 ATC 计算机系统接口。在 OCC 控制室设有两个工作站,它们与正线运行有关。第三个工作站(主调度员控制台)是备用工作站,它能替代或扩大其他两个工作站中任一个的工作,即这三个工作站中的任何一个都能作为正线工作站使用。在运营高峰或需要时,两个工作站应能同时操作系统的正线部分。工作站能与无论是主用 ATC 系统还是备用 ATC 系统通信。每个工作站的通信路径不受约束,因此,当一个工作站故障时不会影响其他工作站。为每个工作站提供一个自诊断测试,以验证系统工作正常。所有调度员都提供同样的硬件功能特性,通过系统软件提供系统报警。整个 ATC 系统的所有键盘是通用的。

工作站采用 Qwerty 型带功能键的键盘、一个光标定位设备和一台与 ATC 计算机系统接口的显示监视器。它们通过一个冗余的以太(10Base -T/100Base -TX)局域网连接到中心计算机设备。

ATC 显示系统驱动显示盘。在每个 ATC 主机服务器上的一个 RS-232 串行接口用于显示系统。

(4)打印机

①网络打印机

两台 LN17N 高速激光打印机在冗余配置下工作,并且在网上的所有设备都能使用和产生报告。通过将一台打印机接到 A 网而将另一台打印机接到 B 网的方法达到冗余。每台打印机能被网络上的所有设备访问。

②工作站打印机

两台 Dot Matrix 控制台打印机直接连到 ATC 主机服务器上,用于打印特定监视器屏幕的文字显示。

③列车图表打印机

两台 LNC02 彩色激光打印机连接到网络上并允许所有操作员位使用。通过将一台打印机接到 A 网而将另一台打印机接到 B 网的方法达到冗余,用于打印列车图表。

(5)中央 ATC 培训设备

中央 ATC 培训设备用于调度员训练模拟和再现系统工作，包括一台 ATC 培训/演示工作站和一个相应的培训桌面。培训/演示工作站具有与运行工作站相同的设备。

(6)维护工作站

维护工作站给维护人员，由维护人员使用以查找故障。

(7)其他接口

①时钟系统。提供冗余的 RS-232 串行接口(在每个 ATC 主机服务器上的一个)，用于主时钟系统。

②BAS。提供冗余的 RS-232 串行接口(在每个访问终端上的一个)，用于 BAS 系统接口。BAS 系统接口在 OCC 中。

③车辆段联锁系统。提供冗余的 RS-232 串行接口(在每个访问终端上的一个)，用于车辆段联锁系统。

④乘客向导。提供冗余的 RS-232 串行接口(在每个访问终端上的一个)，用于乘客向导。

⑤SCADA(电力监控)。提供冗余的 RS-232 串行接口(在每个访问终端上的一个)，用于 SCADA。

⑥列车出发指示系统。提供冗余的 RS-232 串行接口(在每个访问终端上的一个)，用于列车出发指示系统。

2. OCC 软件

ATC 中央计算机系统和 ATC 培训/演示工作站的软件分为系统软件和应用软件。软件用高级的结构化语言编写，具有模块性、扩展性和可维护性。

(1)系统软件

系统软件包括了一个实时操作系统和有关的 I/O 软件，也包括支持程序来处理程序调度和时间控制。

系统软件通常由高级的结构化语言编写，包含操作系统(中文版)、语言编译器、I/O 处理程序、系统性能监视软件、通信软件。

(2)应用软件

应用软件用于控制、监视、报警和显示。应用软件采用高级的结构化语言，用模块化结构设计和编写，用列表技术完成软件的模块性。应用软件包括：列车控制和显示软件、车辆调整软件、列车跟踪软件、报告生成软件、I/O 应用软件、通信软件、模拟和测试软件。

①处理器配置软件

处理器配置软件为硬件配置的需要而设计，并确保设计目标的冗余性、有效性和可靠性。冗余设备在硬件故障、重启动和用于工厂和现场的系统性能测试故障转换过程中能保持控制系在线和操作。

②系统性能监视软件

系统性能监视软件提供监视控制系统工作和记录在系统中发生的事件。该软件提供定期触发或按需触发,也提供用于工厂和现场的系统性能测试的信息显示。

③诊断软件

提供包括联机诊断和脱机诊断的软件。

联机诊断验证备用计算机的可用性及连接到联机计算机系统的外设的可用性,这些诊断程序作为低优先级处理程序运行。

脱机诊断提供给控制中心的所有硬件。在初始化后自动运行诊断程序并为用户提供容易理解的硬备份。用户还有交互能力,它们能进入要运行的测试,设置运行次数和要运行的不同选择。

④编程、培训和模拟终端支持软件

模拟和测试软件编成一个提交文档,可以用模拟软件在 ATC 中央计算机控制培训系统上培训人员,并用它们来验证提供给整个系统的程序的工作和有效性。

五、系统接口

1. 轨旁到列车、列车到轨旁

车地通信(TWC)环线支持在列车和轨旁之间的双向数据传输。这一接口的功能性数据包括:停靠时间变更、出发命令、性能等级变更、车况监视数据、零速度表示、与车辆 ATC 系统相关的诊断。

2. 轨旁区到邻近轨旁区

每一个轨旁区都必须将它的数据传送到与之相邻的两个信号设备室,这样,列车就可以平滑地从一个区域穿越到另一个区域,而不会存在速度命令信息的丢失。所有的区域到区域的轨旁通信都是由串行通信连接来处理的,该串行通信连接使用了安全通信协议。这些连接是热备冗余配置,当主用连接发生故障,就会自动转换到备用连接,通信不会中断。

3. 轨旁到现场

轨旁到现场通信是通过电缆连接。在每个车站信号设备室和轨旁设备之间安装了多芯的电缆,用以提供一个完整的点对点通信网络。在处理器和轨旁设备之间的实际接口是通过安全继电器来实现的,这些安全继电器在轨旁和现场设备之间提供完全的隔离。

4. 轨旁到控制中心

控制中心和轨旁区域之间的数据通信是通过一条光纤传输线(FOTL)广域网来实现的。轨旁可以为控制中心提供轨旁设备状态、轨道电路状态和进路信息。

5. 供电分配

ATC 供电分配子系统与电力监控(SCADA)子系统相接口,为控制中心提供用以指示故障的必要的报警。

6. 列车探测/车载信号系统

轨旁系统通过 AF-904 数字移频轨道电路为车载系统提供必要的速度命令和车门

命令，通过 TWC 提供进路和列车停靠信息。反过来，车载系统通过 TWC 给轨旁系统提供列车号和停靠信息。

7. 牵引电力子系统

轨旁可以从牵引电力子系统的分站接收列车前方的状态表示。如果牵引电力子系统不可用，列车就在无牵引力的情况下，在进入区域之前停车。

8. ATC 车载系统接口

(1)车门控制

ATC 车载系统提供一个到车门控制系统的接口。车门控制信号包括左车门使能、右车门使能和车门状态(开启或关闭)。

(2)制动系统

ATC 车载系统和制动系统之间的接口需要通过列车管，此接口包括脚踏闸(SB)、紧急制动(EB)和停车制动(PB)。

(3)推进系统

ATC 车载系统和推进系统之间的接口需要通过列车管，接口包括 P-wire 环线滑行模拟、上电模式、前进和后退。P-wire 环线提供了推进和制动的模拟量控制，从最大脚踏闸制动到全速推进。

(4)车辆通信系统（VCS)

和 VCS 的接口使用了一个半双工的串行通信连接，提供车站报告信息。

9. 紧急车站停车系统(ESS)

控制中心将紧急车站停车命令发送给 ESS 系统。当停车被启动，轨旁设备将一个表示返回给控制中心。

六、试 车 线

试车线装备有音频轨道电路、转辙机、带有 TWC 环线的模拟车站和一个完整的 ATC 模拟设施所需的正线上的设备。用于试车线的设备有：完成安全联锁控制逻辑和速度逻辑的 MicroLok Ⅱ型系统；完成列车检测和速度数据传输的 AF-904 轨道电路；检测道岔渡线的工频轨道电路；道岔转辙机；在渡线/道岔上传送速度数据的电缆环线；完成道岔操作与控制的安全继电器逻辑和所有其他必须的安全接口；模拟站台中用于 ATO 的 TWC 环线；完成非安全逻辑、轨道显示、进路或道岔的控制、列车地面通信(TWC)功能的非安全逻辑等效器(NVLE)；与其他子系统的接口。

所有的轨旁操作模式都可以在试车线上演示，包括：ATP 功能、ATP/ATO 的四种操作模式、在 ATO 方式下的双方向操作测试、通过轨条或 TWC 向列车发送速度码和其他信息、向列车发送运行等级信息及 ATO 的站内停车测试。所有的测试轨道操作都由 TWC 子系统用于实现与站台上的列车的双向通信，完成下列 ATO 功能：程序停车、运行图和时刻表调整、轨旁/列车数据交换、目的地和进路控制功能。TWC 与 NVLE 共同作用完成这些功能。控制中心控制且可由车辆段设备室本地控制。

第四节　ALSTOM ATC 系统

一、ALSTOM ATC 的总体结构

ALSTOM ATC 系统总体结构如图 3-18 所示。

ATC 系统由室内设备、室外设备、车载设备及 OCC 设备组成。

二、ATC 系统基本配置

一条线路划分为若干个 SECTOR 区，每个 SECTOR 区包括 2 ~4 个车站，车站按设备设置分为主设备站、CBI 站和无岔站三种。

1. 主设备站

主要的信号设备集中在 SECTOR 区的特殊车站，这些车站称为主设备站（MES）。每个 SECTOR 区包括 2、3 或 4 个车站及相关的站间轨道电路。一个主设备站包括轨道电路机架、SACEM 的 SECTOR 设备及车站 ATS 设备。还有信号机、转辙机、发车显示器 DI 和站台紧急按钮 PEP，由本站联锁设备控制。

2. CBI 站

有联锁设备和车站 ATS 的车站称为 CBI（计算机联锁）站。一个 CBI 车站包括轨道电路机架和车站 ATS 设备。还有信号机、转辙机、DI 和 PEP，由本站联锁设备控制。在每个 CBI 站及主设备站设有防雷架，用来保护与轨道设备相连的电缆。

3. 无岔站

没有道岔的车站称为无岔站。无岔站只有 DI 和 PEP，它们由控制无岔站的联锁设备远程控制，没有其他信号设备。

4. 试车线完全与正线分开

试车线包括一套 SACEM 的 SECTOR 设备、一个轨道电路机柜和测试车载 SACEM 功能所必需的信标。

三、主要设备

1. 控制中心 ATS

控制中心 ATS 提供线路管理所需要的所有功能，主要功能有：线路监督包括列车跟踪、定义任务和相应的时刻表、自动和人工排列进路、全线运行管理、报警管理、统计。

控制中心设有中央 ATS 设备，还包括 ATS 应用服务器（热冗余）、前端处理机（热冗余）、不同操作员的工作站（2 个调度员工作站、1 个主调度员工作站、1 个维护/工程工作站、1 个培训工作站）、全线视频显示屏、打印机及必要的通信设备。

应用服务器、前端处理器、操作员工作站和视频显示器通过双以太局域网(TCP/IP)交换数据。应用服务器执行控制中心 ATS 功能的处理。前端处理器执行与外部系统之间、与车站 ATS 及与车辆段 ATS 的通信。

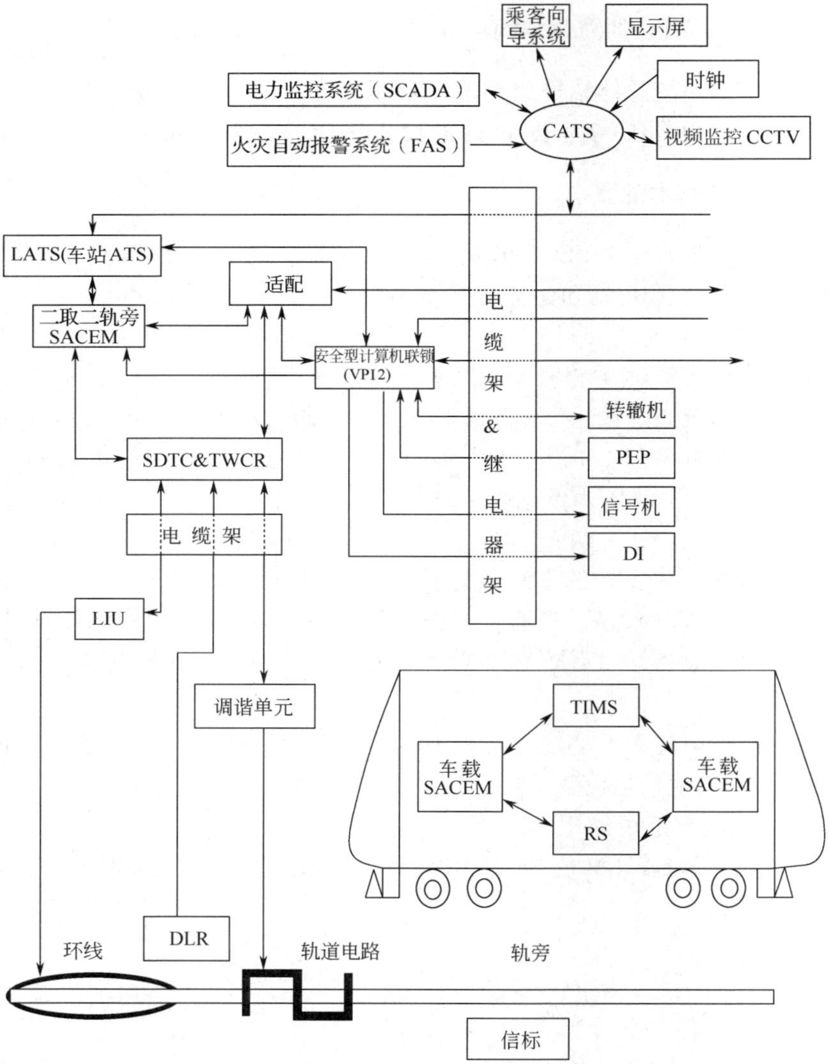

图 3-18　ALSTOM ATC 系统总体结构

VPI2—安全型计算机联锁;CCTV—视频监控;SCADA—电力监控系统;
FAS—火灾报警系统;SACEM—基于"目标距离原则"的 ATP/ATO 系统;LATS—车站 ATS;
SDTC&TWCR—数字轨道电路或 TWC 架;LIU—传输可愈环;TIMS—列车信息管理系统;
RS—车辆控制系统;DLR—TWC 信标;PEP—站台紧急按钮;DI—发车表示器

控制中心 ATS 与车站 ATS 通信以获得所有的数据信息，并把选定的调度员命令发送给信号设备。

ATS 监督属于 ATS 配置下的操作员工作站（OCC、主设备站、CBI 站）的状态、控制中心 ATS 应用服务器两个单元和 ATS 前端处理器两个单元的状态、每个车站 ATS 应用服务器和前端处理器的两个单元的状态、车辆段 ATS 前端处理器的状态、与外部系统的链接。

这些状态显示在控制中心的调度员工作台上（以报警和/或图形符号的形式）。

视频显示屏显示整个线路的视图，在显示屏上显示的设备状况与运行显示器上显示的一样，不能在显示屏上进行任何控制。在显示屏上显示的能活动的符号有：轨道电路、道岔、进路、信号机、站台紧急按钮、列车确认号、接触网状况、火灾报警。显示屏还用来显示 CCTV 系统提供的 CCTV 图像。

2. 车站 ATS

车站 ATS 的主要功能是：信号人工控制、自动排列进路、报警管理。车站 ATS 是建立在分散的处理器上的，它为其他信号子系统（SACEM、VPI2）与控制中心 ATS 接口提供了一个非常高的可用性。

每个 CBI 站和主设备站均设有一个冗余的车站 ATS 应用服务器和前端处理机、一个车站值班员工作站和必需的通信设备。车站 ATS 应用服务器、前端处理机、值班员工作站通过双以太局域网（TCP/IP）交换数据。

车站 ATS 服务器通过冗余的串行线与计算机联锁、本地 SACEM 轨旁设备相连，串行线通过串行连接开关自动连接到运行的计算机上。

每个车站 ATS 与本站的联锁设备和中央 ATS 进行通信。主要设备车站 ATS 系统同 SACEM 的 SECTOR 通信，所交换的数据包括进路管理、运行控制所需要的信息和轨旁设备的状态信息和维修数据。

3. 车辆段 ATS

车辆段 ATS 包括：一个非冗余的前端处理器（FEP）和两个操作员工作站。FEP 完成本地功能的处理，并且完成与外部系统的通信及与中心 ATS 的通信。操作员工作站是信息获得和显示设备。

4. SACEM

SACEM 系统是基于“目标距离原则”的 ATP/ATO 系统，是建立在分布在线路上的轨旁计算机和车载计算机基础上的。

每个轨旁计算机控制线路上一个区域内的列车，一个区域包括一个或几个车站，这个区域称之为一个 SACEM 区。为了保证连续不断地控制线路上的列车，相邻 SACEM 区的计算机也不断地交换信息。

轨旁 SACEM 系统管理相关的安全功能（ATP）和运行功能（ATO），包括：与联锁的接口、轨道描述和数据描述的安全信息、精确调整、主动的列车识别。

（1）SACEM 轨旁设备

SACEM 轨旁设备放置在主设备站的信号设备室中，称为 SECTOR 设备，它的作用相当于一个邮箱。它从联锁设备接收轨道状态（道岔、信号机和轨道电路）信息和站台紧急按钮 PEP 信息，从 ATS 接收运行调整命令。它发送给列车信息包括：按照进路地形图原理的轨道描述和轨道状态信息、从 ATS 接收到的运行调整命令、临时限速信息。它执行数据登录和维修数据，并将这些数据发送给 ATS。它从列车接收维修数据和 PTI 信息，并将它们发送给 ATS。它向相邻的 SACEM 的 SECTOR 设备传送已发送给列车的有关信息，使列车能越过其管界。

（2）SACEM 车载设备

SACEM 车载设备确保下列功能：列车定位、基于安全里程计加上轨旁信标；紧急制动控制，决定防护区域，并采取安全措施防止任何情况的危害。

每个驾驶室中都安装有一套 SACEM 车载设备。SACEM 车载设备通过接收线圈接收来自 SACEM 轨旁设备的信息，所接收的信息包括：进路地图、轨道状态、临时限速、运营调整指令，这些信息使得列车能够计算出前方下一个停车点或由于某些原因前方存在一列车或 PEP 启动、授权开门、列车自动运行、车站内精确停车、列车识别（PTI）、开门/关门命令、发车命令、事件记录和维修监督功能。SACEM 车载设备向 SACEM 轨旁设备发送维修数据和 PTI 信息，SACEM 车载设备与驾驶室显示单元 DDU 相连接，可向司机信息显示并采集来自司机的信息。SACEM 车载设备与机车控制台相链接，以选取驾驶模式并通知司机，将速度限制和实际速度在显示单元 DDU 上显示给司机，采集来自司机的信息。每个驾驶室设置一套冗余 ATP 系统。

SACEM 车载设备安装在每个驾驶室内，并与它的外围设备、天线、接收线圈及编码里程计相连接。车载计算机通过信标和它们之间的位移测量，能够使列车在轨道上定位。

ATP 系统控制紧急制动，它能够决定防护的位置，并且采取安全措施以防止当时情况下的任何危险。ATO 系统控制列车，它生成列车牵引和制动命令。TDMS 系统完成数据纪录、维修数据和 TIMS（列车信息管理系统）接口。

5. 数字轨道电路 DTC

数字轨道电路用来确保列车检测和地车的通信（在 SACEM 轨旁设备和列车之间连续不断地通信）。它实现安全性列车占用检查和断轨检测功能。

连续的地车通信提供给列车安全的编码信息，这些编码描述了轨道信息及道岔、信号机的状态、闭塞区间的信息，连续的地车通信还为 ATO 及运行间隔的调整传送非安全信息。

数字轨道电路与 SACEM 轨旁设备接口以实现地车的通信，它与 VPI2 设备接口以实现列车占用检测及地车通信的通信方向。

DTC 机架位于车站的信号设备室。室外设备有调谐单元及与其相连的“S”棒及箱盒。

6. 点式传输的信标系统

信标系统确保 SACEM 从车载到轨旁的通信,接收来自列车的维修数据和 PTI 信息。当列车驶过信标(即应答器),信标所收到的信息由相应的 SACEM 的 SECTOR 设备接收。当列车越过或停在信标上方时,特殊信标(称之为"初始化信标")允许列车初始化车载 SACEM 的位置。初始化结束后,列车的位置信息将由编码里程计测量位移来更新。在任何情况下,列车必须不时地重新定位,这是在列车驶过重定位信标时实现的。这些信标采用的是 EUROBALISE 类型的信标。

列车对轨道的传输使用 EUROBALISE 向下链接信标(TWC 信标)。列车通过信标时,TWC 信标接收的信息由相应的 SACEM 轨旁设备收集,它接收来自列车的维修数据和 PTI 信息。

①静态列车初始化信标(STIB)

STIB 信标位于线路中间,长 4 m ,黄色,位于每个站台的头部和折返信号机前方。STIB 信标主要用来对 SACEM 车载系统进行初始化。

②重定位信标(RB)

RB 信标位于线路中间,长 53 cm ,黄色,站台和区间都有。RB 信标主要为 SACEM 车载系统进行定位所用。

③移动列车初始化信标(MTIB)

MTIB 信标由两个 RB 组成,相隔 21 m ,只有区间有(一个区间一个)。MTIB 信标有三个作用:对 SACEM 车载系统进行初始化、列车定位、校准编码里程器。

7. 轨旁信号设备

轨旁信号设备还有阻抗棒等。

四、驾驶室内的设备

1. 上电开关

上电开关是二位开关(断开/接通),位于司机操作台上,司机可以用来给列车上电/断电,司机在离开列车前一定要将开关置于"OFF"挡。

2. 模式选择开关

模式选择开关是六位开关,位于司机操作台上,分别是:ATO、手动、向前限速、洗车、断开、向后限速。其中,ATO 和手动模式是驾驶模式,用于列车运营,其余四种是车辆模式。

3. 发车按钮

该按钮位于司机操作台上,用来发车。

4. 紧急制动按钮

该按钮位于司机操作台上,司机在紧急情况下可以按压该按钮使列车紧急制动。

5. 紧急制动复位按钮

一旦列车紧急制动恢复后,司机需要按压紧急制动复位按钮后才能重新驾驶列车运行。

6. 限速模式(RMO)按钮

如果司机要选择 RMO 驾驶模式,必须将模式选择开关拨到"CM"挡,并且按压限速模式按钮。

7. 速度表

速度表用来显示目标速度和实际速度,有两个指针,其中红色的指针指示目标速度,黄色指针指示实际速度。

8. 允许开左/右门灯

允许开左/右门灯分别位于司机操作台的左右两侧,用来提示司机开左门还是开右门。

9. 开左门按钮、关左门按钮

有两个开左门按钮和关左门按钮,分别位于司机操作台的左边和左侧门边上,用来开/关左门。

10. 开右门按钮、关右门按钮

有两个开右门按钮和关右门按钮,分别位于司机操作台的右边和右侧门边上,用来开/关右门。为了防止司机误动作司机操作台上的按钮,建议把操作台上的开/关、左/右门按钮盖住。

11. 门关好灯

当所有的车门都关好后,门关好灯亮灯。

12. 司机手柄

在非 ATO 驾驶模式下,司机用手柄来驾驶列车,共有四挡:牵引、惰行、制动、快速制动。

13. DDU

DDU 是个液晶显示屏,位于司机操作台上,用来将列车的驾驶信息显示给司机。

14. 蜂鸣器

蜂鸣器位于 DDU 上。当列车行驶速度接近速度限制点或超过警戒曲线或触发了紧急制动时,蜂鸣器鸣响;当停站时间即将结束时,蜂鸣器也鸣响,通知司机关门和发车。

15. ATP 主/备选择开关

该选择开关位于司机后方的机柜里,用来选择 ATP 主机工作或在主机故障的情况下选择备机工作。

16. ATP 隔离开关

ATP 隔离开关位于司机后方的机柜里,加铅封,用来切断 ATP 电源。

另外司机控制台上还有其他通信设备和车辆设备。

五、ATS 系统接口

ATS 系统与 VPI2、SACEM(ATP/ATO 轨旁设备)、SCADA、时钟、乘客向导、火灾报警、通信网络、车辆段联锁、CCTV 等外部子系统相连。

1. 与 VPI2 系统的接口

VPI2 和 ATS 子系统之间的连接位于 CBI 站和主设备站。在这些站,冗余的车站 ATS 服务器通过冗余的串行接口与 VPI2 设备相连。

ATS 子系统从 VPI2 系统接收信号设备的状态(如轨道电路、道岔、进路等)。

ATS 子系统向 VPI2 系统发送对信号设备的控制(如道岔、进路等),ATS 子系统还通过 VPI2 系统向发车指示器发送发车命令。

2. 与 SACEM 系统的接口

SACEM 子系统和 ATS 子系统之间的连接位于主设备站。在这些站,冗余的车站 ATS 服务器通过冗余的串行接口与 SACEM 设备相连。

ATS 子系统从 SACEM 子系统接收:每列车的列车标识(主动列车识别)、SACEM 车载和轨旁报警、参考时间请求。

ATS 系统向 SACEM 系统发送:调整命令(发车时间、到达时间、列车扣车、跳停)、PTI 初始化、参考时间。

3. 与 SCADA(电力监控)系统的接口

与 SCADA 系统的连接位于控制中心,控制中心 ATS 前端处理器(FEP)通过非冗余串行链路与 SCADA 系统连接。ATS 系统从 SCADA 系统接收接触网的状态,不向 SACEM 系统发送任何信息。

4. 与时钟系统的接口

与时钟系统的连接位于控制中心。控制中心 ATS 前端处理器(FEP)通过非冗余串行链路与时钟系统连接。ATS 系统从时钟系统周期性(每秒)的接收当前的日期和时间,不向时钟系统发送任何信息。

5. 与乘客向导系统的接口

与乘客向导系统(PIS)的连接位于控制中心。控制中心 ATS 前端处理器(FEP)通过非冗余串行链路与乘客向导系统连接。ATS 系统不从乘客向导系统接收任何信息,根据现行的时刻表发送真实的数据。

6. 与火灾报警系统的接口

与火灾报警系统(FAS)的连接位于 OCC。CATS 前端处理器(FEP)通过非冗余串行链路与火灾报警系统连接。ATS 系统从火灾报警系统接收车站内发生的火灾报警,不向火灾报警系统发送任何信息。

7. 与通信网络系统的接口

通信网络系统允许双向通信:控制中心 ATS 和每个车站 ATS 之间的通信、控制中心 ATS 和车辆段区域的通信。通过通信网络,使用点对点冗余的同步链接,使得 ATS 连在一起。

8. 与车辆段联锁系统的接口

车辆段联锁系统与 ATS 子系统之间的连接位于车辆段区域,车辆段 ATS 子系统从车辆段联锁系统接收轨道电路状态及出/入段信号机的状态,ATS 系统不向车辆段联锁系统发送任何信息。

9. 与 CCTV 系统的接口

ATS 与 CCTV 的连接位于 OCC。ATS 系统从 CCTV 接收 CCTV 图像信息,并显示在显示屏上,不向 CCTV 发送任何信息。

ATS 系统与外部系统之间的信息交换如图 3-19 所示。

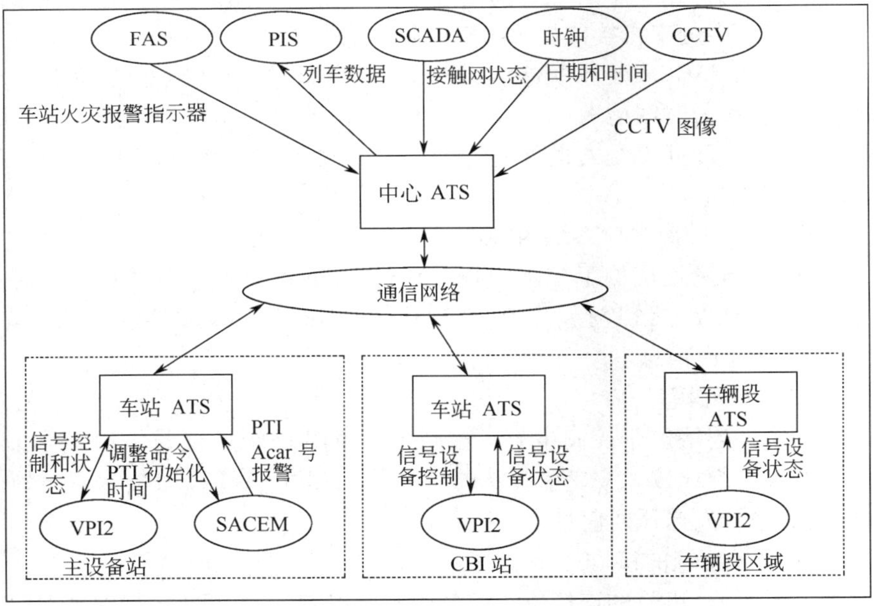

图 3-19　ATS 系统与外部系统之间的信息交换示意

第五节　国产化试验型准移动闭塞 ATP 系统

中国铁路通信信号集团有限公司研制开发出城市轨道交通国产化列车自动化(ATP)系统,是我国第一个城市轨道交通 ATP 信号系统。它采用本领域的国际领先技术，满足故障导向安全的要求，符合城市轨道交通系统的运用要求。

ATP 系统主要由区域控制中心、数字化无绝缘轨道电路和 ATP 车载设备构成。

一、系统技术要求

1. ATP 系统要满足城市轨道交通列车追踪间隔 2 min 的系统要求。

2. 适用于直流 1 500 V 的牵引接触网供电方式，以及直流 750 V 三轨供电方式的城市轨道交通系统。

3. 列车按机车速度信息显示人工驾驶运行，取消区间地面信号机。

4. 列控系统采用连续速度控制模式（一次速度控制），列车控制模式的生成采用以车载设备计算为主，地面信息为辅的混合控制方式。

5. 系统采用开放式体系结构、模块化设计，并预留与 ATS 和 ATO 系统的接口条件。

二、系统功能

1. 区域控制中心的主要功能

（1）实现区域控制范围内正线信号设备的联锁控制。

（2）通过数字轨道电路为区域控制范围内的运行列车提供超速防护控制信息。

（3）实现与 ATS 系统的结合。

（4）设置维护终端，提供系统监测功能。

2. ATP 车载设备的主要功能

（1）监督列车在任何情况下不超出车辆的构造速度。

（2）监督列车在任何情况下不超出线路的设计速度。

（3）监督并保证列车在停车点前停车。

（4）监督并保证列车在限速点前降到规定的速度。

（5）按照进路的情况，自动监督并保证列车的运行安全。

（6）防止列车错误退行。

（7）防止列车在移动中打开车门。

（8）列车停车时，防止司机或 ATO 错开车门。

（9）防止列车在站台停车时，没有停在规定范围内而打开车门（预留）。

三、区域控制中心

1. 系统结构

区域控制中心系统结构如图 3-20 所示。该系统分为三层结构，即操作控制层、主机处理层和输入/输出控制层。三层设备之间通过两层不同的网络连接，分别是系统网络和联锁总线。

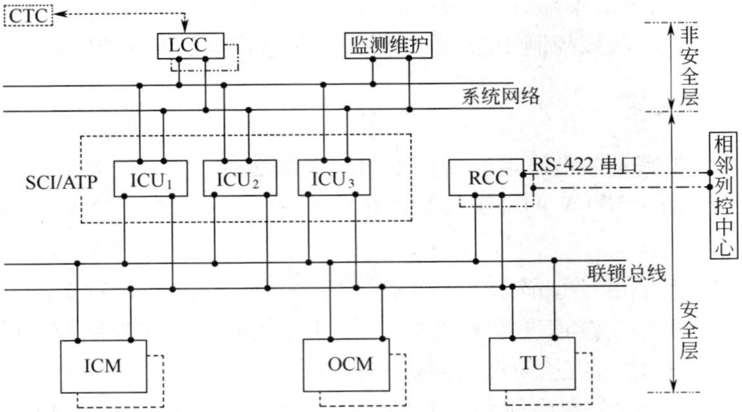

图 3-20 区域控制中心系统结构

CTC—集中控制中心；ATP—列车超速防护；LCC—本地控制台；RCC—远程通信控制器；ICU—联锁/ATP 控制单元；ICM—输入控制模板；SCI—计算机联锁；OCM—输出控制模板；TU—轨道电路控制单元

(1)操作控制层

该层配置工控主机。控制台采用双机热备，以提高系统操作可用性。监测维护设备为单机配置。操作控制层设备均通过冗余光纤通道连接系统网络。

(2)主机处理层

该层配置信号控制、专用三冗余主机系统，冗余主机通过冗余端口连接系统网络的主、备通道和联锁总线的主、备通道。

(3)输入/输出控制层

该层配置双板热备，无扰切换，双板均通过两个端口连接到联锁总线的主、备通道。

图中实线框与虚线框叠加代表双冗余配置，包括：ICM、OCM、RCC、TU 和 LCC。

系统分为非安全层和安全层。非安全层包括本地控制台(及 CTC)、监测维护和与之相关的系统网络通信。安全层包括：主机计算模块、输入/输出控制模块、控制远程通信模块、数字轨道电路单元，以及与之相关的网络通信和总线通信。系统的安全层和非安全层则以系统网络分界。

2. 硬件组成

区域控制中心硬件设备主要包括：ICU、ICM、OCM、远程通信控制模块 RCM，以及系统网络 Arcnet 和控制总线 CAN，通过控制总线首次实现了轨道电路的全数字通信接口。

(1)ICU 与三机冗余

系统控制主机由三个 ICU 组成，它们与系统网络和控制总线一起构成了系统的三重冗余结构。

ICU 采用 PC 兼容设计方法，应用 PC104 总线提供扩展接口，每个 ICU 模块可提供：双冗余的系统网络接口实现 ICU 计算模块间的同步数据通信，以及与操作控制台和监测机的网络通信；冗余的网络上传送相同的数据，保证通信的正常工作。

4 路控制总线接口，其中 2 路用于与智能输入/输出模块及远程通信控制模块的通信，另外 2 路专门用于与数字轨道电路的通信。冗余的总线上传送相同的数据，保证通信网络的正常工作，总线之间实现电气隔离。

ICU 同时具有上电复位、电源监测、手动复位功能，可实现带电插拔。

主机系统的三重冗余结构为松散耦合的方式，ICU 的采集、运算和输出都具有相对的独立性，冗余模块之间通过两层同步机制实现协调、统一。两层同步分别是控制总线上的系统同步信号和系统网络上的应用数据同步信息。

总线上的同步信号可以使冗余主机的输入和输出同步，从而保证采集信息的一致和输出信号的同步。

系统网络上的应用数据同步信息每周期交换一次，单机不一致，首先进行自诊断，故障时，报警并停止运算和控制，其他两台仍能正常工作；如诊断正常，在完成应用数据重构后，可重新投入工作；如果三机互不一致，则进入监测状态，停止输出。

（2）ICM

ICM 具有 32 路数字量采集通道，可实现对现场设备状态的采集，如信号机显示、道岔表示、轨道条件及其他继电器条件等，并将采集的结果上报 ICU。ICM 具有故障识别的功能，可以判断通道故障、短路、断路的情况，同时对采集的信号进行滤波处理，以保证向 ICU 报告正确的结果。ICM 为冗余配置，冗余 ICM 间可实现自动切换。ICM 的原理框图如图 3-21 所示。

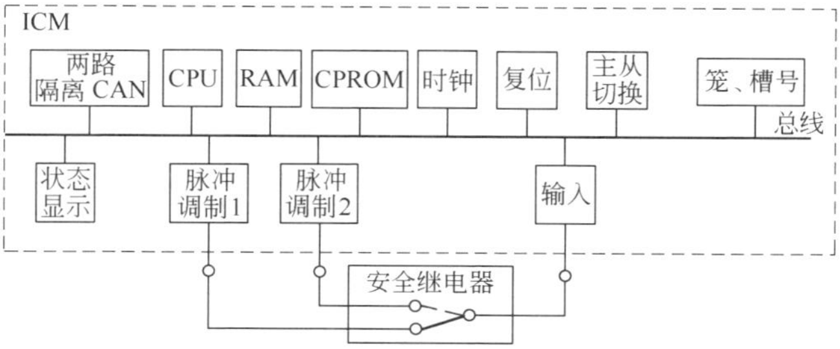

图 3-21　ICM 的原理框图

（3）OCM

OCM 具有 32 路数字量输出通道，它接收主机输出的控制指令，进行三取二表决之后，输出控制现场设备。OCM 保证在发生任何故障的时候导向安全侧。OCM 为冗余配置，冗余的 OCM 间可实现自动切换。OCM 的原理框图如图 3-22 所示。

（4）远程通信控制模块 RCM

RCM 主要完成 CAN 总线和 RS-422 通信的转换，以实现控制主机与相邻控制中心主机间的通信。其主要包括两路隔离的 CAN 网络和两路隔离的 RS-422 通信口。RCM

为冗余配置,冗余的 RCM 间可实现自动切换。RCM 的原理框图如图 3-23 所示。

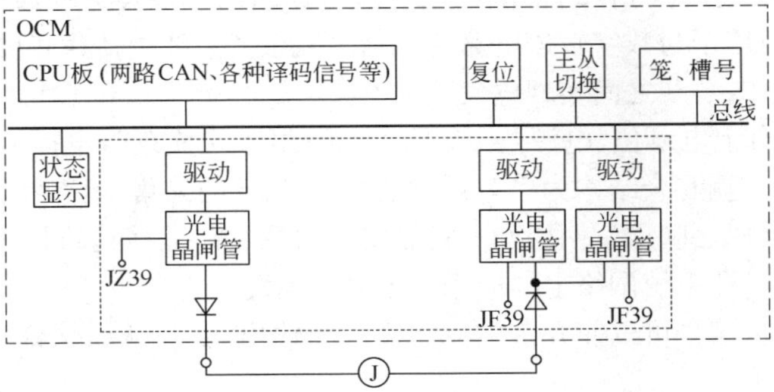

图 3-22　OCM 的原理框图

(5)系统网络 Arcnet

Arcnet 是三取二主机系统连接各冗余主机和操作层其他节点的实时通信网络,可实现:控制主机向操作层传递站场表示信息和报警信息;操作控制层向控制主机的控制命令传送;冗余主机间的大数据量通信,保持三机应用同步和数据一致性。

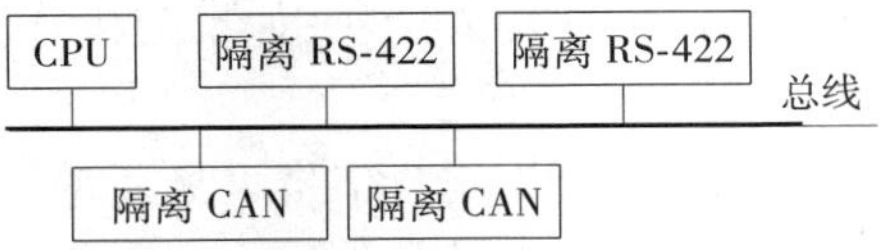

图 3-23　RCM 的原理框图

系统网络采用光纤作为通信介质,网络的通信速率可达 5 Mbit/s,节点数可达 255 个。

系统网络采用冗余配置,双通道上传送相同的数据,任意通道或节点的故障不会影响网络的正常通信。

(6)控制总线 CAN

CAN 是冗余主机系统与输入/输出模块、数字轨道电路单元、站间通信单元之间的通信通道,主要实现安全信息的采集和输出,以及冗余主机系统的同步指令传送。

系统控制总线采用 CAN 现场总线网,符合 ISO 11898 CAN Specification 2.0A 标准,是一种按优先级抢占式的总线网络,具有以下特点:支持多主结构;提供优先级控制,实时性强;具有很强的错误识别和处理能力;具有自动重发机制;支持点对点发送和广播发送功能。

为了确保实时性要求,人为避免数据的网上冲突,系统还增加了控制总线的信息传送时隙处理。

控制网络采用双绞线作为通信介质,最大通信速率可达 1 Mbit/s, 控制网络上至多可挂接 96 个节点。

(7)与轨道电路的数字接口

系统中控制主机与轨道电路之间设计提供了 1 对专用 CAN 总线,以实现控制主机与轨道电路之间的大信息量的数字通信。

本系统首次取消了轨道继电器，轨道占用检查状态由轨道电路单元通过 CAN 总线传送到主机 ICU 模块，轨道状态由联锁模块和 ATP 编码模块共享。

3. 软件系统

软件系统分为系统软件和应用软件两部分。

(1)系统软件

系统软件实现以下功能：系统资源的分配管理；对系统中的应用任务进行实时调度；三机同步和单机故障时的系统重构；与主机外部接口的输入/输出控制和通信。

系统软件定位在工业控制实时多任务操作系统的基础上，根据应用系统的特点进行二次开发。

(2)应用软件

应用软件完成联锁运算和 ATP 编码运算。

由于国内的计算机联锁系统已成熟运用，所以联锁应用软件没有必要重复开发，只需要进行软件的移植，本项目采用 DS6-11 系统联锁软件。ATP 编码软件为新开发的软件模块。

应用软件主要分为三部分，即：操作控制层控制管理软件、联锁/ATP 安全处理层控制软件、输入/输出层接口模块应用软件。

操作控制层控制管理软件包括：控制台人—机界面管理软件、维护监测管理软件和辅助设计工具软件。

联锁/ATP 安全处理层控制软件模块包括：系统初始化、联锁逻辑运算模块、ATP 编码运算模块、故障安全检查模块、输入/输出信息处理模块。

输入/输出层接口模块应用软件包括：实时采集、控制、故障检测与切换控制。

各软件功能模块间的联系如图 3-24 所示。

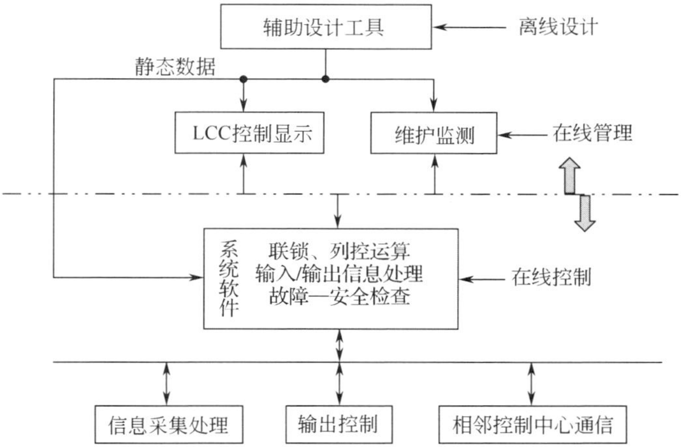

图 3-24　各软件功能模块间的联系

4. 系统安全

区域控制中心系统是车站控制的核心，其具有可靠性高、分散度强、可冗余配置的技术特色。

(1)冗余措施

①系统冗余

主机系统为三冗余结构。冗余主机之间在控制层进行三取二比较,以达到输出的一致性;执行层设备,包括输出模块 OCM 和轨道电路单元,在接收到三个冗余主机的命令后,需再进行三取二的比较,第二层比较既可对上一层的比较进行校核,同时也可达到滤除通信过程中的错误的目的。

②网络冗余

系统分两层网络:系统网络和控制总线。两层网络均为冗余配置,热备工作:每台主机有两个系统网络接口和 4 个控制总线端口;每个执行层设备上有两个控制总线接口;每个操作层设备上有两个系统网络接口。

系统可保证任意网络通道或节点故障,不会导致数据丢失,不会影响系统其他设备的正常工作;任意控制总线通道或总线节点故障,不会导致数据丢失,不会影响系统其他设备的正常工作。

③电源冗余

电源模块为特殊设计,功率大,稳定性好,均实现冗余配置,两个电源并联使用,均流运行,当其中一个故障时,另一个自动承担全部负载。

④ I/O 模块、远程通信模块、轨道电路单元接口冗余

各种 I/O 模块、通信模块以及轨道电路单元的接口模块均为冗余配置,冗余设备之间可实现无扰切换。

(2)分散隔离措施

系统实现了所有 I/O 模块的智能化,将控制有效地分散到各 I/O 模块,降低主机系统的负担,并且实现了板级运行状态检测和故障诊断。

采用现场总线技术取代传统的并行总线,使各输入/输出模块的故障被有效地隔离。

所有输入/输出模块均带有隔离电路,将通道上的干扰源拒之于系统之外,无需另配隔离器。

通道间也提供了隔离措施,清除由于现场电位差对系统造成的损坏。

(3)快速维修措施

①自诊断能力

系统的所有模板均带有 CPU,各板均周期性地进行自诊断。诊断包括:CPU、内存等自检,开关量输出的回读比较自检,网络上每秒进行的各节点的状态检测等。

②故障指示

系统中所有模板及主机上均有运行、故障网络通信和总线通信的指示灯,I/O 模块还有通道指示灯等。透过机柜玻璃门各模板运行状态一目了然。

③带电插拔功能

由于采用了特殊保护措施,系统中的主机板和所有模板均可带电拔插,对系统的运行不会产生任何影响。这就保证了系统在某些模板故障时,自动切换到备用板,维修人员可在不影响系统运行的情况实现故障维修。

(4)ATP 安全措施

本系统的应用软件除保留了原系统的故障—安全保证措施外，重点对新增加的 ATP 编码模块与系统的结合进行了分析，并软件编码上采取了安全防护措施，另外系统结构设计上充分考虑了新接入的数字轨道电路,也采取了相应的措施,以保证不降低原联锁系统的安全性,具体措施有:

①数字轨道电路与联锁 I/O 使用不同的总线通道,物理隔离,这样一方面可解决由于数字轨道电路的通信量较大而使通信周期紧张的矛盾;另一方面杜绝了总线上的数字轨道电路与联锁 I/O 数据之间可能产生的干扰或总线占用冲突。

②系统总体设计中已充分考虑了节点接入和断开对总线的影响,保证总线上任意节点故障不会影响总线的正常工作。

③数字轨道电路的总线资源占用,包括节点地址、通信时间段等,由系统统一分配,相互间不会产生冲突;数字轨道电路接收主机的同步指令和控制指令,对控制指令进行三取二表决，保证输出编码的正确性，当连续几个周期接收信息错误时，则导向安全编码输出;数字轨道电路通过总线向主机发送轨道电路占用信息和设备状态信息。数字轨道电路，由于轨道占用状态参与联锁和 ATP 编码运算，所以作为安全信息，其传输采用了应用编码冗余加传输校验的双重保护措施，并由系统软件接收处理后统一提供给联锁运算模块和 ATP 编码模块。

四、ATP 车载设备

1. ATP 车载设备的设计原则

(1)车载 ATP 系统以一次速度控制曲线模式为主要控制模式。

(2)车载 ATP 系统以地面固定信息的车载设备存储为主要方式。

(3)车载 ATP 设备响应时间小于 2 s。

(4)车载 ATP 设备按双机设计使用,正常情况下,两个系统是并行运行的,也可被配置成为任何一个系统单独运用。

(5)车载 ATP 设备采用开放式体系结构、模块化设计。同时根据车地间不同的信息传输方式,只要增加相应的信息处理模块就可以实现基于轨道电缆或无线传输的 ATP 系统。

(6)能适应交流、直流牵引。

(7)满足故障—安全原则。

(8)满足电磁兼容设计原则。

(9)预留 ATO 接口。

(10)车载 ATP 设备具有自检测、自诊断功能。

2. ATP 车载设备的主要功能

(1)司机的驾驶操作模式功能

操作模式是当列车和车载设备处于不同工作条件下,车载 ATP 设备所提供的不同的司机操作方式。车载 ATP 系统提供了三种运营操作的模式:ATP 人工驾驶模式(监控模式)、ATP 限速驾驶模式(限速模式)、切除模式。

正常情况下的列车运营都应在监控模式下进行,主要功能都是在这种模式下的实现的。监控模式具有两种子模式:人工正向驾驶和人工退行驾驶。

对于监控模式,一般在无有效地面信息或列车进出车辆段或地面设备故障时,由设备自动确定。这种模式只对列车进行一个固定的速度(20 km/h)监督,以及停车才能开门的监督;特殊情况下,列车处于监控模式时,在列车发生紧急制动后,或列车在速度低于 20 km/h,司机按压 RM 按钮时,也会转为限速模式。

采用切除模式是由司机确定的,一般在车载设备出现故障时采用,司机需记录后,将 ATP 车载设备切除;在此模式下,车载 ATP 系统与制动系统的接口被切除,切除后不影响列车的正常驾驶。

(2)地面信息的接收功能

ATP 车载设备接收由控制中心产生并经由数字轨道电路设备传输来的信息,完成信息的解调、安全校验及解码。该功能由地面信息接收板完成,并将解码完成的信息通过通信总线传送给主机系统,同时地面信息接收板还给出当列车经过两个相邻轨道电路的分界点时的过绝缘节信息,该信息使主机系统可以对走行距离进行矫正,消除测距过程中的累积误差。

车载接收板针对数字轨道电路 8 种载频进行接收处理,具体的解调原理与数字轨道电路的接收原理一样。

(3)测速测距功能

测速测距功能的实现是由主机板对来自光电速度传感器的信号进行计算处理来测量列车的实际运行速度和走行的距离,系统采用两个速度传感器,一个速度传感器提供三路频率信号,信号相位差 120°;另一个速度传感器提供两路信号,一路用于 ATP 测速,一路用于 ATP 关机时,人—机接口自行测速。

测速测距产生的速度和距离信息以及运行方向,除了要用于对列车速度进行监督以外,还要通过 CAN 通信口,传给人—机接口子系统用于显示。

(4)速度—距离监督曲线的计算

速度—距离监督曲线是由车载 ATP 设备生成的用于保证列车安全运行的一条列

车速度与距离互为变量的函数曲线，计算过程为：

①通过地面信息的解码，得到前方的停车点或限速点（目标点）。

②车载设备根据列车当前的位置可以计算出前方停车点或限速点的实际距离，并以此点为基点，从车载设备存储的固定信息里，提取出这段距离的坡道值、曲率值、线路的最高限速，结合车载设备存储的列车性能参数，如：制动率、空走时间、列车阻力、旋转质量系数等，利用公式计算出列车当前位置到目标点的速度—距离监督曲线。

③当存在多个目标点时，对每个目标点都要进行计算，采用速度最限制的一个作为控制的依据。

(5)列车车门的安全防护功能

当列车在移动时如果检测到车门已打开，则 ATP 设备应给出制动命令。输入/输出子系统的开左门、开右门命令的硬件执行电路是故障—安全的，即当电路发生故障时，能够保证输出禁止开门命令，并关断安全输出控制，从而切断输出电路的电源，保证安全。

在监控模式下，当列车停稳并且停在站台上时，主机系统才能给出打开相应站台侧车门的命令，站台在哪一侧是由存储在车载设备中的固定数据和地面信息中得到的。

在限速模式下，只要列车速度为 0 km/h，就可以打开车门。

(6)列车制动的控制功能

目前系统提供的制动接口有两个：紧急制动和全常用制动。

列车发生超速时，首先实施全常用制动，全常用制动比紧急制动小一个固定值 3 km/h；列车速度低于限速时，自动缓解。

在列车超速后全常用制动未能起到应有的效果，或在不允许打开车门时候车门被打开时施行紧急制动。列车速度为 0 km/h 且 2 s 后自动缓解。

(7)人—机交互功能。

车载设备通过人—机接口提供了与司机和检修人员交互接口，司机可以通过相应的菜单界面输入司机编号、车次编号和终点编号等信息。

检修人员在输入密码并通过密码验证之后，可在触摸屏上输入日期、时间、轮径、车辆标识等数据。

(8)运行信息的记录及管理功能

ATP 车载设备通过记录板，能够完成对列车运营整个过程信息的记录，主要包括：

①ATP 设备工作状况记录功能

通过与 ATP 车载设备的各种输入/输出接口和通信总线相联系，记录 ATP 车载设备的工作过程，可以分析 ATP 设备设备的工作状况。

②司机驾驶状况记录功能

通过与司机的驾驶操作设备的接口，对司机的驾驶过程进行记录。

③ATO 设备工作状况记录功能

通过与 ATO 设备的各种输入/输出接口和通信总线相联系，记录 ATO 的工作过程，可以分析 ATO 设备的工作状况。

④列车运行情况详细记录功能

通过与列车设备的接口，对列车的运行情况进行记录。

记录板记录的信息和数据通过转储设备，可以由地面的信息管理系统进行分析和处理并可以打印出相应的报表。

3. ATP 车载设备的组成

ATP 车载设备的安装示意如图 3-25 所示，共包括四个相对独立的部分：车载主机系统；MMI（人—机接口）；测速传感器；ATP 天线。

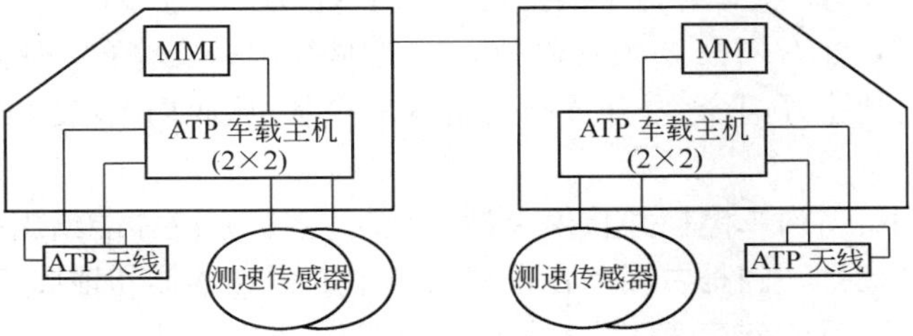

图 3-25　ATP 车载设备的安装示意

车载设备主机安装在驾驶室后的电气设备控制柜里，MMI 设备安装在司机操控台上，测速传感器安装在不同转向架上，并且位于车辆的两侧，ATP 天线安装在列车的第一轮对的前方。

4. 系统故障—安全

ATP 车载设备是保障安全的设备，因此其必须遵循故障—安全的设计方法，ATP 车载设备通过合理的系统结构和安全保障措施来保证系统的安全，任何影响安全性的功能失效均使系统转到一种已知的安全状态。ATP 车载设备在故障安全设计时，遵循如下设计原则：闭环原则；动态原则；冗余原则；高可靠原则。

系统采取的一些具体的保障系统故障—安全的措施有：

①采用双 CPU 构成的主从式处理结构，能够有效地防止由于 CPU 结构复杂，无法采取等效的故障模式分析，而引起的故障不确定性。

②多级校核，设备的输入/输出采取多级校核，在输出前进行校核，输出后进行检查校核。

③对设备的输入接口进行动态检查，防止由于接口电路的故障，引起输入信号采集的错误。

④采用安全电源控制输出，对于关键的输出信号如紧急制动、左右门控均采用安全电源控制输出，一旦发生故障可以切断输出，保证安全。

⑤软件设计过程严格按照软件工程规范进行。

⑥软件设计采用模块化设计，遵循高内聚、低耦合的原则。

⑦尽量减少 CPU 的利用率，使其具有足够的余量。

⑧增加系统通信校验，保障通信安全。

第六节　基于轨道电路的 ATC 系统维护

基于轨道电路的 ATC 系统有多种，它们的组成各有区别，但是维护事项大同小异。这里以西门子的 ATC 系统为例，介绍基于轨道电路的 ATC 系统的维护。

一、系统维护

系统的维护是通过有计划的检修活动，维持或改善系统的正常运行，以充分发挥系统的效能。城市轨道交通不像铁路，没有全国统一的维护规则，均由各地自行规定。这里以南京地铁公司的《信号维修保养规程》为例，介绍基于轨道电路的 ATC 系统的维护。

南京地铁公司的《信号维修保养规程》日常保养、二级保养、小修、中修四个修程。

1. 日常保养

日常保养是平时每日进行的保养工作。主要工作内容：

(1)检查机柜、机柱、基础是否稳固，安装是否完好，有无破损。

(2)检查箱体、盒、盘、柜有无破损，密封是否良好，有无破损、漏水。

(3)检查各种指示灯、仪表指示是否正常。

(4)检查设备运行是否正常。

(5)检查各种紧固件、螺丝是否紧固。

(6)设备外部清洁。

2. 二级保养

二级保养是每月或每季定期进行的保养工作。主要工作内容：

(1)同日常保养全部内容。

(2)开箱、开盒检查，测试工作电压、电流等是否正常。

(3)检查杆件、紧固件、螺丝是否松动。

(4)检查配线、连线是否良好，有无松脱。

(5)调整动作部件动作是否良好。

(6)检查表示、显示是否正常。

(7)各部件检查、清洁、紧固。

(8)进行设备功能测试，动作、运行正常。

(9)更换不良部件。

(10)涂油、防锈、整修。

(11)清洁、注油。

3. 小修

小修是按年度进行的修理工作。主要工作内容:

(1)同二级保养全部内容。

(2)修复、更换不良部件。

(3)系统测试、试验。

4. 中修

中修是一般每五年进行的修理工作。主要工作内容:

(1)同小修和二级保养全部内容。

(2)更换局部性能不良的信号电缆。

(3)检查各部配线,对不符合要求的进行整理或更换。

(4)电缆沟整治处理。

(5)变压器箱盖、转辙机盖加装支撑架;更换破损、裂纹、锈蚀的箱、盒及基础,箱、盒整正,基础硬面化。

(6)更换各种到期的轮修器材和器件;更换应淘汰的设备。

(7)检查、整治防雷接地装置及防雷元件。

(8)油饰,书写编号和符号。

(9)熔丝管粘贴(涂刷)白色背景。

(10)对各种设备的电气性能、机械性能进行测试和调整。

(11)核对和修订室内外图纸、图板。

二、信号设备检修内容

西门子基于轨道电路的 ATC 系统的修程、检修工作内容和周期见表 3-1。

表 3-1 西门子基于轨道电路的 ATC 系统的修程、检修工作内容和周期

序号	设备名称	修　程	检修工作内容	周期
1	LCP 盘 试车线控制盘	日常保养	(1)访问操作员,了解使用状况、及时处理不良部件	每日
			(2)设备外观状态检查	
		二级保养	(1)卫生清扫	每季
			(2)连接件紧固检查	
			(3)电缆沟槽检查,防鼠、防火措施检查	
			(4)按钮检查、试验	
			(5)配线检查	
			(6)设限、消限检查(仅限联锁站)	

续上表

序号	设备名称	修　程	检修工作内容	周期
2	SUN 工作站 FALKO S&D 电源监控计算机	日常保养	(1)用户访问	每日
			(2)设备运行状态检查	
		二级保养	(1)计算机、显示器外部检查	每季
			(2)显示器功能检查	
			(3)键盘、鼠标功能检查和清洁	
			(4)散热风扇功能检查	
			(5)紧固各部件螺丝	
			(6)电源及网线检查	
			(7)计算机重启检查	
		小修	主机内部清洁	每年
3	不间断电源	二级保养	(1)设备控制面板显示检查	每季
			(2)旁路试验、断电试验	
			(3)风扇转动检查,配线端子紧固检查	
		小修	(1)全面清洁内部部件	每年
			(2)紧固所有连接件	
			(3)全面检查各部件	
4	蓄电池	二级保养	(1)配线端子紧固、配线检查	每年
			(2)单元电压测试	
			(3)放电测试	
5	轨旁 ATP 柜 PTI/SIC 柜 SLC 柜	日常保养	检查设备运行状态	每日
		二级保养	(1)各板块工作状况检查	每季
			(2)设备卫生清洁	
			(3)插接件牢固检查	
			(4)螺丝紧固检查	
			(5)风扇检查	
			(6)标志及设备铭牌检查	
			(7)防尘检查	
			(8)地线检查	
		小修	(1)风扇检查	每年
			(2)切换实验	
			(3)板件检查	

续上表

序号	设备名称	修　程	检修工作内容	周期
6	PTI 环线及轨旁盒、PTI 信标	小修	(1)环线外观及形状检查	每年
			(2)导线、防护管检查	
			(3)箱盒外观及内部防潮、防湿检查	
			(4)各部紧固件(含绑扎带)检查	
			(5)各部螺丝紧固	
			(6)箱盒密封及铭牌检查	
			(7)箱盒各部件防锈	
7	同步环线及轨旁盒	小修	(1)环线外观及形状检查	每年
			(2)箱盒外观及内部防潮、防湿检查	
			(3)导线、引接线、防护管、接地线检查	
			(4)各紧固件(轨底夹、轨枕夹、夹钉、绑扎带)检查	
			(5)各部螺丝紧固	
			(6)箱盒密封及铭牌检查	
			(7)环线电流测试	
			(8)箱盒各部件除锈、防锈处理,箱盒编号	
8	RTU PCU FEP	日常保养	检查各模块显示是否正常	每周
		二级保养	(1)各插卡板插接是否松动	每季
			(2)各接口接头是否松	
			(3)SITOP 电源输入、输出检查	
			(4)风扇检查	
			(5)局部面板显示灯泡检查	
			(6)主、备组件的切换操作	
			(7)外表清洁除尘	
		小修	设备部件清洁(含风扇清扫)	每年
9	背投	日常保养	(1)检查控制 PC 和各模块显示是否正常	每周
			(2)访问用户	
		二级保养	(1)清洁设备上的灰尘	每季
			(2)检查设备上的模块是否松动	
			(3)各接口接头是否松脱,紧固接插件及螺丝	
			(4)电缆安装是否稳固	
			(5)地线检查	
		小修	更换灯泡	每年

续上表

序号	设备名称	修　程	检修工作内容	周期
10	打印机	二级保养	(1)检查各指示灯是否正常	每季
			(2)打印效果检查	
			(3)检查各功能是否正常	
			(4)紧固连接件	
11	地线箱、地线母排	小修	(1)检查安置装置,检查螺丝是否紧固	每年
			(2)地线测试	
12	紧急停车按钮	二级保养	(1)机械特性检查,功能试验	每季
			(2)配线检查	
			(3)防潮、防尘检查	
			(4)LCP 盘、LOW 表示一致性检查	
13	无人折返按钮	二级保养	(1)机械特性检查,功能试验	每季
			(2)配线检查	
			(3)防潮、防尘检查	
14	PIS、DTI 控制机柜	二级保养	(1)检查各部分功能是否正常	每季
			(2)机柜内、外部清洁	
			(3)计算机过滤网清洁	
			(4)检查安置装置,检查螺丝是否紧固	
			(5)地线检查	
			(6)机柜风扇、计算机风扇检查	
			(7)UPS 功能检查,外部清洁	
		小修	(1)电源、电缆检查	每年
			(2)计算机内部除尘	
			(3)UPS 内部除尘	
15	蓄电池在线监测设备	日常保养	(1)查看监控单元信息	每日
			(2)检查模块指示灯	
16	车载 MMI	日常保养	(1)打开钥匙,MMI 显示清晰,有 RM、车辆段图标,表面无划痕	每日
			(2)MMI 界面操作反应快,列车车体号正确	
		二级保养	(1)清洁、检查 MMI 外表及固定螺栓	每季
			(2)检查 MMI 显示	
			(3)检查 MMI 操作	
			(4)检查 MMI 背部电源和数据插头是否完好,无松动	

续上表

序号	设备名称	修　程	检修工作内容	周期
16	车载 MMI	小修	(1)清洁、检查 MMI 背部、外表及防锈处理	每年
			(2)检查 MMI 背部连接电缆	
			(3)检查 MMI 显示及操作	
17	车载 ATC 机柜	日常保养	(1)各模块灯显示正确,风扇工作绿灯亮 PTI KI2 上红灯亮	每日
			(2)模块前面板安装螺丝无松动	
			(3)各数据插头安装牢固	
			(4)滚条安装螺丝紧固	
			(5)接地线安装螺丝紧固,屏蔽线卡子卡紧	
			(6)读取、删除故障信息和紧急制动信息	
			(7)连接 ATO 数据接口是否正常	
			(8)车载 ATC 柜和电器柜门锁闭作用良好	
		二级保养	(1)检查设备柜门、锁及柜内设备	每月
			(2)检查设备柜内各模块及前插板	
			(3)检查分线盘连接电缆及地线、屏蔽线及其他连接电缆	
			(4)清洁设备柜内各模块及前插板,及分线柜连接电缆及地线、屏蔽线及其他连接电缆表面	
			(5)检查设备工作状态	
			(6)检查 FRIT 模块连接线是否正常,测量电压是否正常,检查 FRIT 模块有无异状	
		小修	(1)检查设备柜门、锁及设备柜内设备	每年
			(2)检查设备柜内各模块及前插板	
			(3) ATP 板件、ATO 板件、风扇内部清洁并做防锈处理	
			(4)检查分线盘连接电缆及地线、屏蔽线及其他连接电缆	
			(5)清洁设备柜内各模块及前插板,及分线盘连接电缆、地线、屏蔽线及其他连接电缆表面	
			(6)清洁、检查风扇	
			(7)检查电源	

续上表

<table>
<tr><th>序号</th><th>设备名称</th><th>修　程</th><th colspan="2">检修工作内容</th><th>周期</th></tr>
<tr><td rowspan="28">17</td><td rowspan="28">车载 ATC 机柜</td><td rowspan="28">小修</td><td colspan="2">(8)检查 ATP 辅助天线及 ATP 天线阻值</td><td rowspan="28">每年</td></tr>
<tr><td colspan="2">(9)检查设备工作状态</td></tr>
<tr><td colspan="2">(10)检查轮径值、车辆最大速度、故障等级</td></tr>
<tr><td rowspan="6">(11)ATP 测试</td><td>①“Key and Contact Switch”</td></tr>
<tr><td>②“Determination of speed”</td></tr>
<tr><td>③“ATP-receive”</td></tr>
<tr><td>④“Emergency brake and error”</td></tr>
<tr><td>⑤“Door disturbance”</td></tr>
<tr><td>⑥“ATO-release”</td></tr>
<tr><td rowspan="9">(12)ATO 测试</td><td>①ATO 输出“ATO-mode”</td></tr>
<tr><td>②ATO 输出“Doors right”</td></tr>
<tr><td>③ATO 输出“Doors left”</td></tr>
<tr><td>④ATO 输出“train reversal operation”</td></tr>
<tr><td>⑤ATO 输出“Lamp ATO StartButton”</td></tr>
<tr><td>⑥ATO 输出“Lamp AR Button”</td></tr>
<tr><td>⑦ATO 输出“driving”</td></tr>
<tr><td>⑧ATO 输出“braking”</td></tr>
<tr><td>⑨ATO 输出“analog output”</td></tr>
<tr><td rowspan="4">(13)RM 模式下的测试</td><td>①RM 模式下的超速与报警测试</td></tr>
<tr><td>②RM 模式下强行开门按钮的测试</td></tr>
<tr><td>③RM 模式下，接收到 LZB 报文后由于列车退行导致的紧急制动</td></tr>
<tr><td>④RM 模式下警惕按钮的检查</td></tr>
<tr><td rowspan="3">(14)SM 模式下的测试</td><td>①SM 模式下的超速与报警测试</td></tr>
<tr><td>②SM 模式列车停在预期的停车窗外时的车门释放</td></tr>
<tr><td>③SM 模式列车停在预期的停车窗外内的车门释放</td></tr>
</table>

续上表

序号	设备名称	修　程	检修工作内容		周期
17	车载 ATC 机柜	小修	(14)SM 模式下的测试	④在停车点处由于侵入速度曲线而导致的紧急制动	每年
				⑤SM 模式下警惕按钮的检查	
				⑥SM 模式下在车门解锁情况下发车	
			(15)ATO 模式下的测试	①ATO 模式条件的测试	
				②驾驶模式的转换(RM-SM-ATO-SM)	
				③停稳时的列车折返作业	
				④SM 模式下的列车折返作业	
				⑤ATO 模式下的列车折返作业	
				⑥无人折返(DTRO)	
			(16)PTI 测试	PTI 数据传输(静止、移动)	
18	ATP 天线	日常保养	(1)检查 ATP 天线固定螺栓防松标记		每日
			(2)检查 ATP 天线连接电缆及接头		
		二级保养	(1)检查 ATP 天线固定螺栓		每月
			(2)检查 ATP 天线连接电缆及接头		
			(3)清洁、检查 ATP 天线外表		
		小修	(1)ATP 天线固定螺栓、连接头、紧固件状态		每年
			(2)ATP 天线清扫、清洁及老伤裂纹检查		
			(3)ATP 天线功能测试		
19	PTI 天线	日常保养	(1)检查 PTI 天线固定螺栓		每日
			(2)检查 PTI 天线连接电缆及接头		
		二级保养	(1)检查 PTI 天线固定螺栓		每月
			(2)检查 PTI 天线连接电缆及接头		
			(3)清洁、检查 ATP 天线外表		
		小修	(1)PTI 天线固定螺栓、连接头、紧固件状态检查		每年
			(2)PTI 天线清扫、清洁及老伤裂纹检查		
			(3)PTI 天线功能测试		
20	OPG	日常保养	(1)检查 OPG 固定螺栓		每日
			(2)检查 OPG 连接电缆及接头		

续上表

序号	设备名称	修　程	检修工作内容	周期
20	OPG	二级保养	(1)检查 OPG 固定螺栓	每月
			(2)检查 OPG 连接电缆及接头	
			(3)清洁、检查 OPG 外表	
		小修	(1)OPG 天线固定螺栓,连接头、紧固件状态检查,检查 OPG 销子和舌片有无磨损	每年
			(2)OPG 天线清扫、清洁及老伤裂纹检查	
			(3)OPG 天线功能测试	
			(4)更换 OPG 销子	3 年

第四章

CBTC 系统

第一节　CBTC 系统概述

一、CBTC

CBTC(Communication Based Train Control,简称 CBTC)系统是基于通信的列车控制系统,它采用感应通信或无线通信技术,实现了车地间双向、大容量的信息传输,构成新型列车控制系统,是实现移动闭塞制式的最佳技术手段。

CBTC 综合利用 3C[计算机技术(Computer)、通信技术(Communication)和控制技术(Control)]技术代替轨道电路,在真正意义上实现了列车运行的闭环控制。采用感应通信或无线通信可以达到连续通信的目的,能够提供连续的列车安全间隔保证和超速防护,在列车控制中具有更好的精确性和更大的灵活性,并能更快地检测到故障点。而且,移动闭塞可以根据列车的实际速度和相对速度来调整闭塞分区的长度,尽可能缩小列车运行间隔,提高行车密度。此外,这种系统与传统系统相比将大大减少沿线设备,安装维修方便,有利于降低运营成本。

CBTC 系统的基本特点是列车与地面之间有各种类型的无线双向通信。

CBTC 是一种采用先进的通信、计算机技术,连续控制、监测列车运行的移动闭塞方式的列车控制系统,是基于"通信"的移动闭塞,该系统的使用代表着目前世界上列车运行控制系统的发展趋势,是近年来国际、国内城市轨道交通领域认可采用的一种闭塞方式。它摆脱了用轨道电路判别列车对闭塞分区占用与否的检查,突破了固定(或准移动)闭塞的局限性。较以往系统具有更大的优越性,具体体现如下:

①实现列车与轨旁设备实时双向通信且信息量大。

②可减少轨旁设备,便于安装维修,有利于紧急状态下利用线路作为人员疏散的通道,有利于降低系统全寿命周期内的运营成本。

③便于缩短列车编组、高密度运行,可以缩短站台长度和端站尾轨长度,提高服务质量,降低土建工程投资;实现线路列车双向运行而不增加地面设备,有利于线路故障或特殊需要时的反向运行控制。

④可适应各种类型、各种车速的列车,由于移动闭塞系统基本克服了准移动闭塞和固定闭塞系统地对车信息跳变的缺点,从而提高了列车运行的平稳性,增加了乘客的舒

适度。

⑤可以实现节能控制、优化列车运行统计处理、缩短运行时分等多目标控制。

⑥移动闭塞系统，尤其是采用高速数据传输方式的系统，将带来信息利用的增值和功能的扩展，有利于现代化水平的提高。

⑦确立“信号通过通信”的新理念，使列车与地面（轨旁）紧密结合、整体处理，改变以往车地相互隔离、以车为主的状态。这意味着车地通信采用统一标准协议后，就有可能实现不同线路间不同类型列车的联通联运。所谓联通联运对于信号系统而言，主要是指某系统的地面设备可以与另一系统的地面设备互联、系统的车载设备可以与另一系统的地面设备协同工作、同一列车首尾的不同厂家的车载设备可以在同一线路上实施列车运行控制。

⑧由于移动闭塞系统具有很高的实时性和响应性的要求，因此，其对系统的完整性要求高于其他制式的闭塞方式，系统的可靠性也应具有更高要求。

⑨系统传输的可靠性和安全性是系统关注的核心，尤其是对利用自由空间波传输信息的基于无线的移动闭塞系统其可靠性和安全性的要求更高。

CBTC 有基于轨间电缆和基于无线通信两大类。

二、基于轨间电缆的 CBTC

1. 系统结构

这类 ATC 系统主要由控制中心设备、轨间传输电缆及车载设备组成，采用轨间电缆的 ATC 系统构成如图 4-1 所示。

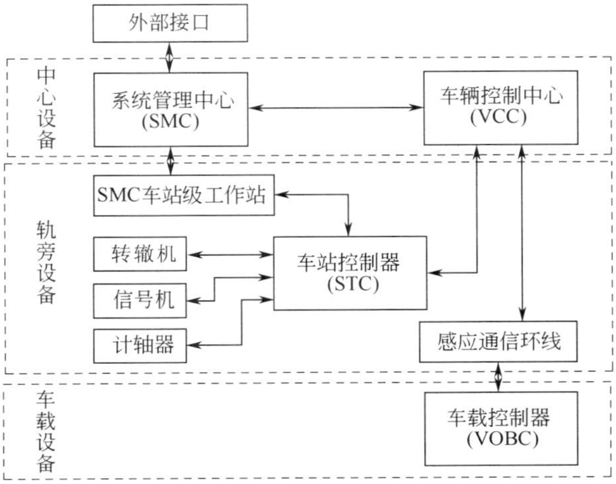

图 4-1　采用轨间电缆的 ATC 系统构成

采用轨间电缆超速防护系统的室内、室外设备联系用两级控制方式来实现，即控制中心与若干个沿线设置的中继器相连，一个中继器最多可连接 128 个轨间电缆环路，在控制中心与敷设在轨间的电缆之间的信息交换将在中继器内进行中间变换（频率变换、电平变换、功率放大等），轨间电缆的 ATC 系统的两级控制如图 4-2 所示。

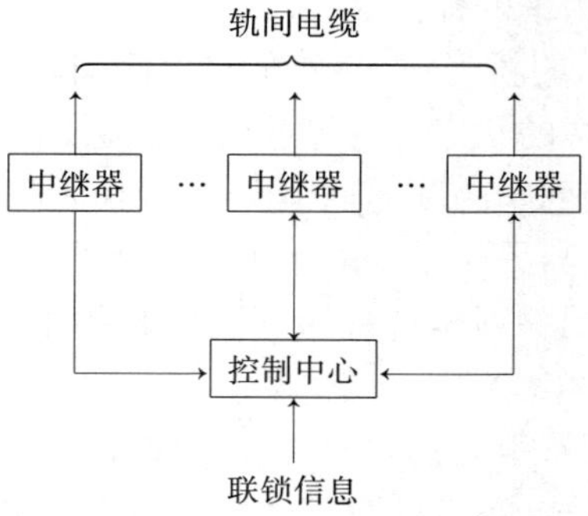

图 4-2　轨间电缆的 ATC 系统的两级控制

（1）轨间电缆

在这类连续式超速防护系统中，轨间电缆是车地之间的唯一信息通道。为了抗牵引电流的干扰以及实现列车定位，轨间电缆每隔一定距离（例如每隔 25 m）作一交叉，轨间电缆的交叉配置如图 4-3 所示。

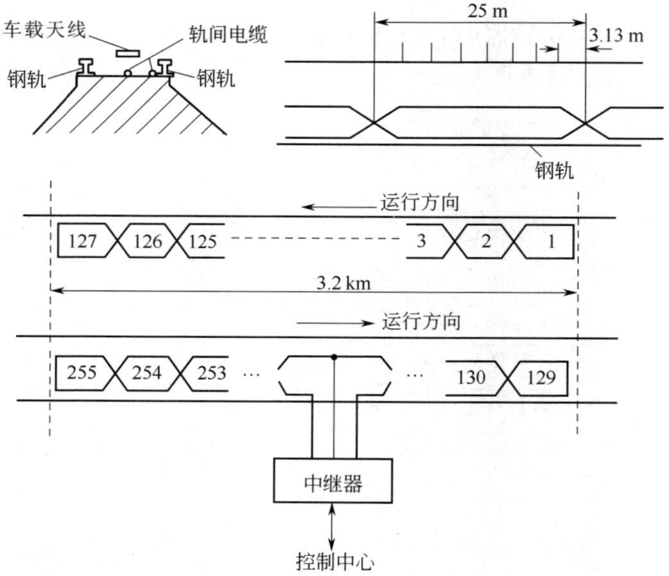

图 4-3　轨间电缆的交叉配置

一个中继器最多可控制 128 个电缆环路，所以一个中继器的最大控制距离为 3 200 m。

利用轨间电缆的交叉配置即可实现列车定位。例如在图 4-3 所示情况下，可用 14 位电码的约定结构来表示列车的地址信息，用于列车定位的地址码如图 4-4 所示。

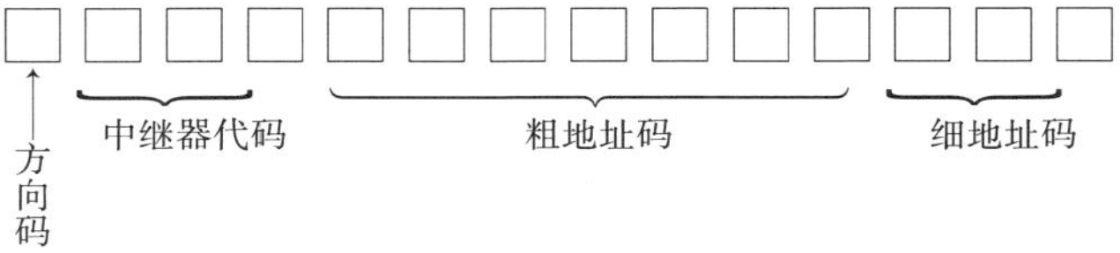

图 4-4　用于列车定位的地址码

其中最高位为列车运行方向码，第 11 ~ 13 位为相应中继器的代码，第 4 ~ 12 位为粗地址码，表明列车处于哪一个电缆环路。每当列车驶过一个电缆交叉点，利用信号极性的变化引发粗地址码的末位码加 1。第 1 ~ 3 位表示细地址码，列车每驶过 25 × (1/8) = 3.15 m 细地址的末位码加 1。通过这种事先约定的电码结构。列车定位地址码解码后即可知道列车所在的确切位置。

(2) 中继器

中继器是控制中心与轨间电缆之间的中间环节，它的功能是把控制中心的命令通过轨间电缆传给列车，将列车信息传到控制中心。来自控制中心的信息是数字频率调制信号，传输速率是 1 200 bit/s。在中继器内进行频率变换、功率放大(20 W 以上)，然后接向轨间电缆。信息的传输通常采用脉码调制方式，也有的采用脉幅调制方式，更多的是采用频移键控方式。中继器结构如图 4-5 所示。

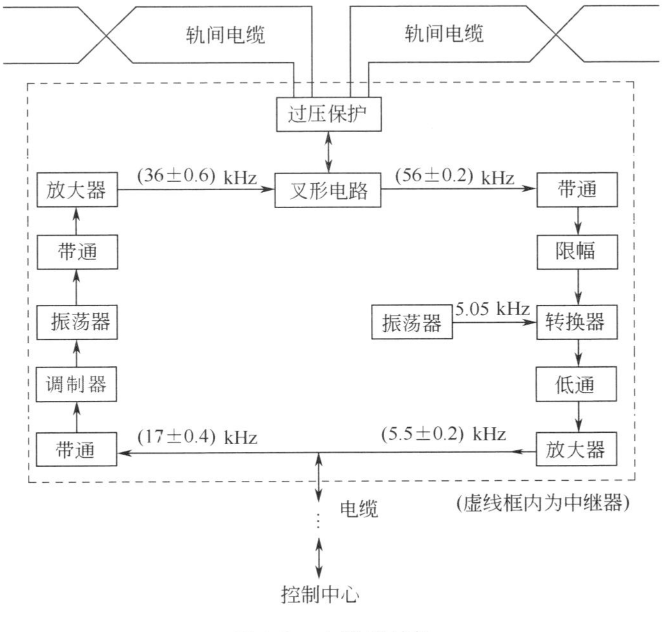

图 4-5　中继器结构

图 4-5 采用 FSK 数据传输方式，从控制中心向轨间电缆采用频率（36 ±0.2）kHz；从轨间电缆向控制中心则以频率（56 ±0.2）kHz，在同一电缆中传输。

（3）车载设备

车载设备包括接收天线、车载计算机、发送及接收电路、操作及指示盘、与制动机的接口、路程脉冲发生器等。

2. 基本原理

在控制中心内按地理坐标存储了各种地面信息（如线路坡度、曲线半径、道岔位置、缓行区段的位置与长度等）。此外。经过联锁装置，将沿线的信号显示、道岔位置、列车的有关信息（车长、制动率、所在位置、实时速度等）不断地经由轨间电缆传至控制中心。控制中心内的计算机计算出在它管辖的区段上每一列车当前的最大允许速度，再经由轨间电缆传至相应列车，实现速度控制。

采用轨间电缆的列车速度自动控制的原理示意如图 4-6 所示，图中，在某一时刻，列车 B 获得实时最大允许速度为 $v_{允许}$；随着列车 A 的运动，目标点的距离 S 一直在改变，列车 B 的实时最大允许速度随列车 A、B 间的距离而变化。与点式速度控制系统比较，显然连续式的行车效率更高。连续式速度控制系统的车地信息传递是用轨间电缆来实现的。列车从控制中心获得最大允许速度值之后，一方面在双针速度表上显示出来。另一方面依据此值对列车速度进行监控。若列车实际速度高于此最大允许速度，则先报警后制动。如果制动设备条件许可，则可在列车实际速度低于最大允许速度时缓解制动机，从而避免了列车停车及重新启动。

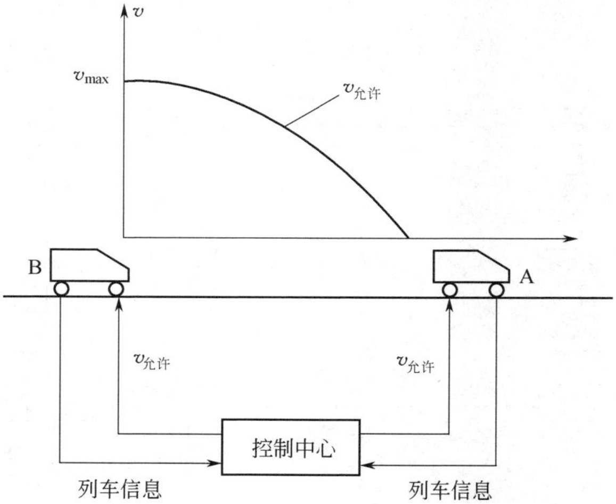

图 4-6　采用轨间电缆的列车速度自动控制的原理示意

感应环线通信的移动闭塞系统,能实现 90 s 的最小运行间隔。后续列车与前一列车的安全间隔距离是根据列车当前的运行速度、制动曲线,以及列车在线路上的位置而动态计算出来的。由于列车位置的定位精度高,因此,后续列车可以在该线路区段,以最大允许速度安全地接近前一列车最后一次确认的尾部位置,并与之保持安全制动距离。移动闭塞目标点如图 4-7 所示。

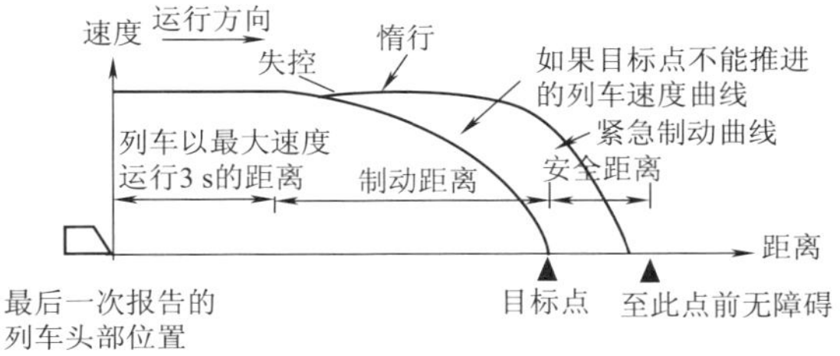

图 4-7　移动闭塞目标点示意

该“安全距离”是指后续列车的指令停车点(目标点)与前一列车尾部位置之间的一个固定距离,它是以最不利情况发生时,仍能保证安全间隔为前提计算而得。假如列车采用常用制动,列车可以停在目标点,当常用制动失效,实施紧急制动时,除了紧急制动所需时间外,必须增加系统作用时间和牵引停止到紧急制动启动的延时时间。这种情况下列车真正的停车点并不是目标点,而是远于目标点,但必须停在安全距离的范围内。

列车目标点沿线路不断前进,车载控制器对列车进行控制,以使它以最大 VCC 命令速度跟随目标点。当列车靠近目标点的时候,车载控制器作出反应,列车以一种受控的方式,按控制器可预选的一种常用制动率对列车进行常用制动,使其停车或限速。当列车前行可能超出目标点时,使用紧急制动。列车目标点扫描示意如图 4-8 所示。

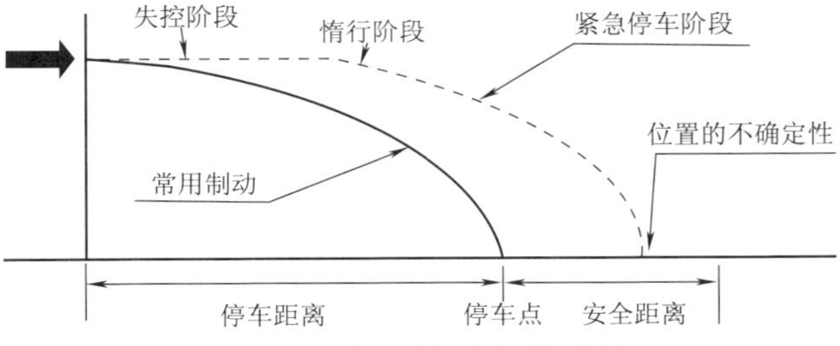

图 4-8　列车目标点扫描示意

目标停车点的周期性前移,主要取决于前一列车向前移动,和其他限制是否被解除。在车辆控制中心,接收来自列车和现场设备的输入报文,当确认输入报文有效后,才产生相应的指令报文。

为了确保列车的安全运行,列车必须连续不断地接收目标点的更新信息,系统设定列车3 s内,收不到信息,就判断为通信发生故障,迫使列车紧急停车,保证列车运行安全。

系统管理中心对整个系统内的列车进路及运行图/时刻表进行管理,并向负责联锁及道岔控制的车辆控制中心发出排列进路的请求,完成道岔联锁功能。只有车辆控制中心确认道岔已锁在规定位置,才允许列车通过该道岔。

车载控制器确保列车的特定功能(如实施速度限制和车门控制等)的安全控制均在车辆控制中心限制范围内。车辆控制器对来自车辆控制中心的报文,校核其冗余性、一致性、合理性,然后解译,并执行该报文。当然它只对该列车地址为报头的报文作出反应,如果报文不是特定选址某一列车,那么车辆控制器只从该报文提取环线识别号。以识别从一个环线段至下一个环线段的转换。

3. 系统软件

系统软件结构如图 4-9 所示。

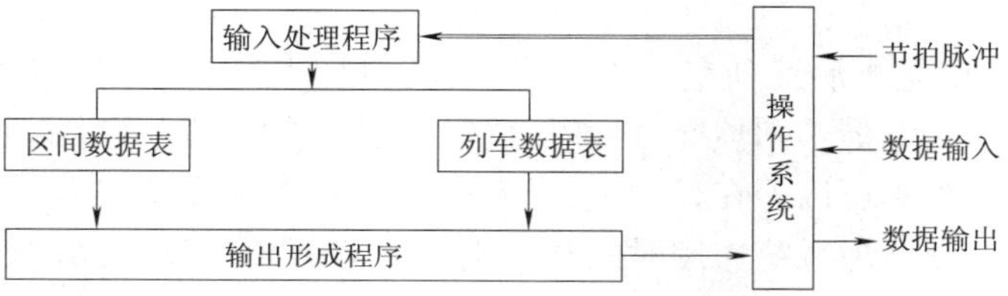

图 4-9　系统软件结构框图

由于要求数据处理的速度很高,不宜采用大容量外存储器,以避免需要较多的存取数据时间,于是将与列车运行有关的区间数据表、列车数据表分别存储在计算机的内存中,由操作系统控制数据的存入和取出。

对于每一个具体区间,在设计完成后就能提供一份完整的区间数据文件,借助于翻译程序就可自动生成区间数据表。区间数据表中的数据分成静态数据和动态数据两大类。

静态数据包括区间设备的地点、区间坡度、缓行段的位置和长度、列车接发地点,区间分界点、每一段轨间电缆的地理位置等。

动态数据包括区间设备状态的变化、缓行段的增减、紧急停车操作等。

列车数据表中储存全部与列车有关的信息,由于控制中心整个管辖区内的列车是运动的,所以列车数据表中的数据都是动态数据(包括列车的制动率、即时速度、所处的位置等)。它的接收、监视、删除都用程序来完成。列车数据表以级联的方式构成,从而可使每列车知道它的前行和后续车的位置。

采用轨间电缆的 ATC 系统的信息传递的连续性是以昂贵的轨间电缆为代价的,维修费用也高,而且轨间电缆的存在给线路养护工作带来了不便。

三、基于无线通信的 CBTC 系统

目前,我国城市轨道交通有从西门子、阿尔卡特、阿尔斯通、USSI、庞巴迪等引进的

基于无线通信的 CBTC，以及国产的 LCF-300 型、iCMTC 型、MTC-1 型 CBTC 系统。

1. 基本结构

典型无线移动闭塞系统的系统结构如图 4-10 所示。该系统以列车为中心，其主要子系统包括：区域控制器、车载控制器、列车自动监控（中央控制）、数据通信系统和司机显示等。

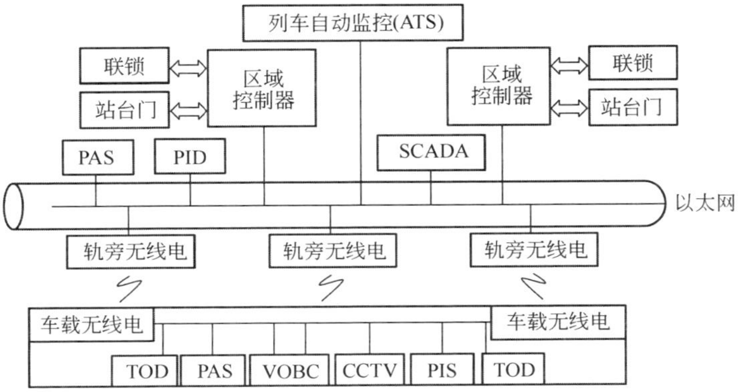

图 4-10　典型无线移动闭塞系统的系统结构

CCTV—视频监控；PAS—乘客广播系统；PIS—乘客向导系统；
SCADA—电力监控系统；TOD—司机显示；VOBC—车载控制器

区域控制器（ZC）即区域的本地计算机，与联锁区相对应，通过数据通信系统保持与控制区域内所有列车的安全信息通信。ZC 根据来自列车的位置报告跟踪列车并对区域内列车发布移动授权，实施联锁。区域控制器采取三取二的检验冗余配置。

冗余结构的 ATS 可实现与所有列车运行控制子系统的通信，用于传输命令及监督子系统状况。

车载控制器（VOBC）与列车一一对应，实现列车自动保护（ATP）和列车自动运行（ATO）的功能。车载控制器也采取三取二的冗余配置。车载应答器查询器和天线与地面的应答器（信标）进行列车定位，测速传感器用于测速和对列车定位进行校正。

司机显示提供司机与车载控制器及 ATS 的接口，显示的信息包括最大允许速度、当前测速度、到站距离、列车运行模式及系统出错信息等。

数据通信系统实现所有列车运行控制子系统间的通信。车地通信采用波导、空间自由波和漏泄电缆。

2. 基本原理

无线 CBTC 系统利用无线通信的方式传输信息。地面编码器生成编码信息，通过天线通道向车上发送。信号显示控制接口负责检测要发送的信号显示，并从已编程的数据中选出有用数据送编码器，同时选出与限制速度、坡度、距离等有关的轨道数据。编码器用高安全度的代码将这些数据编码，经过载波调制，馈送至无线通道向列车发送。车上接收设备接收限制速度、坡度、距离后，由车载计算机计算出目标速度，对列车进行监控。用无线通道实现地车数据传输的 ATC 才是真正意义上的移动闭塞。

典型的移动闭塞线路中，线路被划分为若干个区域，每一个区域由一定数量的线路单元组成。区域的组成和划分预先定义，每一个区域均由本地控制器和通信系统控制。本地控制器和区域内的列车及联锁等子系统保持连续的双向通信，控制本区域内的列车运行。列车从一个控制区域进入下一个区域的移交是通过相邻区域控制器之间的无线通信实现的。当列车到达区域边界，后方控制器将列车到达信息传递给前方控制器，同时命令列车调整其通话频率；前方控制器在接收并确认列车身份后发出公告，移交便告完成。两个相邻的控制区域有一定的重叠，保证了列车移交时无线通信不中断(见图 4-11)。在采用轨旁基站的无线通信系统中，一般考虑 100% 的无线信号冗余率进行基站布置，以消除在某个基站故障时可能出现的信号盲区。

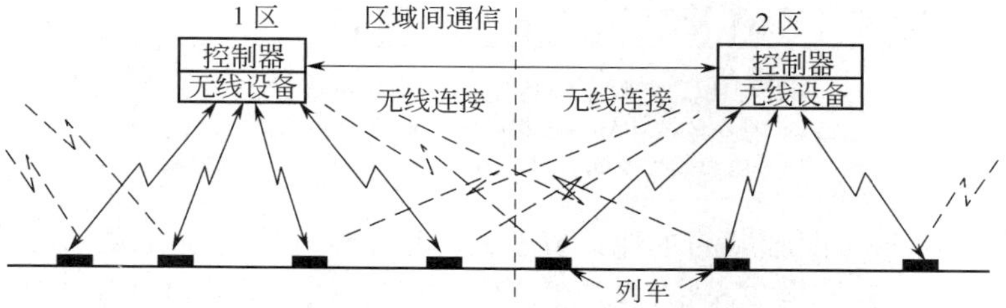

图 4-11　分布式移动闭塞技术的无线传输示意

注：虚线表示无线蜂窝信号的重叠，车载无线电根据信号强度决定与哪一个轨旁基站进行通信。

3. 线路示意图的数据库表示

基于无线通信的 CBTC 系统，轨旁定向天线与车载天线之间，通过无线基站蜂窝网进行信息交换。无线蜂窝网采用重叠方式布置，保证信息的不间断交换。

轨旁区域控制器向列车发送的数据信息中，主要是至目标停车点的“进路地图”信息，即线路的拓扑结构。线路示意图由一系列的节点和边线来表示，包括轨道的分叉、运行方向的变更以及线路尽头等位置，这些都归纳为“节点”。不同节点的位置是数据库的主要内容。而连接两个“节点”的线路称为“边线”。每个边线均有一个从起始节点到终止节点的默认运行方向，“边线”上的任何一点均由其与起始节点的距离来表示，称为“偏移”。所以线路上的位置均有“边线”“偏移”矢量来定义，包括车站站台、道岔、应答器、速度区域边界、不同坡度的线路段等等。

这些距离信息对于列车定位至关重要，因此这种方式的 CBTC 在轨旁还设有用于定位校正的信标。

4. 列车定位原理

系统可以测定计算走行距离，并通过里程计进行累积，在列车初始位置的基础上通过速度传感器实现列车的持续定位，并利用线路上的应答器对列车位置进行校准以实现列车的高精确定位，定位误差达到 1 m。列车位置信息包括列车两端的位置和方向。

列车定位包括初始定位和持续定位两种过程，在持续定位过程中通过不断地进行位置校正以消除里程计的累计误差。

(1) 列车初始定位

当无线通信正常时，列车上电即可通过无线测距定位的功能进行一个初步定位，此时列车只要收到一个有效应答器的报文即可准确定位。当无线通信故障时，由于系统采用地面数据库的方式，列车只要收到信号机相连的有源应答器的允许信号编码即可降级为点式 ATP 模式行车。

(2) 无线测距定位

接通车载 ATP 设备电源后就可以通过无线测距获得列车位置，分别使用两端的车载传感器 VRS 与对应的两个地面传感器 WRS 进行无线测距。使用从两个 WRS 获得的测距结果画两个圆，其交叉点判断为车头和车尾的位置。通过无线测距检测列车位置的方法如图 4-12 所示。

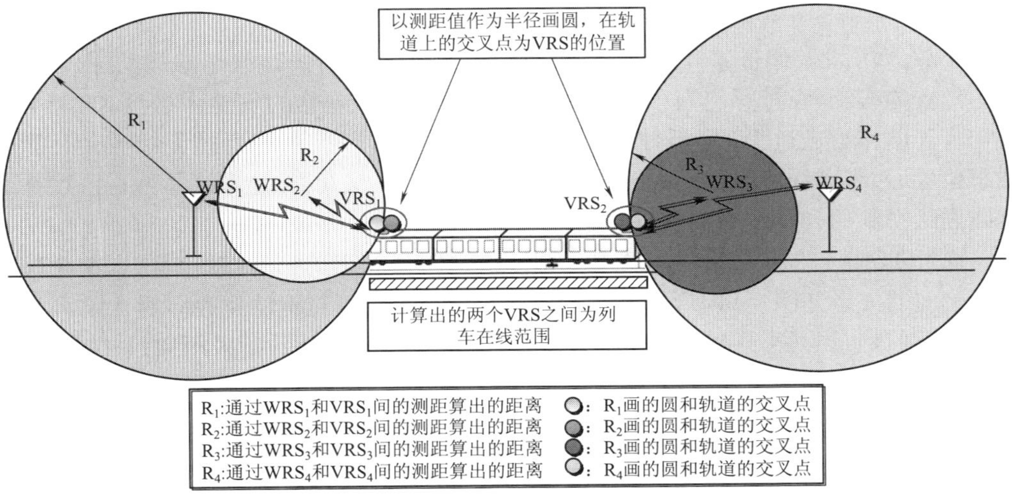

图 4-12　通过无线测距检测列车位置的方法

一旦确定了 VRS 的初始位置，就可以通过最近的一个 WRS 来进行测距确认 VRS 位置，而不是通过两个 WRS 的组合来进行测距。控制器 SC 对两个 WRS 发出测距指令是为了保证在其中 1 个 WRS 发生故障时，也可以进行测距判断 VRS 位置。在行驶过程中通过无线测距对 VRS 进行定位如图 4-13 所示。

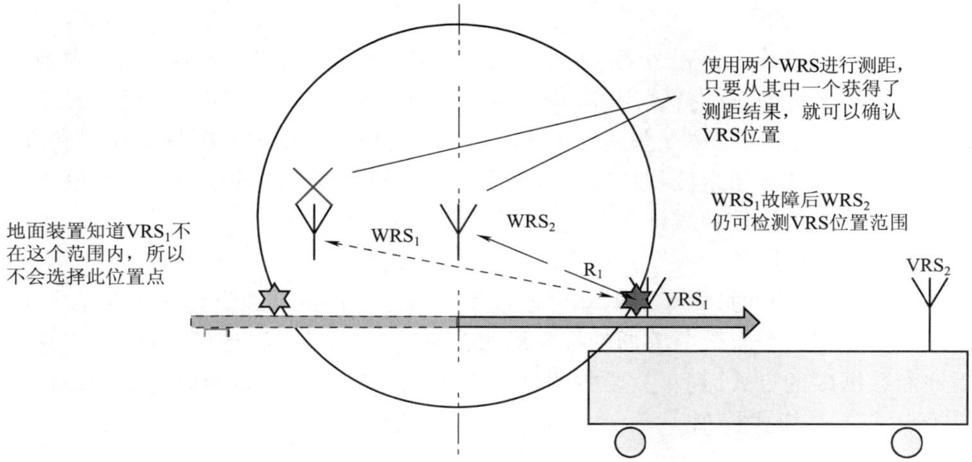

图 4-13　在行驶过程中通过无线测距对 VRS 进行定位

SC 选择 VRS 无线电台天线朝向的两个 WRS（WRS_1、WRS_2），对其发出无线测距指令，使用获得的测距值来确定 VRS 位置。SC 通过自身的数据库可以得知 VRS 位置和 WRS 的设置位置，确定其位置关系，并从多个 VRS 位置点中选择出真正的 VRS 位置。

（3）列车持续定位和位置校正

车载 ATP 设备通过累计测速传感器 TG 的脉冲输出，计算出列车的移动距离，进行列车位置的检测，在计算出列车位置后，将设定的 TG 误差作为安全缓冲区，再加上列车本身长度作为通过 TG 测距得到的列车在线范围。同时，系统通过无线测距计算出列车位置后，将无线测距的最大测距误差作为安全缓冲区，再加上列车本身的长度作为无线测距得到的列车在线范围。

通过 TG 得到的列车在线范围和通过无线测距计算出的列车在线范围这两个位置信息之间的关系如图 4-14 所示。当设备上电后，要采用通过无线测距计算出的列车在线范围。但是，当列车开始移动并通过最初的地面应答器后，开始采用通过 TG 得出的列车在线范围。如果两者的在线范围相差超出一定值，则为了确保列车安全必须停车。

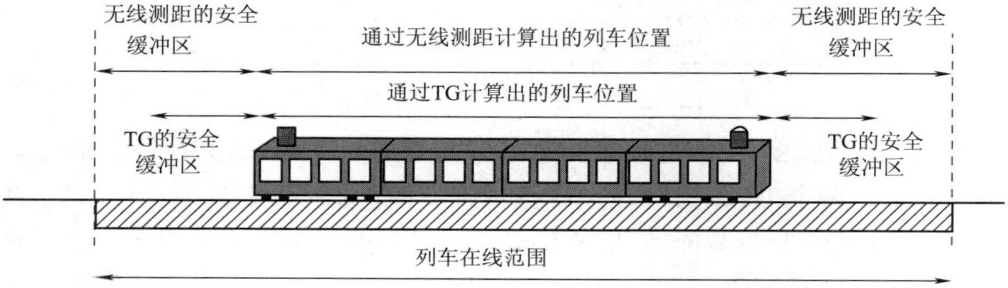

图 4-14　列车在线范围

通过 TG 获得的列车位置会在每 400 ~ 500 ms 进行位置数据更新,同时与通过无线测距获得的列车在线位置进行比较验证。当通过 TG 获得的列车位置超出了从无线测距获得的列车在线范围时,会判断为 TG 定位异常。发生异常时的列车位置采用通过无线测距获得的列车位置,此时的列车在线范围包括通过 TG 获得的列车在线范围和通过无线测距获得的列车在线范围,以确保系统的故障—安全性。TG 故障时的列车在线范围如图 4-15 所示。

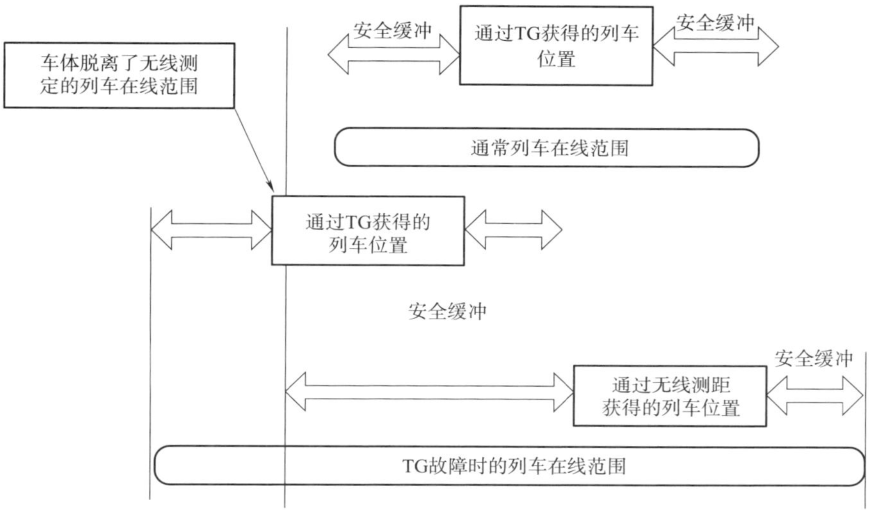

图 4-15　TG 故障时的列车在线范围

5. 闭塞原理

(1)安全保护

与基于由固定轨道电路间隔的固定闭塞不同,轨旁 ATP 为轨道上的每列列车建立一个可根据列车位移运动的虚拟安全范围,这种称为自动防护(AP)的安全范围也被称为移动闭塞分区,建立自动保护如图 4-16 所示。一列列车建立一个 AP,其他列车不能进入这个 AP。AP 实际上是列车周围的屏蔽。

ATP 根据无线传输的列车位置信息建立 AP。此信息在位置报告消息中发送,每隔 400 ms发送一次。主要信息为列车的定位和速度。此信息内有列车号、时间戳,并具有时间有效性。因此,AP 大小和位置每隔 400 ms 刷新一次。

(2)列车间隔保护

轨旁 ATP 是负责列车间隔的子系统,车载 ATP/ATO 负责根据轨旁 ATP/ATO 给出的安全限制驾驶列车。

由于轨旁 ATP/ATO 为区域内每辆列车建立一个 AP,车载 ATP/ATO 知晓任何时刻每个自动保护在线路上的位置,因此可进行列车间隔保护。轨旁 ATP/ATO 根据每个 AP 的位置和联锁发送的轨旁设备状态计算授权终点。作为对位置报告的响应，此授权终点消息发送给每列列车。此消息将列车不能越过的限制通知车载 ATP/ATO，还包括有关道岔位置或信号机状态等方面的变量信息。

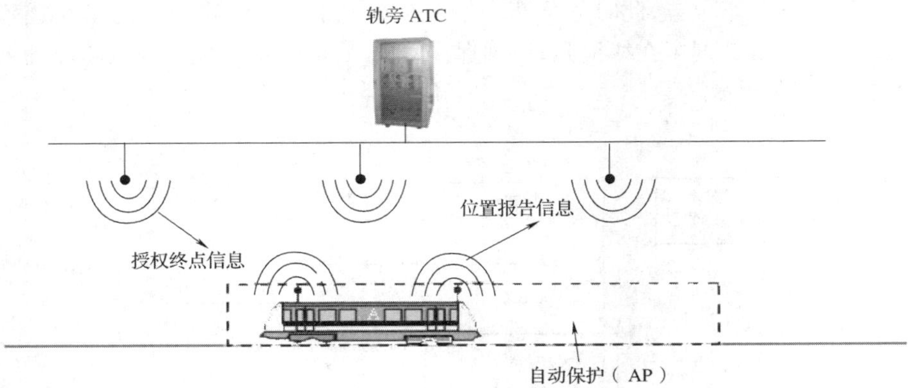

图 4-16　建立自动保护

指定列车的运动授权域定义为：在列车前搜索要保护的第一个点（如先行列车的 AP、反向进路、未检测的道岔等）。

计算授权终点如图 4-17 所示，列车 A 发送一个位置报告，并收到一个授权终点消息。因此车载 ATP/ATO 了解其授权终点在列车 B 车尾的 AP 处。列车 B 授权终点是作为进路结束的红色信号。列车在此点以外不受保护。

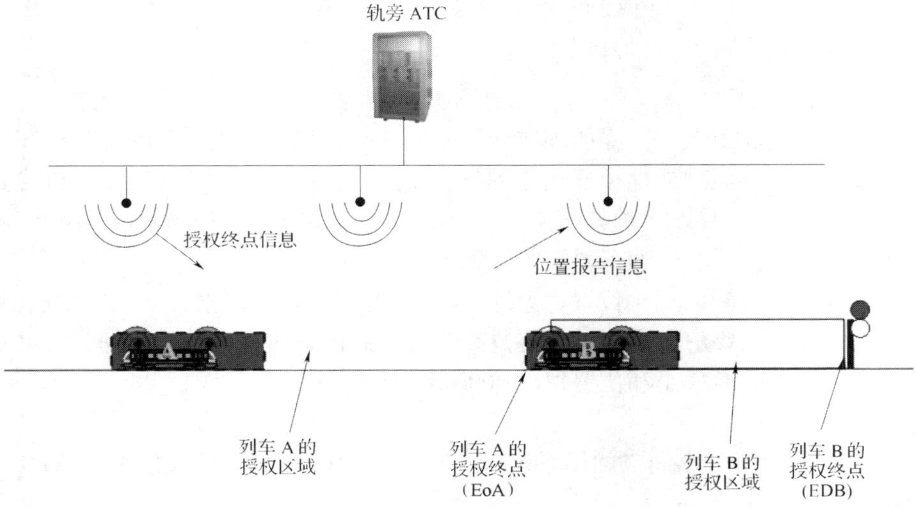

图 4-17　计算授权终点

(3)速度控制

作为对列车位置报告的响应,轨旁 ATP/ATO 计算授权终点。授权终点描述了将要受到保护的点。EoA 可能是先行列车的 AP 点。根据接收到的 EoA 和速度限制,下一列列车的车载 ATP 建立一个紧急制动曲线。ATO 或司机必须始终关注此紧急制动曲线。若与行车速度曲线交叉,车载 ATP 将启动紧急制动进行保护。

6. 基本列车控制等级

CBTC 系统提供三种基本列车控制等级:CBTC、点式 ATP、人工模式。每一个等级基于各个列车控制子系统的运行状态提供相应的操作和性能。

(1)CBTC——完整的系统操作和性能

CBTC 要求所有列车控制子系统,包括轨旁、中心、车载和通信子系统都完备并工作。CBTC 提供最高等级的系统操作和性能。CBTC 提供移动闭塞安全列车间隔和保护,全功能的车载 ATP/ATO。支持所有定义的 ATC 驾驶模式。其中提供完整的系统操作和性能的是动列车运行(AM)模式和 ATP 监控下人工驾驶(ATPM)模式。其他模式在降级条件(受限人工和非限制人工模式)下提供降级操作。

(2)点式 ATP——降级的系统操作和性能

点式 ATP 提供正方向的车载超速防护(根据预先设定的最大限速),信号机冒进防护和 300 s 的运行间隔。点式 ATP 要求车载 ATP(包括所有的传感器)都在工作,并且轨旁联锁控制系统和定位信标(包括动态和静态信标)也工作。区域控制器、DCS(骨干网除外)和 OCC 此时不工作。点式 ATP 提供单一的操作模式。

(3)人工控制——最低等级的系统操作和性能

联锁控制提供固定闭塞列车间隔和联锁防护,不提供其他的 ATC 功能,提供 ATP 25 km/h限速。除联锁外,不需要其他 ATC 子系统工作。

7. 通信级别

通信级别分为三级:连续式通信级、点式通信级和联锁级。三级通信级别对应于三种基本列车控制等级。

(1)连续式通信级

在连续式通信级,系统提供最先进的基于移动闭塞原理的列车安全运行。轨旁到列车双向通信,使用无线。列车通过检测和识别应答器来确定自己的位置。对于列车采用连续式控制。在 ATO 系统控车后(AM 模式),ATO 系统完全自动控制列车运行直到终点站。

在 SM 或 AM 驾驶模式下,列车以移动闭塞运行,保持列车间的安全距离。列车上有一个被称为线路数据库(TDB)的网络图,TDB 中包含应答器的位置数据。结合来自测速传感器和雷达的位移测量,每个车载 ATP 计算本列车的位置,该位置是列车在线路上的绝对位置,而不是对一个固定闭塞分区的占用,并通过连续式通信发送位置报告给轨旁 ATP。轨旁 ATP 追踪列车,基于本列车和前行列车的位置报告和轨旁检测的空闲信息，评估所有列车的移动条件，并通过连续式通信系统发送一个连续式通信级移动授权报文到车载 ATP。该移动授权符合移动闭塞原理的安全列车间隔，并且满足其他来自联锁的条件以及其他的防护点比如防淹门的状态、道岔的状态。

联锁是底层的列车防护系统，也负责移动闭塞下的列车安全。ATP 负责列车间隔的安全职责，并连续监督联锁状态。在移动闭塞下，列车同样运行在联锁设定的进路上。

当联锁条件不满足时，列车的移动授权不能越过信号机。同时，列车运行时连续地监督联锁条件。

(2)点式通信级

点式通信级可以作为连续式通信级的后备模式，或在部分对于列车行车间隔有较低要求、允许使用固定闭塞的线路使用。在点式通信级，ATO 系统完全自动控制列车从一个车站运行至下一个车站(AM 模式)。

在点式通信级，使用应答器进行轨旁到列车的通信。

此时，移动授权来自信号机的显示，并通过可变数据应答器由轨旁点式地传送到列车。列车在线路的定位与在连续通信级一样，考虑 TDB 中所有的详细线路描述，自动地服从所有的线路限速。

(3)联锁级

如果连续式或点式通信级故障，作为降级运行模式，可由信号机系统为列车提供全面的联锁防护。此时，没有轨旁到列车的通信。

8. 通信方式

无线通信方式有波导管、空间自由波和漏泄电缆等。

(1)波导通信

波导通信是利用波导管进行通信的方式。波导管是能传输电磁波的金属管，简称波导。波导用于连接各种微波元器件，相当于低频电路中的导线。管状的波导是逐步演化而来的，由于集肤效应，同轴线的内导体电阻远大于外导体电阻。如果抽走内导体，在高频条件下，不仅可消除内导体及其支承介质的内损耗，还可提高击穿场强和频率，而且外壁散热很快，这就大大提高了微波的极限传输功率。因此，一般大功率的微波传输都采用空腔的管状金属波导。波导有多种几何形状，一般为方形或圆形截面。

波导裂缝天线的外形如图 4-18 所示，主要由裂缝波导、波型滤波器和辐射喇叭组成。裂缝波导是在波导管窄壁开一系列倾斜的窄缝，裂缝破坏了波导壁上超高频电流的径路，于是波导管内的电磁波就向外界空间辐射出去。每个裂缝相当于一个小天线，全部小天线组一个天线阵，具有很好的方向性。

经裂缝辐射的电场垂直于裂缝，由于裂缝是倾斜的，可分解为水平分量和垂直分量，如果水平分量形成发射电磁波的主瓣，垂直分量则形成旁瓣，应滤除之。波型滤波器是在每个裂缝外加一节波导，以导通水平分量，截止垂直分量。

辐射喇叭用来改善方向性和增加天线增益。

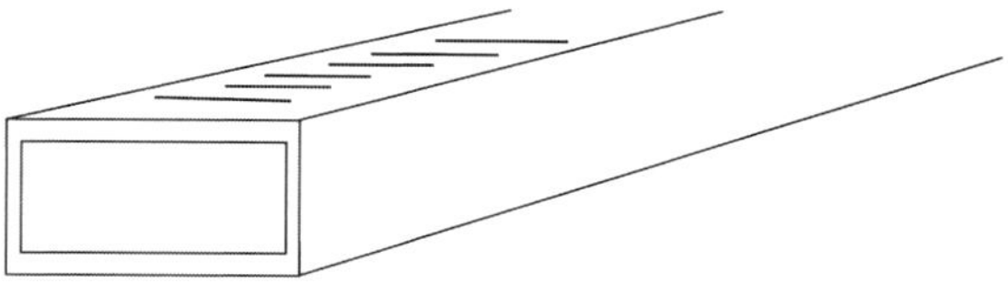

图 4-18 波导裂缝天线的外形

在地下部分，轨旁波导天线安装在隧道的顶部，在车站以及无法安装波导管的地方采用自由无线传输。在高架或地面部分，轨旁波导天线安装在走行轨的旁边。列车天线安装在车顶。

轨旁传输设备安装间隔为 1 000 m 左右。

波导通信存在波导管在温差大时热胀冷缩、风沙影响、不便于线路维修等问题，已不再发展。

(2)空间自由波通信

空间自由波通信指的是直接在空间进行通信的方式。由轨旁无线电单元和车载无线接收单元组成无线局域网，用以构成车地间的双向通信。无线局域网采用基于 IEEE 802.11 标准，是 802.3 标准对无线通信的扩充，也是支持移动通信的唯一标准，以满足移动性和抗干扰性的要求。IEEE 802.11 指定 FHSS(跳频扩频)的运营频率范围为：2.4 ~2.485 GHz，带宽为 79 MHz。FHSS 采用正交跳频序列，以防干扰。支持分段序列传输。支持多个 WLAN 蜂窝，具有桥接能力。

空间自由波通信系统由轨旁设备和车载设备组成，其结构如图 4-19 所示。

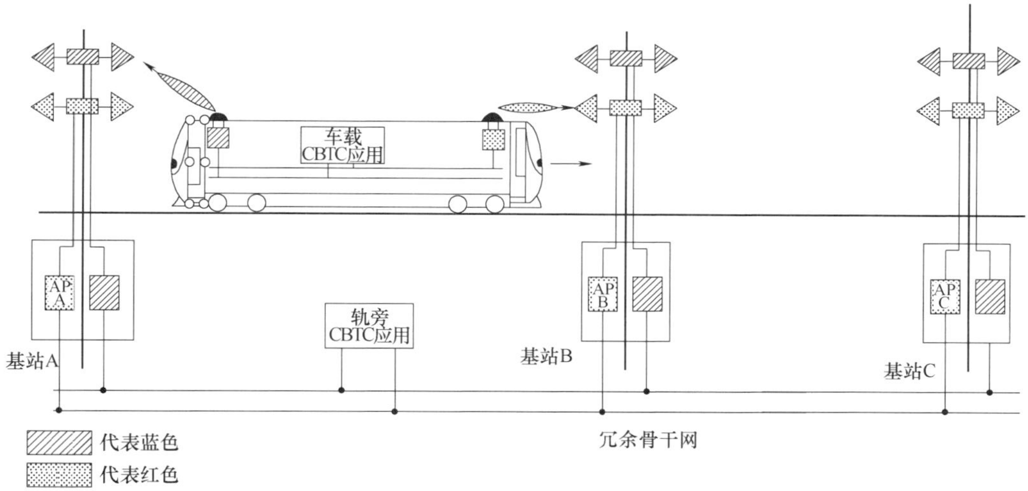

图 4-19 空间自由波通信系统的结构

无线系统的轨旁设备由两个独立的冗余的无线网络组成。之所以采用两个无线网络,是为了保证传输的可靠性,在无线单元的交叉区域不中断通信,以及一个无线网络的某接入点故障情况下的持续通信。网络由与轨道沿线分布的天线和与骨干网相连接的无线接入点组成,用于车载 CBTC 系统和轨旁 CBTC 系统之间信号数据流的传输。

每个基站由与相关无线网络连接的接入点组成,这两个接入点通过光纤与骨干网连接。每个接入点通过一个 3 dB 耦合器与两架天线连接。基站结构如图 4-20 所示。

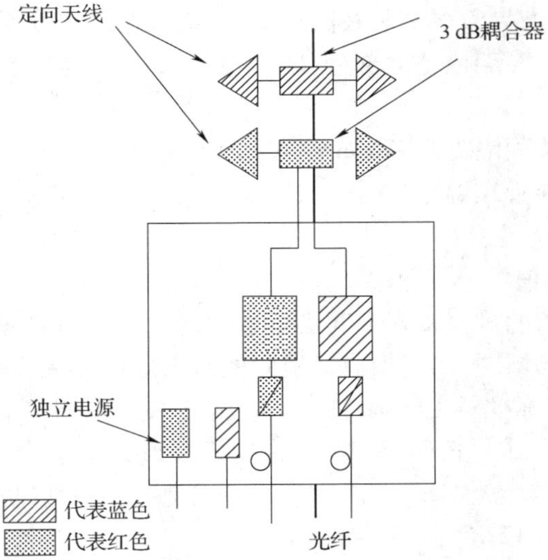

图 4-20　基站结构

基站内,每个接入点都与一个光纤转换器连接,带有独立的电源。

天线和 3 dB 耦合器安装在隧道侧面,必须满足限界要求,并保证 CBTC 车地通信的性能要求。

在无线通信过程中,由于无线局域网是开放的,采用的是公共频道,所以存在严重的干扰。为了在强干扰条件下保证安全可靠地通信,普遍采用扩频跳频技术。

扩频(扩展频谱的简称)通信技术是一种信息传输方式。其系统占用的频带宽度远远大于要传输的原始信号带宽(或信息比特速率). 且与原始信号带宽(或信息比特速度)无关。在发送端,频带的展宽是通过编码及调制(扩频)的方法来实现的。在接收端则用与发送端完全相同的扩频码进行相关解调(解扩)及恢复信息数据。图 4-21 为扩频通信系统的基本组成框图。

扩频通信系统的扩频部分是将一个带宽比信息带宽宽得多的伪随机码(PN 码)对信息数据进行调制;解扩则是将接收到的扩展频谱信号与一个和发端伪随机码完全相同的本地码相关来实现的。

信息数据经过信息调制器后输出的是窄带信号，经过扩频调制（加扩）后频谱被展宽。在接收机的输入信号中混有干扰信号，经过扩频解调（解扩）后有用信号变成窄带信号，而干扰信号变成宽带信号，再经过窄带滤波器，滤掉有用信号带外的干扰信号，从而降低了干扰信号的强度，改善了信噪比。

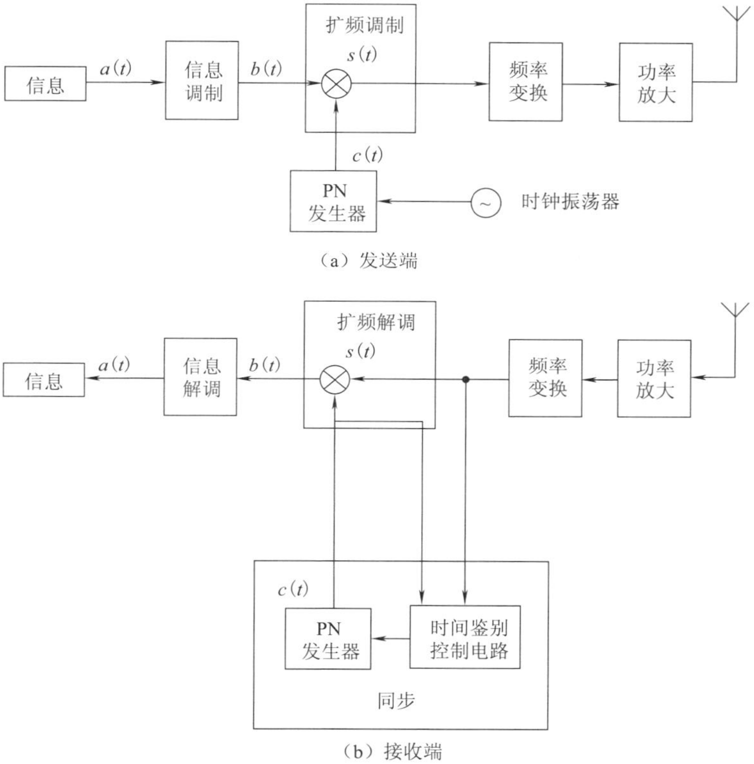

图 4-21　扩频通信系统的基本组成框图

系统占用带宽与信息带宽的比值 1 ~ 2 为窄带通信，50 以上为宽带通信，100 以上为扩频通信。

为了提高通信的抗干扰能力，扩频通信系统使用 100 倍以上的信息带宽来传输信息。

扩频通信系统有直接序列（DS）、跳频（FH）、脉冲线性调频（Chirp）、跳时（TH）等类型。

跳频系统是最常用的方式。跳频是一种利用载波跳变实现频谱展宽的扩频技术。其方法是把一个宽频段分成若干个频率间隔（称为频道，或频隙），在一伪随机序列的控制下，发射频率在一组预先指定的频率上按照所规定的顺序离散地跳变，扩展了发射信号的频谱。当接收机的本地振荡信号频率与接收机输入信号的频率按同一规律同步跳变,经过变频以后将得到一个固定的中频信号即把原来的频率跳变解除,这一过程称解跳或去跳。

跳频是载波频率在一定范围内不断跳变意义上的扩频,而不是对被传送信息进行扩谱。跳频相当于瞬时的窄带通信系统。跳频速率是由使用要求决定的,一般地,跳频速越高,跳频系统的抗干扰性能就越好,但相应的设备复杂性和成本也越高。

采用跳频技术还可以改善由衰落造成的误码特性。

空间自由波采用开放的无线局域网,一般没有专用频道,干扰始终是一个问题。

(3)LTE-M

地铁长期演进系统 LTE-M 是针对城市轨道交通综合业务承载需求的 TD-LTE 系统,它在保证基于通信的列车控制系统(CBTC) 车地信息传输基础上,可同时传输视频监控、乘客信息系统、列车运行状态监测、集群调度业务等信息。

LTE-M 的列车运行控制业务根据列车在线路上运行的客观条件和实际情况,对列车运行速度及制动方式等状态进行监督、控制和调整。

①LTE-M 的结构

LTE-M 采用双网冗余结构,两个网络的所有网元设备(包括核心网、基站、车载终端等)都是独立的。两个独立的网络应分别为 CBTC 系统提供独立的地面物理接口。

LTE-M 网络冗余覆盖方案采用同站址双网络无线覆盖。两个 LTE-M 的基站放置在同一个地点,可以共用漏泄电缆等传输介质。

LTE-M 核心板卡应进行冗余备份,必须防止任何板卡出现单个故障点时影响 CBTC 车地之间正常通信。

LTE-M 系统应具备冗余备份功能,必须防止任何 LTE-M 设备出现单个故障点时影响 CBTC 车地之间正常通信。

LTE-M 有专用的通信频道,工作频段 1 785 ~ 1 825 MHz,带宽 1.4 MHz、3 MHz、5 MHz、10 MHz,双工方式。

对于支持集群功能和数据功能业务的 LTE-M 系统架构,基于 B-TrunC 架构。由无线终端、集群基站、集群核心网、调度台和运营与支撑子系统组成,如图 10-22 所示。

a. 核心网

LTE-M 集群核心网提供宽带集群业务和数据业务,包含 eHSS、eMME、xGW、TCF、TMF 五个逻辑实体,eMME、xGW、TCF、TMF 逻辑实体根据实际部署可合设形成实际网元设备。

演进的归属用户服务器 eHSS 是签约数据管理中心和鉴权中心。

演进的移动管理单元 eMME 是移动管理实体,负责移动性和承载管理。

服务网关 S-GM 与分组数据网关 P-GM 合一的 xGW 支持集群业务承载管理、集群数据路由和转发。

集群控制功能体 TCF 负责集群业务的调度管理。

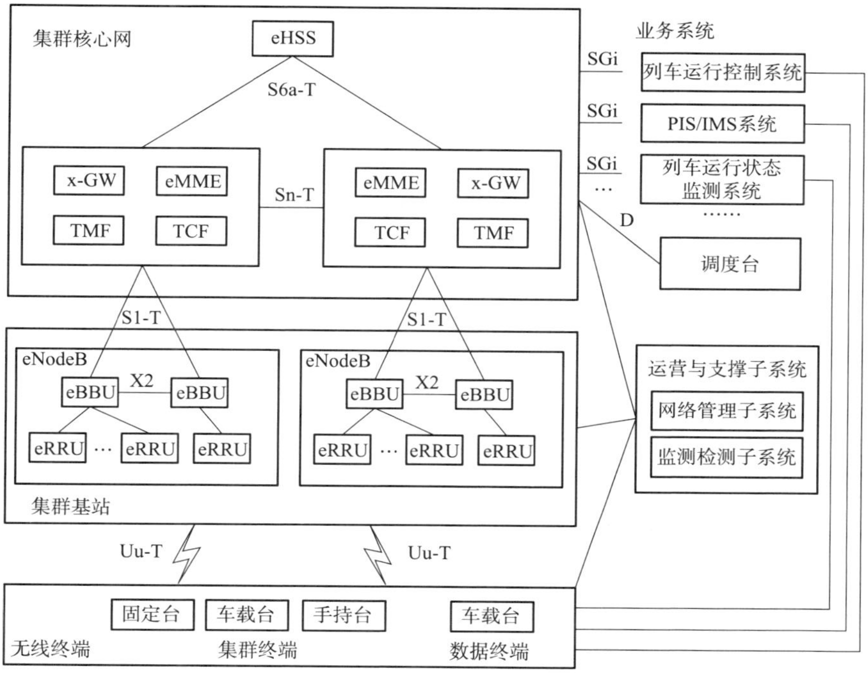

图 4-22　LTE-M 系统架构

集群媒体 684TMF 负责集群业务的数据传输。

b. 运营与支撑子系统

运营与支撑子系统负责对系统网元进行操作维护，包括网络管理子系统和监测检测子系统，主要包括下列功能：提供配置管理、性能管理、故障管理、安全管理、日志管理等网管。

提供系统设备的维护接口，收集、监视网络的运行信息和状况，并能够按照操作人员的要求生成系统运行报告；LTE-M 系统整合后的告警信息应能通过北向接口上传。

c. 基站

LTE 基站支持 LTE 数据功能，设备结构如图 4-23 所示，基带处理单元 BBU、射频拉远单元 RRU 为逻辑模块。

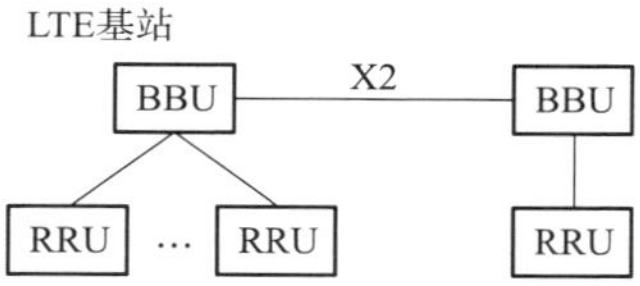

图 4-23　LTE 基站设备结构

d. 无线终端

无线终端包括数据终端和集群终端。数据终端支持 fro-LTE 数字蜂窝移动通信网终端技术要求的基本功能。集群终端除支持数据终端的功能外,还应支持集群业务和功能。

②LTE-M 与 CBTC 系统接口

LTE-M 系统与 CBTC 系统的物理接口位于核心网的网络设备和/或 CBTC 传输网的网络设备上。接口形式为标准以太网口 RJ-45 或光纤接口连接。

LTE-M 系统接收 CBTC 系统从地面发送来的移动授权等信息,并通过 LTE-M 系统传输到 CBTC 车载设备。同时 LTE-M 网络将 CBTC 系统车载设备发送的列车位置等信息传送给 CBTC 系统地面设备。

LTE-M 系统应满足 CBTC 业务以下功能:

LTE-M 系统应连续、双向、可靠地传输 CBTC 车地数据信息。

LTE-M 系统为 CBTC 系统提供透明传输,不对 CBTC 信息做任何处理。

LTE-M 系统的车载和地面设备应提供数据记录功能,记录文件应采用通用的简单格式(如文本文件)。车载记录存储时间应不少于 144 h。在最恶劣的运行条件下,地面记录可以在线存储一个月的日志数据。同时该数据可供发生通信故障时,追溯分析问题所用。

LTE-M 系统应具备网络管理功能。

LTE-M 系统应具有自诊断能力。

LTE-M 系统应采取安全策略以保证网络的安全性。

LTE-M 系统应为 CBTC 业务提供高优先级处理功能。LTE-M 网络中任何节点出现拥塞时,CBTC 业务能得到足够的网络资源优先处理。

在城市轨道交通车辆上,LTE 终端向 CBTC 系统车载设备提供 100Base-T 的以太网络接口,接口形式为 M12D Code。

LTE-M 车载设备接收从地面 LTE-M 网络发送来的移动授权等信息,并且传输到 CBTC 车载设备。同时 LTE-M 车载设备将 CBTC 系统车载设备发送的列车位置等信息通过地面 LTE-M 网络传送给 CBTC 系统地面设备。

③采用 LTE-M 的 CBTC 的车地通信

采用 LTE-M 的 CBTC 的由 LTE-M 的核心网连接各基站,各基站通过漏泄电缆发送信息,由车载设备接收。

各站的系统结构图如图 4-24 所示,可见,光纤骨干网连接各集中联锁站的以太网交换机,LTE 环网络连接各集中联锁站的 LTE 环网络交换机。

两个 LTE-M 的基站同址设于轨旁,通过耦合单元传送至漏泄电缆,如图 4-25 所示。基站之间的距离也要根据场强确定,一般为 1 km,最大可达 1. 2 km,邻近车站时为保证可靠接收信息,此距离约 600 m。

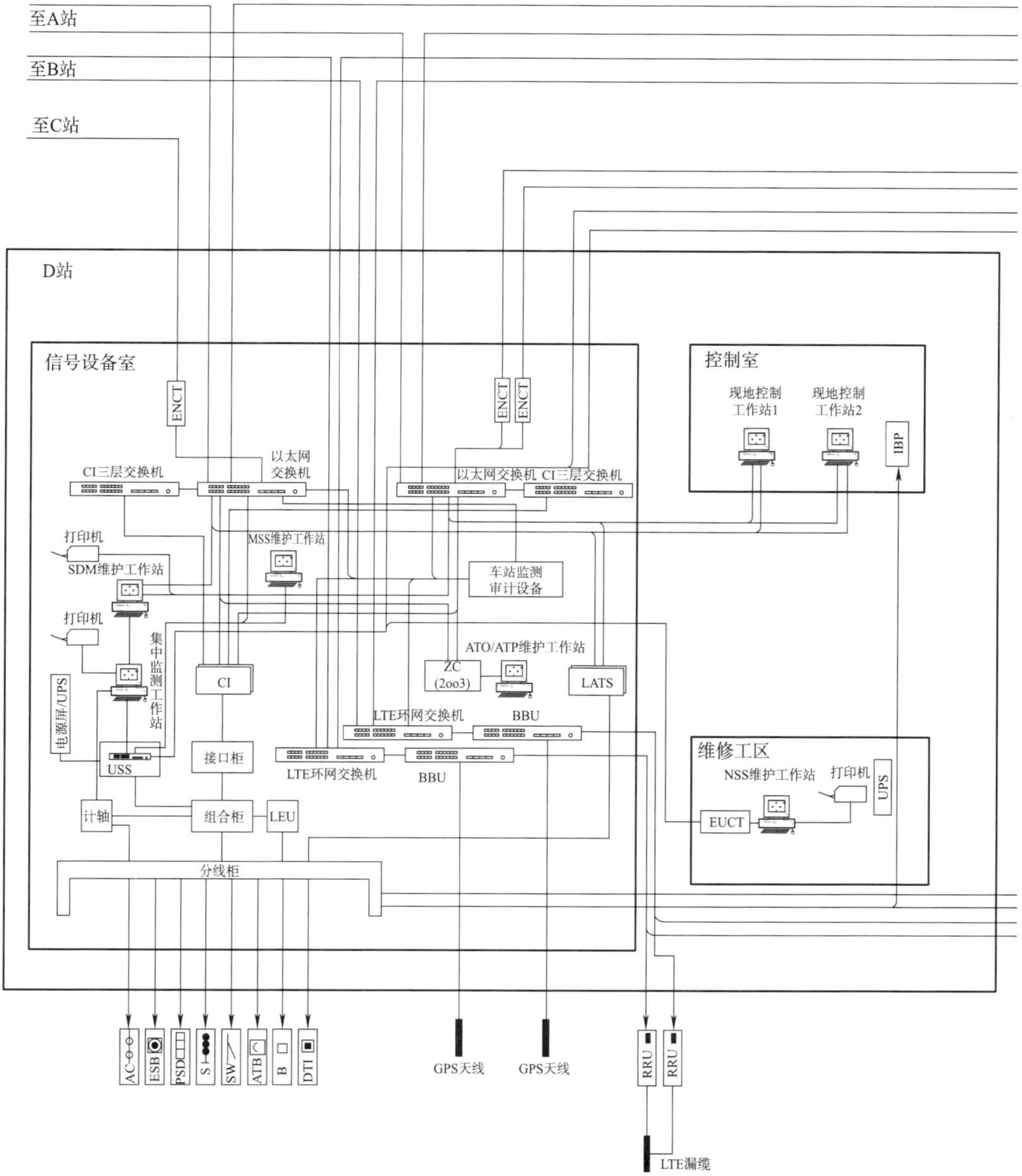
至A站
至B站
至C站
D站
信号设备室
ENCT
ENCT
ENCT
以太网
交换机
CI三层交换机
以太网交换机
CI三层交换机
打印机
SDM维护工作站
MSS维护工作站
车站监测
审计设备
打印机
集中监测工作站
ATO/ATP维护工作站
电源屏/UPS
CI
ZC
(2oo3)
LATS
LTE环网交换机
BBU
USS
接口柜
LTE环网交换机
BBU
计轴
组合柜
LEU
分线柜
控制室
现地控制
工作站1
现地控制
工作站2
IBP
维修工区
NSS维护工作站
打印机
UPS
EUCT
AC
ESB
PSD
S
SW
ATB
B
DTI
GPS天线
GPS天线
RRU
RRU
LTE漏缆

(a) D站

图　4-24

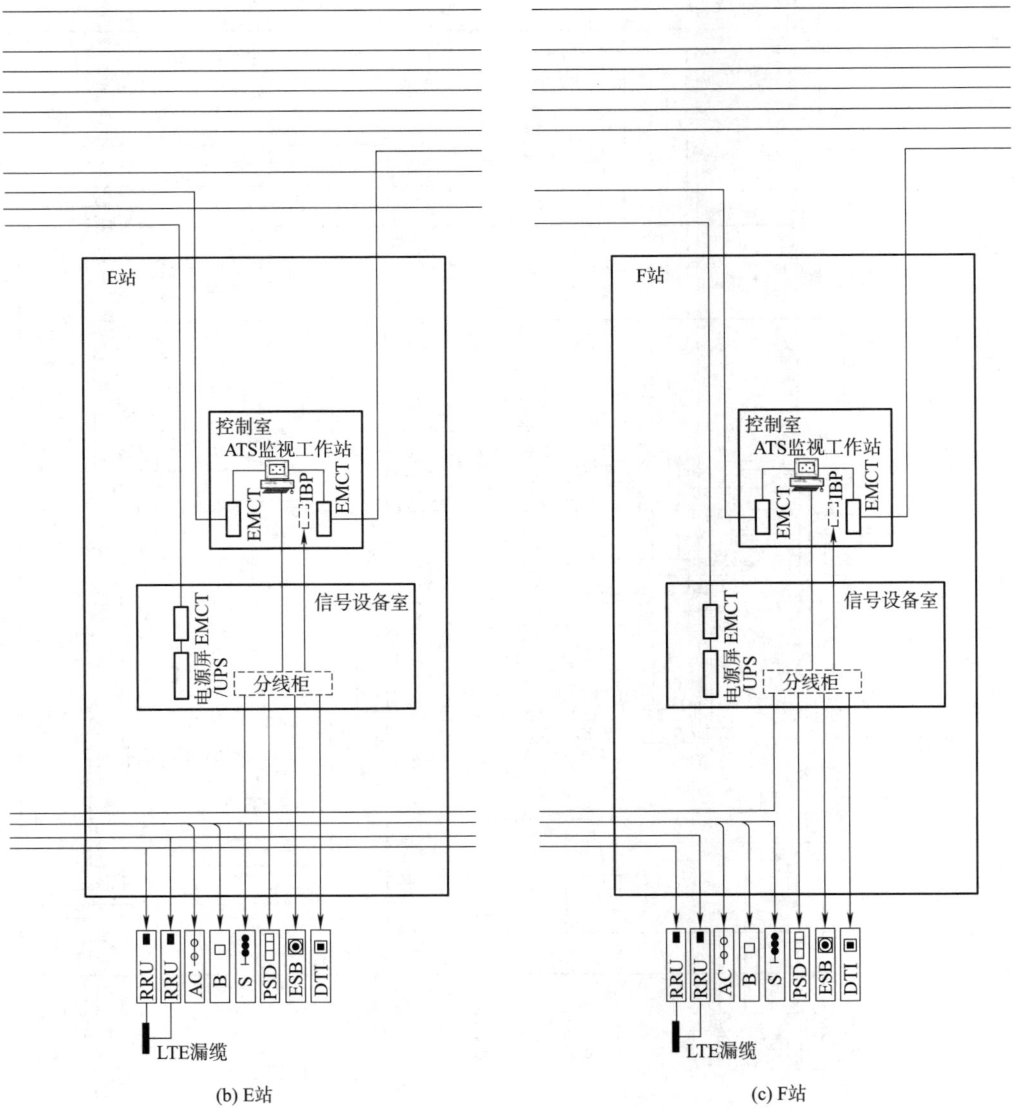

图 4-24　各站的系统结构

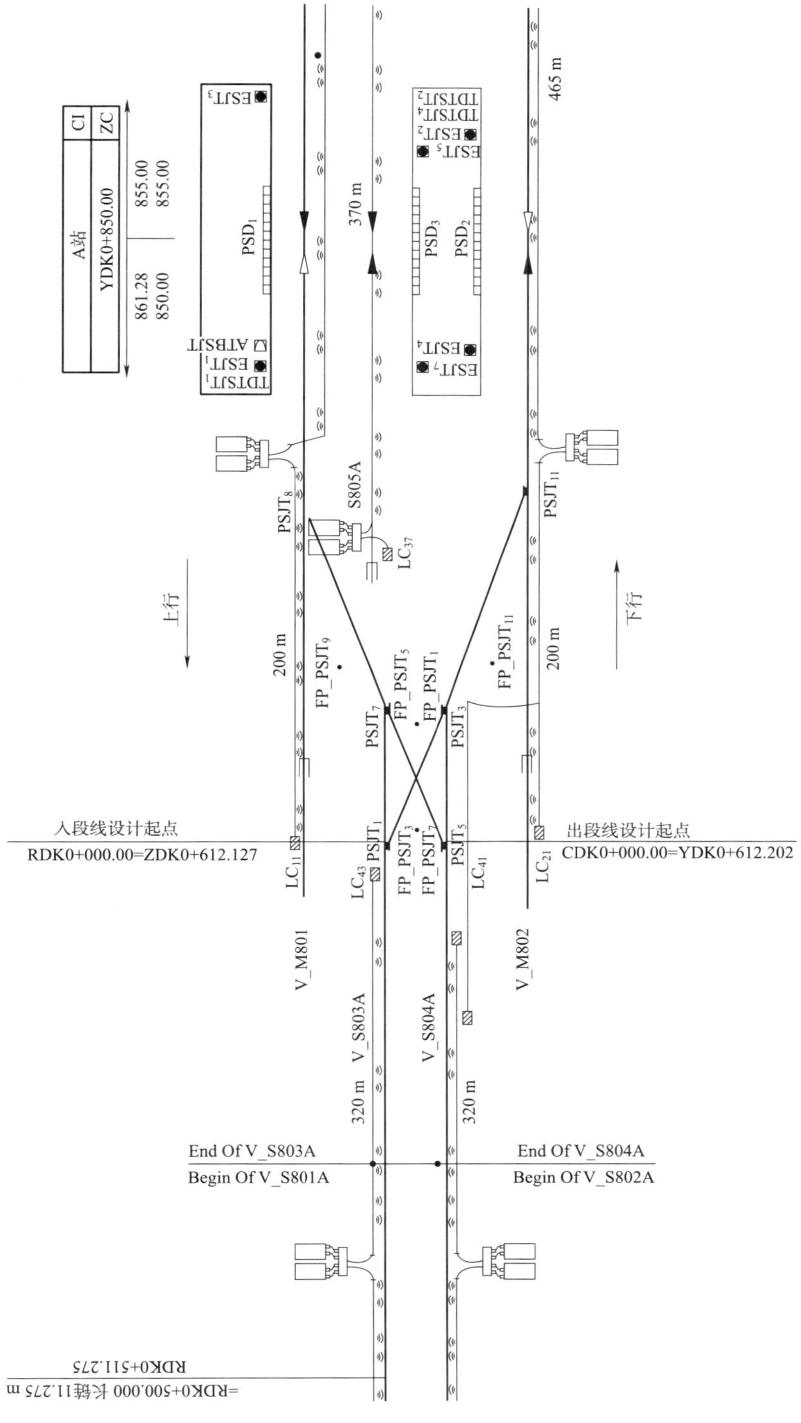

A站
YDK0+850.00
CI
ZC
861.28
850.00
855.00
855.00
TDTSJT1
ESJT1
ATBSJT
ESJT3
PSD1
PSD2
PSD3
ESJT4
ESJT7
ESJT5
ESJT2
TDTSJT4
TDTSJT2
370 m
465 m
S805A
LC37
PSJT8
PSJT11
上行
下行
200 m
200 m
FP_PSJT9
FP_PSJT5
FP_PSJT1
FP_PSJT11
PSJT7
PSJT3
PSJT1
PSJT5
FP_PSJT3
FP_PSJT7
入段线设计起点
RDK0+000.00=ZDK0+612.127
出段线设计起点
CDK0+000.00=YDK0+612.202
LC11
LC43
LC41
LC21
V_M801
V_M802
V_S803A
V_S804A
320 m
320 m
End Of V_S803A
Begin Of V_S801A
End Of V_S804A
Begin Of V_S802A
RDK0+511.275
=RDK0+500.000 长链11.275 m

(a) A站

图 4-25

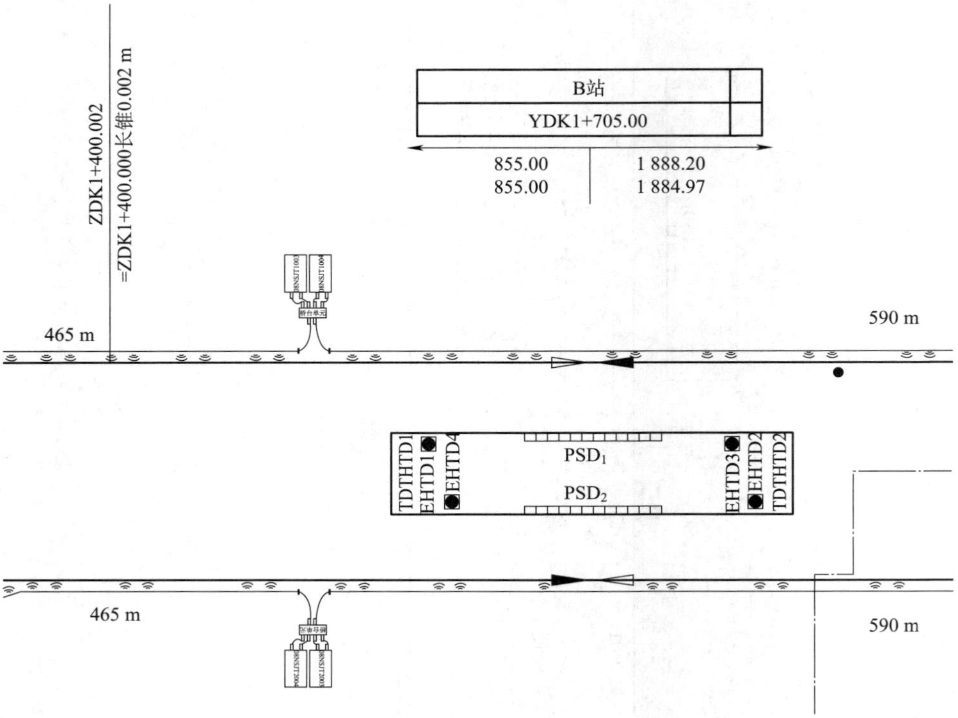

(b) B站

图 4-25　正线设备布置

9. 计轴设备

CBTC 系统配置计轴设备作为次级列车占用检测设备,连续地对线路的占用/空闲进行安全可靠的检测。区域控制器结合计轴区段的占用/空闲信息以及列车位置信息确定在 CBTC 级别下的线路占用/空闲情况,实现对线路上运行的通信列车的定位。

在 CBTC 系统中,以逻辑区段作为轨道的最小划分单位,将计轴区段划分为若干逻辑区段,并基于相互连接的逻辑区段实现轨道线路的描述,区域控制器将列车定位等相应的信息以逻辑区段占用/空闲状态的形式发送给联锁,辅助联锁完成线路的占用/空闲检查。

轨道状态根据逻辑区段占压列车的情况可以划分为:通信列车占用、非通信列车占用、空闲、故障。

区域控制器判断计轴故障的原则为:当一列受区域控制器控制的通信列车完整运行出清一个计轴区段后,区域控制器确定此时计轴区段内无列车占用,但计轴区段在一定时间后仍然汇报计轴区段状态为占用,此时 ZC 将认为计轴区段状态异常,并将该计轴区段异常信息以逻辑区段的形式报告给系统,系统根据不同情况予以处理。

计轴复位分为上电复位和故障复位两种，上电复位是供电停电恢复后的复位；故障复位是在故障修复后确认线路空闲情况下的复位，有两种方式：预复位立即复位。执行预复位后，需要一列低速运行的列车经过该计轴区段，才能使其恢复正常；执行立即复位后，直接使该区段立即恢复正常。

正线无岔区段，用计轴设备来检查轨道区段的占用情况。基于占用情况，联锁判断列车位置。对于 CBTC 列车的追踪，非联锁区域的轨道区段占用信息是不起作用的，因为 ZC 能基于列车位置的判定来保持列车间隔。当 CBTC 列车失去通信或是非 CBTC 列车运行在无岔区段时，联锁利用轨道区段占用来跟踪列车，进而传达这些占用情况给 ZC。通过非 CBTC 的计轴信息和 CBTC 列车的位置来保持安全列车间隔。

道岔区段的检测基本上是用于转辙机的电气锁闭。如果道岔区段（计轴）故障，表示占用，对于非 CBTC 列车道岔区段的计轴故障时转辙机保持电气锁闭，道岔不能转换。但对于 CBTC 模式运行来说，如果 CBTC 列车运行在故障的计轴区段内，则所有的移动和进路变更都是可以的。

10. 系统的可靠性

为了提高系统的可靠性，采用冗余的骨干网络、冗余的轨旁网络和冗余的无线网络。冗余的网络示意如图 4-26 所示。

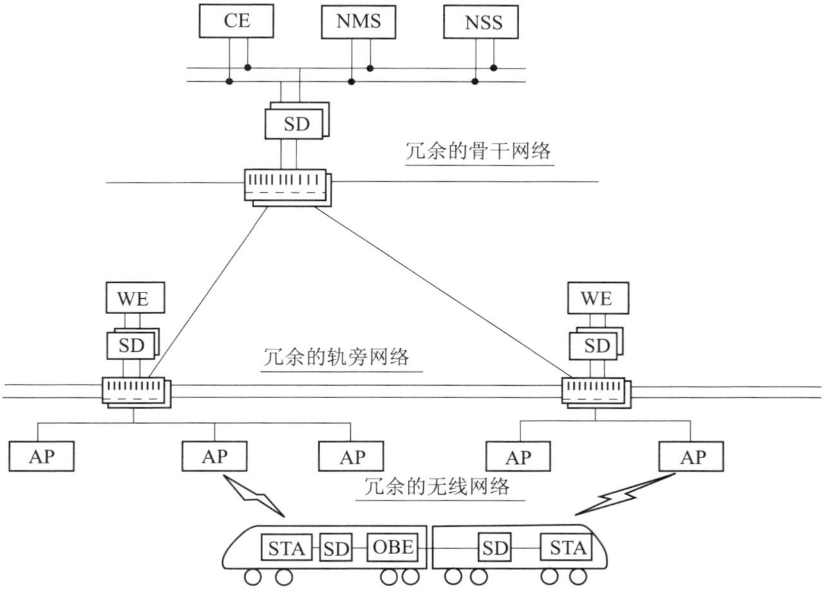

图 4-26　冗余的网络示意

CE—控制设备；NMS—网管系统；NSS—网络支撑系统；

WE—轨旁设备；AP—接入点；OBE—车载设备；SD—安全装置；STA—天线

有线网络采用冗余的电子装置、冗余的入网路径、冗余的环网结构,以及可选的光纤通路。

无线网络的 AP 无线重叠覆盖 4 条单独的接收信道,每 2 条连接到列车的一端冗余的车载无线设备。两套车载无线设备均与车载控制器连接(冗余),所以区域控制器通过两个轨旁无线设备向车载控制器传送报文。车载控制器也分别通过两个车载无线设备向区域控制器发送应答信息。

轨旁无线蜂窝,以 100% 的重叠率进行设计,保证在一个无线基站故障时,列车信号不丢失。至于车载无线设备与哪一个轨旁无线基站进行通信,取决于对信号强度的计算,如果本蜂窝区域的无线信号强度低于某一门限值,车载无线设备会自动转换到下一个有可接收信号强度的轨旁无线蜂窝。

11. 数据通信的安全性

由于采用无线通信,所以使数据通信公开化,如何保证数据通信的安全是个必须解决的问题,为此 DCS 安全系统使用标准的通信协议和动态的密钥管理,确保报文认证和编码的保密性,认证授权支持 IKE 协议,以使管理所有的密钥(证书)信息。也即所有对数据通信系统的接入,都要经过一个保安器件,所有收到的无效报文都由保安器件识别抛弃,中央认证机构,向保安器件发布认证授权证书。无线 CBTC 数据通信系统安全结构如图 4-27 所示。

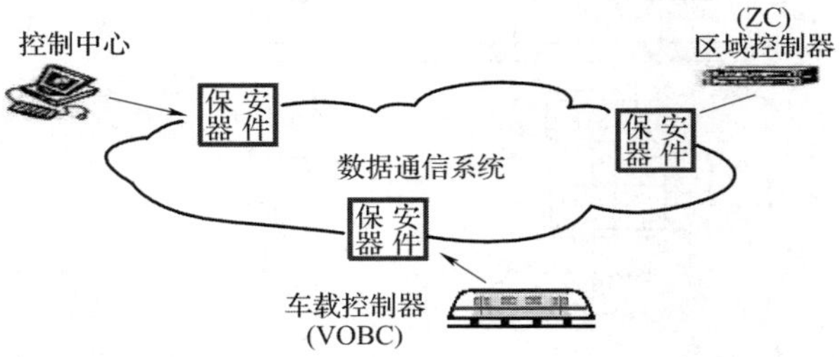

图 4-27　无线 CBTC 数据通信系统安全结构示意

通信协议由三个核心部分组成:真实性报头(AH):证实一个信息包的发送身份,并证实该信息包的真实性;封装的保安有效报文(ESP):在传输前,将一个包加密和证实;因特网密钥交换(IKE):管理发送器和接收者保安密钥的传送(动态密钥,不断更新)。

第二节　LCF-300 型 CBTC 系统

LCF-300 型 CBTC 系统组成如图 4-28 所示。其中,ATP/ATO 由北京交控科技有限公司研制。

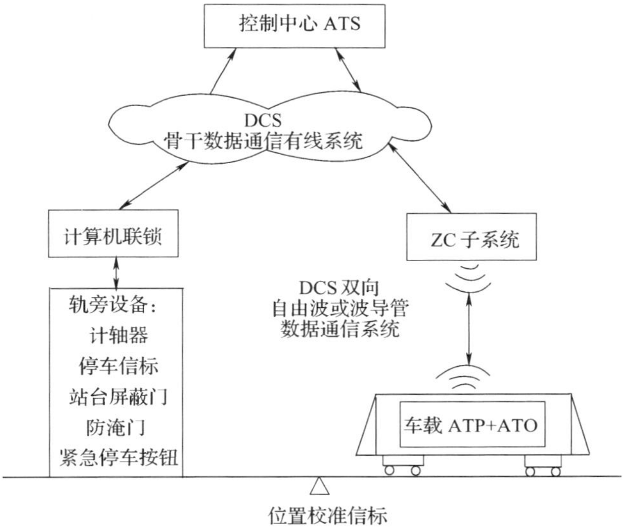

图 4-28　LCF-300 型 CBTC 系统组成

LCF-300 型 CBTC 系统地面设备包括:ZC 子系统、用于定位及点式后备的应答器设备等。LCF-300 型 CBTC 系统车载设备包括:车载 ATP 子系统、车载 ATO 子系统、车载无线设备等。

一、ZC 子系统

ZC 子系统从结构上分为 ZC 应用子系统、安全计算机平台和维护系统(ZCM)三部分。ZC 子系统是 CBTC 系统中 ATP 的轨旁部分,主要负责根据通信列车所汇报的位置信息以及联锁所排列的进路和轨旁设备提供的轨道占用/空闲信息,为其控制范围内的通信列车生成移动授权(MA),保证其所控列车的安全运行,具备在各种列车控制等级和驾驶模式下进行列车管理的能力。

1. ZC 子系统的特点

(1)分层设计,整个平台从逻辑上分成外部通信网、通信控制器层、内部通信网、二乘二取二处理层、容错和安全管理(FTSM)层。

(2)采用二乘二取二处理层为安全计算机平台的核心。分为两个二取二通道,完成通信、应用等处理功能和与容错、安全有关的各种功能。通道的二取二结构保证了平台的安全性,两个二取二通道构成“二乘”关系,在主机故障情况下能实现主、备通道热切换,保证了平台的可用性和可维护性。

(3)采用双系并行工作的二乘二取二安全计算机系统、内部通信和外部通信都采用冗余通道设计。双系之间采用隔离技术,对其中一系进行维修与替换不会对另外一系以及其他子系统正常工作有任何影响。即任何一个 ZC 计算机或网络设备不能正常工作,整个系统仍可继续正常工作,不会导致其他子系统无故切换。

(4)通道内双机采用相异软件,满足软件差异性设计原则。

(5)基于 COTS 开发原则,4 个处理单元和两个通信控制器均采用 X86 工业控制计算机和 VxWorks 操作系统以及对应的软件开发平台开发。

(6)容错和安全管理(FTSM)层负责指挥、监视两系的运行,它是二乘二取二结构的容错与安全特性的支撑。容错和安全管理单元基于纯硬件结构,在任何时间都能够强迫二取二一系进入安全状态。由于关断的方法不止一种,所以冗余管理是自冗余的。

2. ZC 子系统的功能

ZC 子系统的功能包括:计算列车安全位置、列车排序、更新轨道占用状态、信号机强制命令设置与处理、移动授权、列车注册、列车注销、列车管理数据库版本号比较、通信状态检测、时钟同步、提供维护数据。

3. ZC 子系统的结构

ZC 子系统的结构如图 4-29 所示。ZC 子系统的部件见表 4-1。

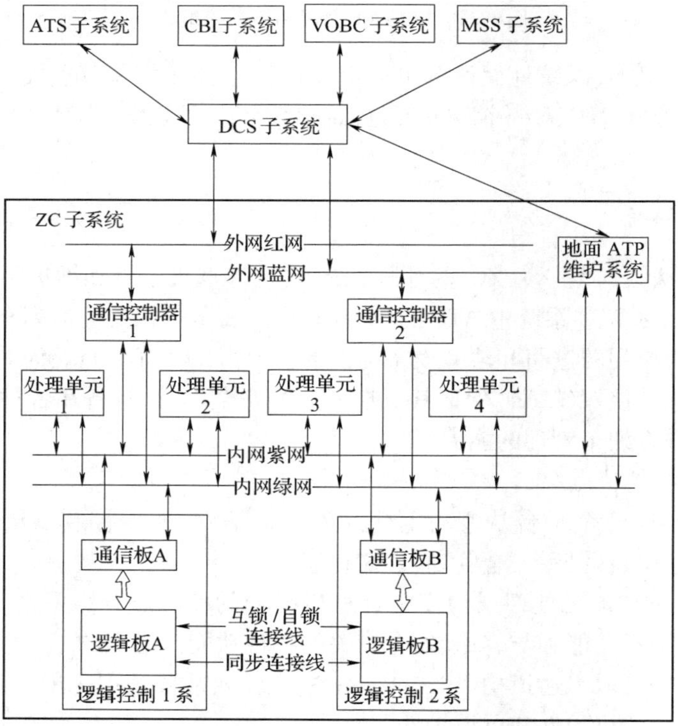

图 4-29　ZC 子系统的结构

图 4-30 为 FTSM 机箱结构示意图。FTSM 层由两个 FTSM 单元组成,每个 FTSM 单

元负责控制 1 系内双机的运行和与另一个 FTSM 单元共同控制两个通信控制器。两个 FTSM 单元相互作用来维持整个二乘二取二结构的正常运行。两个 FTSM 单元之间的互锁/自锁逻辑完成“主”“备”转换，所以只要有 1 个二取二通道处于“正常”模式，两个 FTSM 单元之间的互锁/自锁逻辑就可以“判决”出“主”通道。

一块输入/输出板有 DB25 插针和 DB37 插针，另一块输入/输出板有 DB25 插孔、DB37 插孔，通信板有 2 个 RJ-45 接口。

表 4-1　ZC 子系统的部件

类　别	设备名称	功能说明	设置位置
容错和安全管理单元 FTSM	安全电源板	安全电源的提供	FTSM 的 6U 机箱上
	输入/输出板	完成系统对输入/输出的控制	FTSM 的 6U 机箱上
	通信板	完成逻辑板和工控机的相互通信	FTSM 的 6U 机箱上
	逻辑板	完成安全平台的安全控制功能	FTSM 的 6U 机箱上
冗余处理单元	处理单元	完成安全平台的逻辑功能运算	信号设备室 ZC 机柜上
	通信控制器	完成外网冗余通信和内网通信	信号设备室 ZC 机柜上
维护系统	维护机	完成 ZC 系统的记录功能	信号设备室 ZC 机柜上
	KVM	观测各个机器的运行状态和操作	信号设备室 ZC 机柜上
安全冗余操作组件面板	按钮	完成相应的 ZC 的安全平台操作	3U 面板组件上
	指示灯	指示 ZC 的运行状态	3U 面板组件上

安全电源板 8R	输入/输出板 8R	逻辑板 8R	通信板 14R	补空板 8R	安全电源板 8R	输入/输出板 8R	逻辑板 8R	通信板 14R

图 4-30　FTSM 机箱结构示意

4. ZC 子系统通信网

如图 4-31 所示，ZC 子系统配置冗余的内部通信网络(内网)和外部通信网络(外网)。安全计算机平台通过冗余的 100 M 以太网(内网)进行内部设备之间通信，完成安全计算机平台与内部设备之间的数据通信功能，接收来自于安全计算机系统内部其他设备的数据，并对数据的正确性、有效性和及时性进行判断，剔除非法的数据。安全计算机平台通过冗余的 100 M 以太网(外网)与其他外部设备之间通信，完成安全计算机平台与其他外部设备之间的数据通信功能，接收来自其他外部设备的数据，并对数据的正确性、有效性和及时性进行判断，剔除非法的数据。

ZC 的内部通信网络(内网)和外部通信网络(外网)均采用冗余方式，都是由两条相互独立的 100 M 以太网络构成的，因此一旦冗余网络中的一条网络发生故障，各子系统仍可以通过另一条网络进行通信。ZC 网络拓扑结构如图 4-27 所示。所有基于以太网的通信接口，均是采用安全通信协议进行通信，保证信息的可靠性和可用性。同时，出于冗余设计的考虑,设置了两个相互独立而功能相同的通信控制器。通信控制器分别向两系转发 CBTC 系统中的其他设备发送给 ZC 子系统的信息,从而完成外网和内网的信息的相互传递。通信控制器的存在,使 ZC 子系统对于 CBTC 系统中的其他设备而言,表现为单一的 IP 地址,同时通信控制器起到安全计算机平台内部网络与外部网络隔离的作用。

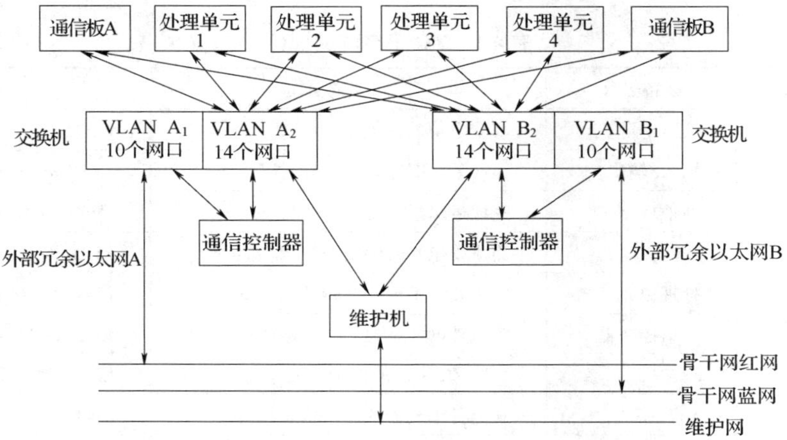

图 4-31　ZC 网络拓扑结构

出于简化系统设计的目的,内部冗余通信以太网(“绿”网和“紫”网)和外部冗余通信以太网(“红”网和“蓝”网)没有分别使用 4 个以太网交换机,而是利用中高端以太网交换机具有的虚拟以太网(VLAN)的功能将每个交换机划分成两个 VLAN,VLAN 之间相互独立,就好像是两个独立交换机一样。这样使用 2 个交换机就可以使内部冗余通信以太网和外部冗余通信以太网同时工作。

ZC 子系统的两个通信控制器对外通过冗余的红、蓝网接入 ATC 的骨干网,实现外部 ATC 设备的信息交换。

每个处理单元 FTSM 的通信板、通信控制器和维护机各提供两个通信接口,连入冗余的基于 TCP/IP 协议的 ZC 子系统内网,实现系统内设备相互之间信息交换。同时,维护机还提供与维护网的接口,可以将 ZC 子系统的运行状态信息通过维护网发给控制中心。

5. ZC 维护子系统(ZCM)

ZCM 作为 ZC 子系统与维护系统(MSS)的交互接口,主要负责 ZC 子系统运行的相关维护数据传输以及 ZC 子系统的故障报警,为维修人员及时提供 ZC 子系统的运行状态和报警信息,并提供故障处理帮助信息。

ZCM 安装于 ZC 设备机柜内,由一台 4U(1U 为 44.45 mm)主流配置的 X86 工业控制机和一台 1U 17 英寸 LCD、8 口 KVM 组成，属于非安全设备。ZCM 子系统安装 Windows 操作系统，其软件采用 VC ++ 开发。

ZCM 子系统一方面通过两块独立的网卡经 ZC 的内网与 ZC 设备连接，接收 ZC 设备发送的运行状态记录数据，ZCM 子系统记录、分析这些数据，并将分析结果以图形界面方式显示出来，另一方面通过第 3 块独立网卡与 CBTC 系统维护网连接，将 ZC 设备运行状态信息发送给维护中心。

6. 电源

ZC 系统工作电源有交流 220 V，直流 12 V，隔离直流 12 V。处理单元工作电源、通信控制器工作电源、FTSM 输入电源、交换机工作电源、维护机工作电源、KVM 工作电源为AC 220 V，FTSM 工作电源为 DC 12 V，按钮和指示灯电源为隔离 DC 12 V。

7. 子系统接口

ZC 子系统的外部接口有：逻辑接口、通信接口、电源接口、综合接地接口。

(1)逻辑接口

①人—机接口

3U 面板上的指示灯有：通道 1 电源指示灯、通道 1 运行指示灯、通信控制器 1 电源指示灯、通信控制器 1 运行指示灯、通信控制器 2 电源指示灯、通信控制器 2 运行指示灯、通道 2 电源指示灯、通道 2 运行指示灯。

3U 面板上的按钮有：通道 1 工作按钮、通道 1 恢复按钮、通信控制器 1 恢复按钮、通信控制器 2 恢复按钮、通道 2 工作按钮、通道 2 恢复按钮。

②ZC—VOBC

ZC 和 VOBC 之间的双向信息交换构成了列车移动闭塞运行原理的基础。

ZC → VOBC 的信息有：ZC 的 ID；ZC 对列车申请信息的应答；数据库版本号信息；下一个登录 ZC(非周期提供)；列车识别号信息；停车保证查询信息；PSD、EMP 状态、临时限速信息(包含在 MA 信息中)。

VOBC → ZC 的信息有：

列车的运行信息(申请 MA、注销、切换)及类型(通信列车/非通信列车)；列车的位置信息(包括非安全车头、车尾信息，以及列车的测距误差等与计算安全位置相关的信息)；列车的速度信息、运行方向、车门信息；列车完整性标识；列车紧急制动状态信息；列车停车保证信息；列车停稳信息、列车站台准确停车信息；VOBC 维护/诊断信息。

③ZC—ZC

相邻的 ZC 之间交换信息，保证通信列车可以越过 ZC 的边界。

相邻的 ZC 之间交换信息有：数据库版本号、信息帧类型、列车位置、列车运行信息、MA 信息。

④ZC—ATS

ZC 从 ATS 接收操作命令并给 ATS 提供状态指示和故障信息。

ZC → ATS 的信息有:通信列车占压的逻辑区段;非通信列车占压的逻辑区段;向 ATS 发送时间同步申请。

ATS → ZC 的信息有:时间同步、临时限速。

⑤ZC—CI

CBTC 系统应当支持一个到联锁的双向接口,以进一步优化列车的运行。

CI → ZC 的信息有:障碍物数量和状态;申请停车保证对象及数量;进路信息;PSD、EMP 状态;临时限速。

ZC → CI 的信息有:信号机强制命令、逻辑区段信息及状态、停车保证信息。

⑥ZC—ZC 维护机

ZC 向 ZC 维护机发送维护/诊断信息,经 ZC 维护机转发到维护网络。

(2)有线通信接口

ZC 子系统对外提供两个独立的 100 M 以太网通道,每个通道提供一个 RJ-45 的电气接口。系统使用这两个通道作为 ATC 系统间的数据传输通道。

ZCM 子系统通过两块独立的网卡提供两个相互独立的 100 M 以太网通道与 ZC 设备的冗余内网连接,接收 ZC 设备发送的运行状态记录数据。每个通道提供一个 RJ-45 的电气接口。

ZCM 子系统通过第 3 块独立网卡提供一个相互独立的 100 M 以太网通道与 CBTC 系统维护网连接,将 ZC 设备运行状态信息发送给维护中心。该通道提供一个 RJ-45 的电气接口。

信号系统与有线传输系统的接口协议应符合 IEEE 802.3 的有关规定。

(3)电源接口

ZC 子系统的双路 220 V 交流电源来自于机房电源屏。由于 ZCM 子系统由一台 4U 主流配置的 X86 工业控制机和一台 1U 17 英寸 LCD、8 口 KVM 组成,同时 ZC 设备的交流电接线端子排冗余配置,因此可将工业控制机和 KVM 的供电接口分别接在 ZC 设备冗余交流电接线端子排的不同系上。

(4)综合接地接口

ZC 子系统通过综合接地系统实现接地。

ZC 子系统机柜中设置内部接地汇流排,内部设备连接到内部汇流排上,内部汇流排再连接到机房接地汇流排上。

由于 ZCM 子系统由一台 4U 主流配置的 X86 工业控制机和一台 1U 17 英寸 LCD、8 口 KVM 组成,因此可将工业控制机和 KVM 分别通过供电接口或独立的接地接口接入 ZC 设备机柜内部接地汇流排上。

二、VOBC 子系统

VOBC 系统包含 ATP 车载系统(含数据记录系统)、ATO 车载系统和 MMI 系统。

1. LCF-300 型 CBTC 车载系统的特点

LCF-300 型 CBTC 车载系统的主要特点有:

(1)能获得最佳的行车间隔。由于使用了无线系统进行车地间的双向连续通信,实现对列车的连续监控,列车通过实际位置进行分隔。

(2)通过列车自主定位,基于速度距离曲线对列车提供超速防护,在保证列车安全的前提下有效缩短追踪距离。

(3)具有 ATO 自动驾驶功能,能自动控制列车的启动、巡航、精确停车,以及车门和安全门的自动打开关闭,满足高效、节能、舒适的运营要求。

(4)正常模式下,与次级检测系统(计轴器)完全独立,次级检测系统也用于降级模式。

(5)使用一套驾驶台的屏幕显示,能显示列车的各种运行数据,并为司机提供辅助驾驶信息。

(6)系统提供完备的数据记录和故障诊断功能,便于系统的维护、维修。

2. LCF-300 型 CBTC 车载系统的构成

车载控制系统将安装在每列车的两端,两端的车载设备配置完全一样,两端设备通过通信线互联,可以实现它们之间的通信以及无线通信的双路冗余。

一端车载设备构成如图 4-32 所示。应答器车载查询器(BTM)、DCS 无线通信系统、ATO 车载系统及 ATP 车载系统安装于车载支架中。

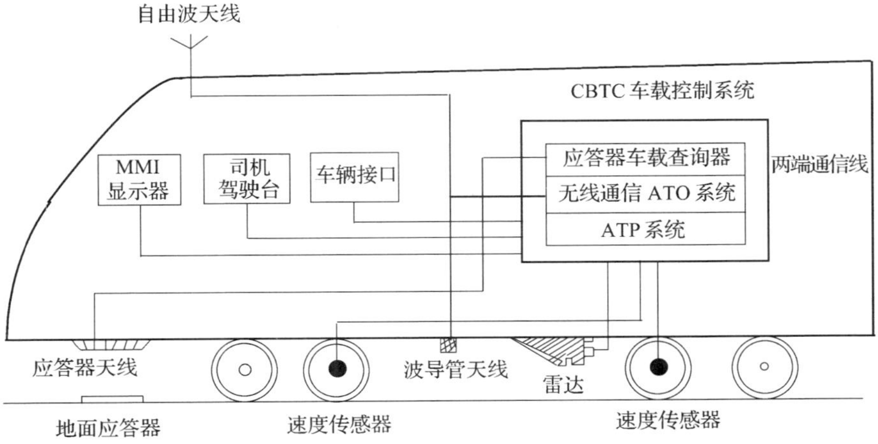

图 4-32 一端车载设备构成

3. 车载 ATP 系统

在列车头尾两端各安装一套设备,两端通过通信线进行连接。ATP 系统采用了三取二技术,无需采用列车两端冗余,提高了系统的可靠性、安全性、可用性。车载 ATP 系统为"3U +6U"的结构,其组成如图 4-33 所示。

根据 IEC 61508 标准,选择三取二(2oo3)结构来完成容错、安全的车载运行控制功能。系统具有三路独立的输入、输出、主处理单元,每路的电源也独立设置。对外的输入、输出 24 V 电源采用双重冗余的方式提供。

对于数字量、模拟量、脉冲量输入信号,可以采用多重模块结构的输入接口电路,即输入的传感器信号分成 3 路,直接送入 3 个通道的信号调整、隔离电路,然后分别通过扩展总线送到 3 个运算处理单元。

对于数字量输出,采用三取二表决器输出方式,当然 3 个运算处理单元输出的自诊断看门狗信号,分别通过动—静信号变换电路变换后,也进行三取二表决,其输出控制数字量输出表决器的电源供给来保证故障—安全控制,三取二结构的输入和数字量输出结构如图 4-34 所示。

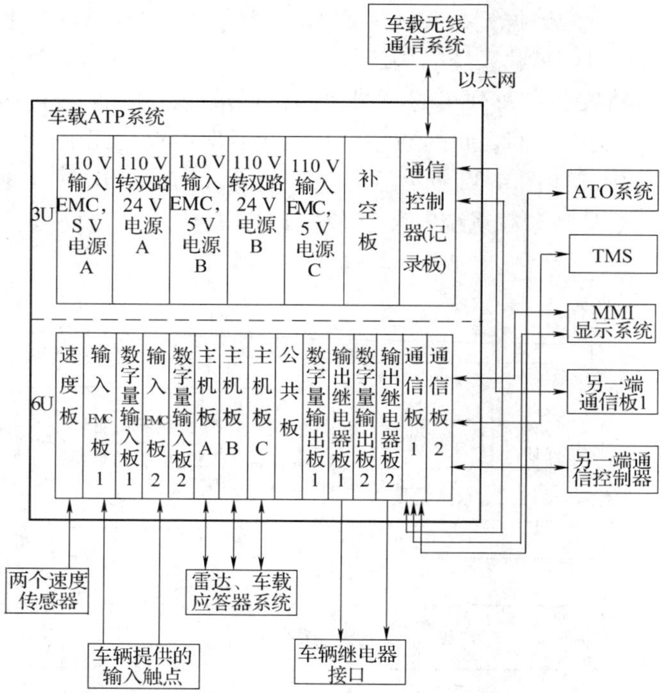

图 4-33 车载 ATP 系统组成

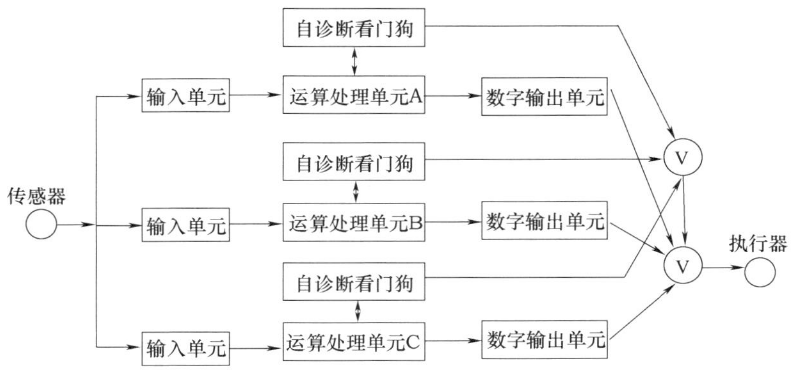

图 4-34　三取二结构的输入和数字量输出结构

当然 3 个运算处理单元之间必须保持同步，才能完成三取二容错处理功能。同步主要有时钟级同步和任务级同步两种。时钟级同步缺点较多，目前应用很少。任务级同步最大的优点是对共模错误抑制能力强，目前在容错系统中广泛应用。它将控制程序分成若干任务，分别在每个任务之后通过通道间通信总线交换同步信息，由软件完成同步功能，为此占用的软件处理资源很大，对通道间通信总线的通信速度要求较高。考虑软件的工作量和可靠性，采用软件设置任务工作周期，硬件设置三重冗余时钟基准，多个工作周期通过三重冗余时钟基准校正一次同步。由于主处理板的时钟频率很高，能够保证三个主处理板工作周期非常准确。在每个工作周期里，系统顺次完成如下工作：信息输入、输入信息的三取二表决、应用处理、运算结果等信息的交换、输出结果软件三取二表决、输出命令。系统同步校正脉冲来自冗余时钟电路，冗余时钟电路采用三重冗余方式。3 个通道的运算处理单元之间的同步不但依靠于同步校正时钟，也依靠于它们之间的通信。上述连接中任一个故障不会影响三个运算处理单元之间的正常通信，既提高了系统的通信吞吐能力，又符合三取二结构的 3 组独立系统通信总线的要求，提高了系统通信总线的可靠性。

整个三取二系统的对外通信口是两个独立的通道，在运算处理单元内，对外输出的通信信息已经经过了表决处理，在外部通信单元 1、2 上还将再次进行通信信息的表决，保证整个系统对外的通信信息输出是可靠的、安全的，而且任意一个外部通信单元故障，系统都能够保证正常运行。

车载 ATP 系统实现与车辆制动装置的可靠接口，保证对列车实施连续有效的控制。车载 ATP 系统向车辆监控设备提供控制车辆牵引及制动信号执行终端的监控接口。

4. 车载记录系统

车载记录系统是一块 3U 标准大小的电路板，以 PC104 系统为核心，位于车载 ATP 插箱中。记录系统主要实现各子系统（含 ATP、ATO、MMI、无线通信系统）的运行数据和故障报警数据的记录,可通过 USB 接口将数据转储到地面计算机进行后续的分析处理,通过 RS-232 串口可在线输出各子系统的故障报警数据,以便维护人员进行在线诊断、维修。

5. 车载无线通信系统

在列车的两端均安装无线自由波与波导管网络设备,包括无线接收的天线和波导管的接收天线,每端安装两个天线用于天线分集。两端的无线网络设备分属于两个独立的无线网络系统,任意一个网络发生故障,整个系统均能够继续保持正常工作。无线网络系统与 ATP 系统进行双向通信。

6. MMI 系统

MMI 系统是显示单元,为带触摸屏的 10.4 英寸显示器。司机可以通过 MMI 显示器查看列车当前的运行状态,通过触摸屏进行操作以及设置某些参数。

7. 应答器车载查询器(BTM)

列车的两端都安装欧标的应答器查询器及天线,接收系统有四块通信板与车载 ATP 系统的 3 个主机及 ATO 主机通过 RS-422 接口分别相连。应答器接收系统还提供 ATTENTION 信号以便通过应答器对列车当前的位置进行精确的校准,车载设备利用应答器信息还可以获得列车当前的运行方向。在以点式级别运行时,车载设备可以通过可变应答器获得点式下的移动授权。通过接收地面点式环线的信息,车载设备还可以对红灯时司机的误出发进行防护。

8. 速度传感器

列车的两端分别安装 2 个 DF16 速度传感器,速度传感器提供速度脉冲信息,经处理后由 ATP 和 ATO 进行速度、方向和走行距离的计量,其中一个传感器故障不影响系统的正常工作。

速度传感器应安装在无动力的滚动轮轴上,两个速度传感器应该安装在不同的转向架上。两个速度传感器应该安装在第 2 轮对和第 3 轮对上,可以安装在列车的两侧。

9. 雷达

为了能够对列车的速度和位置进行精确测量,防止列车空转打滑的影响,在列车的两端分别安装了一个雷达传感器,采用的是 DRS05 型雷达。雷达安装于列车底部,雷达和道床反射面之间的距离为 500 mm 到 1 000 mm。雷达必须安装在轨道扣件的上方,靠钢轨的内侧。

10. 与地面系统接口

车载系统与地面系统通过冗余的无线通信网络,采用安全通信协议进行通信。

(1)VOBC—ZC

见上述。

(2)VOBC—CBI

CBTC 系统支持一个到联锁的双向接口,以进一步优化列车的运行。

车载ATP→CBI的信息有：安全门打开、关闭命令。

CBI→车载ATP的信息有：安全门状态。

(3)车载ATP—ATS

CBTC系统支持一个到ATS的双向接口，以进一步优化列车的运行。

车载ATP→ATS的信息有：列车位置、列车识别号、列车任务号、列车运营状态信息、VOBC维护/诊断信息。

ATS→车载ATP的信息有：分配的列车识别号、分配的列车任务号、列车停站时分、列车下一站、列车目的地、跳停命令、扣车命令。

三、数据通信子系统(DCS)

ATP信息传输应为连续的数字传输方式，所有正线车站的线路、折返线、停车线、车辆段/停车场的转换轨及试车线应通过车地双向通信，实现列车的停准控制功能。数据通信子系统由ATC骨干网和ZC网、ATS网、CBI网、维护网等组成。其中骨干网和ZC网、ATS网、CBI网、维护网均为有线通信网，ZC与VOBC之间采用无线通信网。除了维护网外，都为双网。

ATC骨干网为光纤网，采用SDH技术，其他有线网在SDH节点与ATC骨干网连接。

ATP子系统应具备与其他相关子系统的通信功能(包括车地通信，以及向车载ATO传送有关信息等)，并应监督与其他子系统的通信状态，在发生通信故障时实施紧急制动以保证列车的安全运行。

ZC子系统通信网和车载无线通信系统如前述，它们之间采用无线自由波(地下段)与波导管(地面段和高架段)传输。

1. ATS通信网

ATS通过100 M以太网接口连接到正线/车辆段/停车场计算机联锁系统。ATS与联锁系统采用直接连接的方式，通过车站分机直接连接联锁的上、下位机，同时在紧急站控时，保留目前的HMI直接连接联锁的方式。

ATS通过100 M以太网接口连接到ATP/ATO系统。

ATS通过100 M以太网接口连接到MSS系统，基于SNMP协议实现与MSS的连接，向MSS报告ATS的设备状态。

ATS子系统在控制中心通过通信前置机为综合监控系统提供两路以太网接口，接口类型为10/100 M以太网，双方通过基于通用、开放的TCP/IP协议的SOCKET编程的方式建立连接，ATS子系统通过RS-422串行通信口连接到无线通信系统、时钟同步系统、乘客信息系统。

控制中心通过通信前置机为TCC系统提供两路以太网接口，接口类型为10/100 M以太网，双方通过基于通用、开放的TCP/IP协议的SOCKET方式建立连接。

2. CBI 网络

CBI 网络如图 4-35 所示，联锁子系统配置两套冗余的通信传输通道，一套用于 ATS 子网，一套用于 ATP/ATO 子网。ATP/ATO 子网实现：和地面 ATP/ATO 之间的安全信息交换、和车载 ATP/ATO 之间的安全信息交换、相邻设备集中站 CBI 之间的信息交换。ATS 子网实现：CBI 和现地控制工作站之间的信息交换、现地控制工作站和 ATS 之间的信息交换、现地控制工作站和 SDM 之间的信息交换、CBI 和 SDM 之间的信息交换、集中站 CBI 和非集中站现地控制工作站的信息交换。

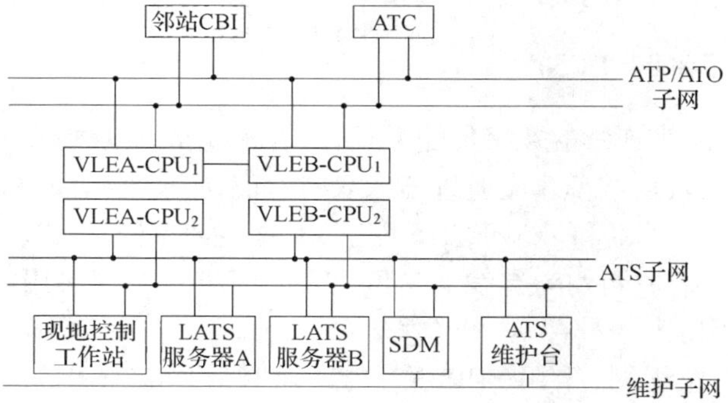

图 4-35　CBI 网络

联锁机、现地控制工作站和系统维护台各提供两个网络接口，接入冗余的基于 TCP/IP 协议的 ATS 子网，实现相互之间信息交换。同时，通过通信接口节点接入 ATC 骨干网，实现和 CATS 之间的信息交换。联锁 A/B 机通过另外独立的两个网口接入冗余的 ATP/ATO 子网，通过通信接口节点接入 ATC 骨干网，实现和地面 ATP/ATO、车载 ATP/ATO、相邻 CBI 之间的信息交换。这两套通信传输通道，均采用冗余的方式，因此一旦冗余网络中的一条网络发生故障时，各子系统仍可以通过另一条网络进行通信。网路链接状态信息传递给 SDM 子系统，便于现场人员及时查询和维护。

设备集中站 SDM 提供一个网络接口直接连接至维护子网，实现和维修中心 MSS 子系统的通信。

四、主备用控制中心的切换

ATS 子系统包括两个控制中心：主用控制中心和备用控制中心。备用控制中心位于车辆段，其主要功能是在主用中心故障的情况下，允许备用中心接管全线控制权，实现对全线的运营调度管理。在主用中心正常的情况下，作为备用服务器，对全线设备进行监控。也可以做切换至培训模式，对调度员进行离线培训。

每个控制中心可能处于两个状态“主控”、“非主控”。“主控”代表该中心 CATS 执行对线路的管理。“非主控”代表该中心 CATS 只执行对线路状态的监视，不承担任何控制功能。各个地点的 ATS 工作站可以选择连接到主用中心的 CATS 还是连接到备用中心的 CATS。ATS 工作站/终端会显示当前连接到哪个中心的 CATS，以及该中心 CATS 处于“非主控”状态还是“主控”状态。

当每个中心的 CATS 启动后，初始都处于“非主控”状态，当指定的用户登录工作站后，可以操作连接的控制中心 CATS 从“非主控”升级为“主控”，该操作需要输入一个特定密码并在 CATS 服务器进行密码验证。当 ATS 工作站连接到一个中心 CATS 操作从“非主控”升级为“主控”，该中心 CATS 检查与另一个中心 CATS 的连接，如果与另一个中心 CATS 有连接，并且另一个中心 CATS 处于“主控”状态时，不允许操作升级。

当一个中心的 CATS 处于“非主控”状态时，它仅处理表示功能（接收来自 LATS 的站场和列车信息，并向连接到它的 ATS 工作站发送），但不处理来自工作站的操作命令，也不向 LATS 和外部接口输出控制命令。ATS 工作站当与“非主控”的 CATS 连接时，也不允许进行操作。

当主用中心的 CATS 发现备用中心的 CATS 与自己连接上时，主用中心将自己数据库中的用户账号信息，系统参数配置信息，周计划使用配置向备用中心 CATS 同步。

仅有主用中心的 CATS 处于“主控”状态时，其接受来自工作站的管理用户账号，修改系统参数的操作。保存修改结果，并将更新后的用户账号，系统参数信息向备用中心 CATS 同步。

计划员编制完离线运行图后，可以选择同时向两个中心 CATS 的数据库上传。

两个中心的外部接口计算机（通信前置机）都同时连接两个中心的 CATS，保证与外部接口的功能不受中心 CATS“主控”“非主控”切换的影响。

第三节　iCMTC 型 CBTC 系统

一、系统结构

iCMTC 型系统是自主化的基于无线通信的列车自动控制系统，支持自由无线、波导和漏泄电缆等多种方式的车地无线传输方式，并具备在系统故障时降级至点式后备的能力，支持 CBTC 与点式后备混跑模式运行。iCMTC 型系统由 iLOCK 型计算机联锁（CBI）、iTC 型列车自动控制系统（ATC，包括 ATP、ATO）、iTS 型列车自动监控系统（ATS）、iDCS 型数据传输系统（DCS）、iMSS 型维修支持系统（MSS）组成。iCMTC 系统结构如图 4-36 所示。

二、系统特点

iCMTC 系统设计充分考虑国内城市轨道交通现状和用户操作习惯，能够满足兼顾安全和高效运营的需要。主要技术特点体现在以下方面：

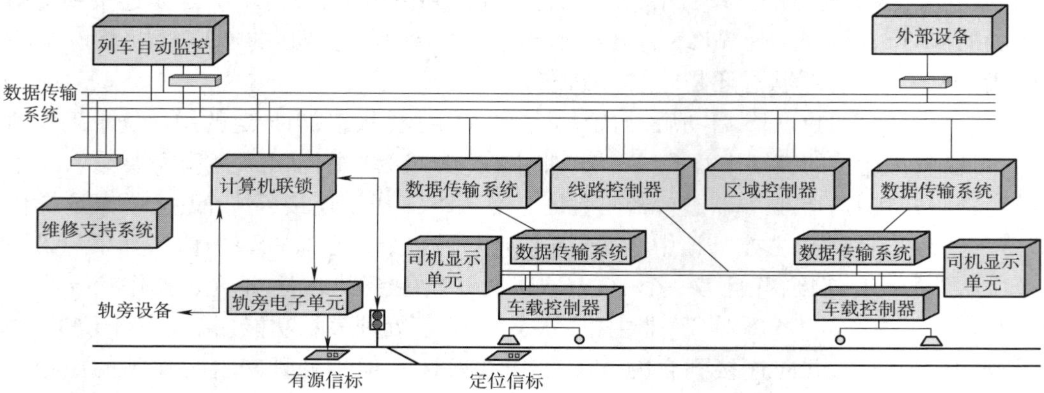

图 4-36　iCMTC 系统结构

(1)系统集成了多个既有的成熟子系统(iLOCK、iTS、DCS 和 MSS),这些子系统经过充分的应用验证,技术稳定可靠。

(2)整个信号系统中所有安全子系统的安全完整性等级达到 SIL4 级,导致危险侧的故障率低于 10^{-9}/h,确保系统的高安全性。

(3)所有关键设备采用冗余热备配置,故障情况下冗余设备之间自动实现切换,不影响系统正常运营。

(4)在同一线路上,系统支持 CBTC 模式列车和点式后备模式列车的混合运营,并提供完整的 SIL4 级安全防护。

(5)在点式后备模式下提供 ATO 功能,提高系统后备模式运营效率。

(6)支持 3 种不同等级的运营模式——CBTC 模式、点式后备模式和联锁模式,当无线通信不能正常工作时,系统可降级为后备模式或更低的联锁模式运行。

(7)提供电信级的 SDH 骨干网,具有高带宽、双向自愈、组网灵活,可同时承载信号和实时多媒体,以及视频监控等多项附加应用等特点。

(8)采用模块化设计,可根据项目需求灵活裁剪和扩充系统功能,满足系统用户需求。

三、iLOCK 计算机联锁子系统

iLOCK 执行 iTS 功能命令,管理进路、道岔和信号控制,并将进路、计轴、道岔和信号等状态信息提供给 iTS 和 iTC 子系统。

iLOCK 是 iCMTC 系统中的一个关键子系统。该子系统符合"故障—安全"原则,是以微处理器为基础的计算机联锁信号控制系统。它是引进(ALSTOM)SMARTLOCK 系统核心技术,结合我国铁路运营技术条件,经过二次国产化开发而成的一种安全型计算机联锁系统。

iLOCK 综合运用“反应故障—安全”“组合故障—安全”和“固有故障—安全”技术，采用双 CPU 表决输出方式，比采用单一安全技术的系统具备更高的安全性。

四、iTC 型列车自动控制系统

iTC 系统采用双机热备二取二结构，全系统关键部件没有单点故障。iTC 监控列车安全运行，通过 iTC 车载部分和轨旁部分构成信息闭环控制，实现移动闭塞控制功能。

iTC 是 iCMTC 系统的一个核心子系统，由轨旁和车载旁两部分组成。轨旁部分包括区域控制器（ZC）、线路控制器（LC）、编码器（LEU）和应答器（BEACON）。车载部分包括车载控制器（iCC）和驾驶员接口（DMI）。

1. iTC 子的主要技术特点

（1）车载控制器硬件采用“二取二”结构，通过相异设计和双通道安全输出比较来提高系统的安全性。

（2）车载控制器软件采用安全编码处理器（VCP）技术和数字集成安全保证逻辑（NISAL）编码技术，使系统发生随机错误的不可检出率达到 SIL4 级要求，保证系统的高安全性。

（3）车头车尾的车载控制器构成冗余，根据设备的可用性等级实现自动主备切换，保证系统的高可用性。

（4）轨旁设备统一采用卡斯柯信号有限公司自主研发的通过国际第三方 SIL4 级独立安全认证的轨旁安全平台（TSP）。该平台采用双系并行控制的“二乘二取二”技术、在线检测（BIT）技术和相异性（DIV）技术，以保证轨旁系统的安全完整性等级达到 SIL4 级要求。

（5）车载输入/输出模块的安全输入和输出采用并接方式连接，构成双驱双采工作方式。

（6）系统内部设备之间采用 SACEM 安全通信技术，使用双 24 位 SACEM 编码和时间标签技术，保证安全数据交换的安全性和时效性。

2. 轨旁 ATC 设备

轨旁 ATC 设备包括区域控制器 ZC、线路控制器 LC，这些设备接入冗余的信号网络。区域控制器 ZC、线路控制器 LC 运行于轨旁安全平台 iBASE22-TSP。

（1）ZC 子系统

ZC 是实现移动闭塞控制的核心设备，对其管辖区域范围内所有列车的安全间隔进行防护和管理。ZC 根据车载控制器发送的位置报告或轨道区段的占用检测，为每列列车创建自动保护区域（AP），通过管理区域内的 AP 和轨旁状态为每一列通信列车计算移动授权（EOA）和安全变量信息，并将其发送给车载控制器，以实现对列车安全间隔的防护。

①ZC 子系统的功能

ZC 子系统具有的功能,包括计算自动防护;计算每列车的移动授权;管理防护区域;监控安全门。

ZC 子系统通过 DCS 网络和 ATS、CI、MSS、CC、相邻 ZC、LC 连接。

②ZC 子系统结构

ZC 子系统结构如图 4-37 所示。机柜布置如图 4-38 所示。ZC 子系统包括一个通用平台,一个通用应用软件和与线路相关的特定数据描述。

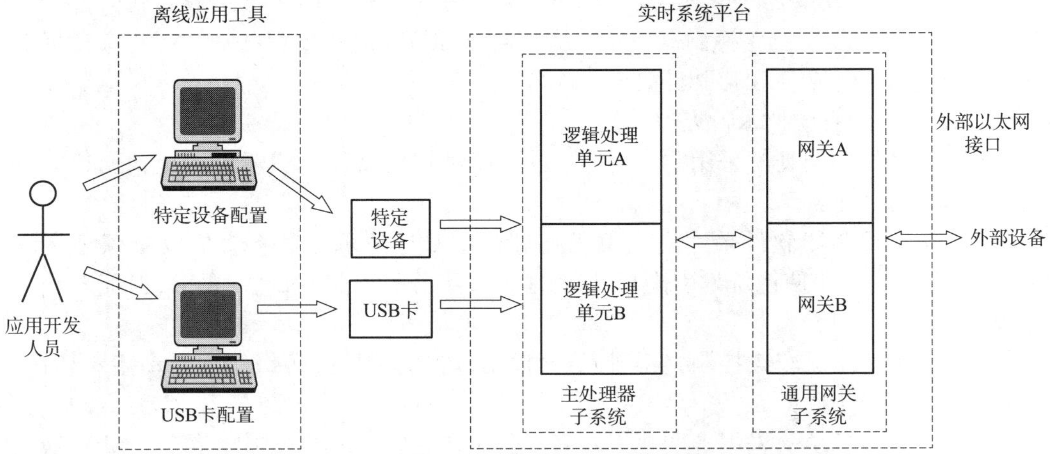

图 4-37　ZC 子系统结构

TSP 安全平台的主要部分是一个安全的计算机机架,是二乘二取二安全系统,其核心单元为 MPS(二乘二取二安全计算机,安全完整度为 SIL4)。由两个主处理单元(MPS A/MPS B)和两个通用网关(GGW R/GGW B)组成。安全计算机能使用四个 USB 卡配置特定的应用软件,每个 MPS 单元配置两个 USB 卡并插在主处理单元的前面板插槽上。ZC 的安全性基于二取二原则,检测到故障后自动从二乘二取二模式降级到二取二模式。MPS 由主 MPS(MPS-N)、备 MPS(MPS-R)和切换装置(STBY)主备切换模块组成,在任何情况下只允许一系 MPS 成为主。主 MPS 和备 MPS 都是二取二系统,内部由二模冗余计算机和表决器组成,主备 MPS 之间会进行时间钟同步和数据同步,能根据故障情况以及 STBY 状态进行主备系切换。

故障情况包括:主 MPS 掉电;主 MPS 死机。备系应用比主系健康等级高。

ZC 系统分为主处理单元、通用网关单元、诊断维护子系统、内部红/蓝网交换机。

a. 主处理单元

主处理单元 MPS 有 2 个,MPS A/MPS B,一个 MPS 包含:1 块 MCU 板、1 块 VPS 板、1 块 PSU 板、2 块 MPU 板、1 块 SCU 板、1 个风扇模块、1 个 Stand-by 模块。

b. 通用网关

有两个通用网关单元 GGW,GGW R/GGW B。

c. 诊断维护子系统

诊断维护子系统 SDMS 主要负责对 TSP 内部子系统以及 APP 的运行状态监测、运行情况记录、报警分析等功能。

d. 内部红/蓝网交换机。

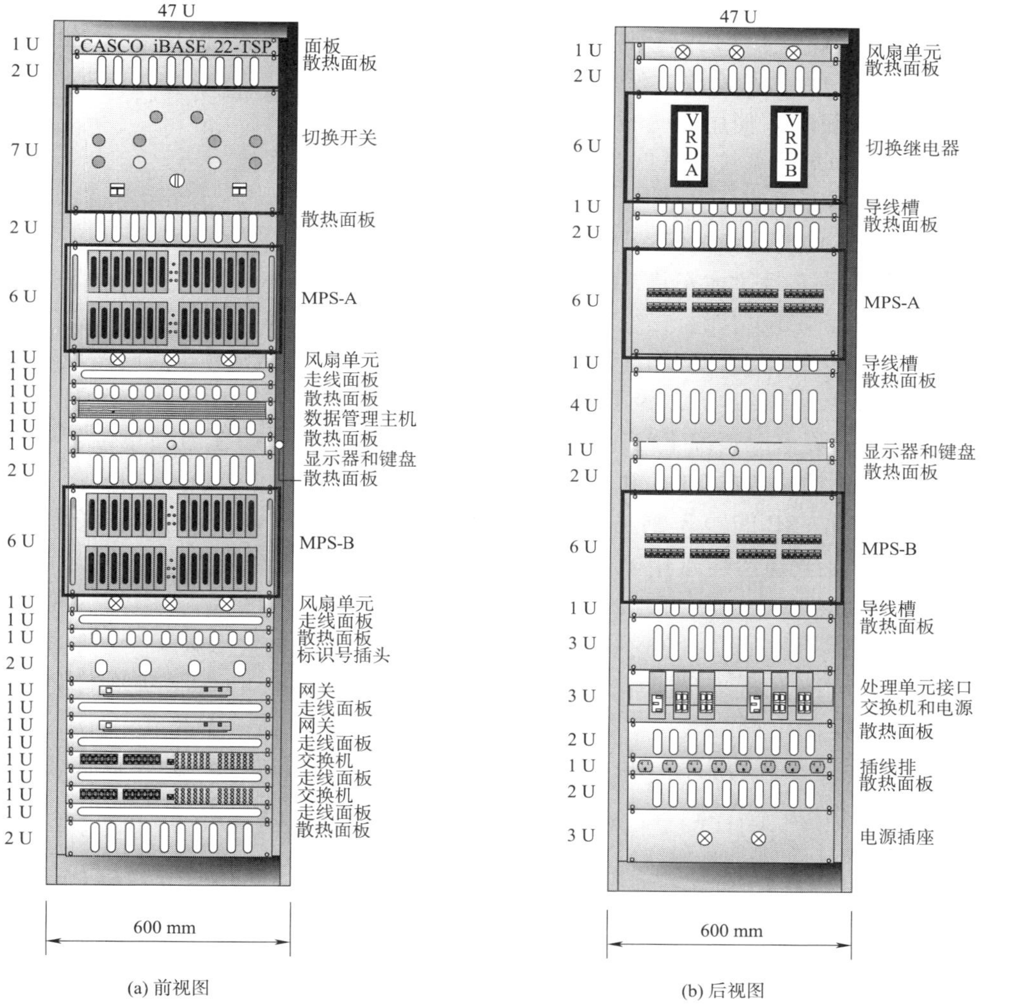

图 4-38　ZC 机柜布置

每个 ZC 最多可管理 50 列在线列车的运行,具有管理和控制按 2 min 运行间隔配置的列车数量的容量。每列列车的自动防护程度和位置每隔 336 ms 刷新一次。

欧式编码器(LEU)和应答器亦为轨旁 ATC 设备,其中欧式编码器(LEU)设置于集中站信号设备室中,应答器设置于轨旁。LEU 接收 iLOCK 子系统的轨旁变量信息,将其编码后通过应答器发送给车载控制器。应答器分为有源应答器和无源应答器。应答器沿轨道布置,用于列车越过信标时定位列车。有源应答器与 LEU 连接,将轨旁变量信息传递给车载控制器。LEU 和应答器提供轨旁 iLOCK 子系统和车载控制器之间的接口,用于实现后备模式(降级模式)功能。

(2) LC 子系统

LC 管理 iTC 子系统内部软件版本和安全时钟同步,并接收来自 iTS 子系统的临时速度限制(TSR)设置和修改,将线路 TSR 发送给车载控制器。

LC 子系统和 ZC 使用相同的 TSP 平台。

LC 通过 DCS 子系统与 ATS、MSS、CC、ZC 子系统设备连接。

(3)应答器子系统

当列车越过应答器时,应答器子系统允许 CC 子系统读取轨旁信息。

在线路沿线有规律地安装 RB(重定位应答器)。这些应答器允许 CC 设备执行定位初始化和重新定位功能。三个连续的 RB 的距离不应超过 400 m。

为实现精确停车,需要 RB。该应答器安装在当列车位于运营停车点时距应答器天线位置前 0.5 ~1 m 的地方。为了提高 CC 在停车点的停车策略,还需再安装两个 RB,该 RB 允许 CC 在必要情况下修正列车的速度曲线。该 RB 安装在当列车位于停车点时,距应答器天线位置前 30 m 和 70 m(待定)范围的地方。

两个连续的 RB 间距为 21 m 并安装在曲率半径不小于 300 m 的轨道区域,组成 MTIB(动态初始化应答器),用来初始化列车位置,对测距的精确度进行校准,还可用于校准车轮直径。

两个应答器间的最大距离不应超过 400 m。为了冗余(允许丢失 1 个应答器),至少每 200 m 安装一个应答器。在车站或者需要精确停车的地方,为了实现精确停车,RB 安装在特定的位置。

当执行后备模式功能时,RB 与 LEU 子系统连接来为 CC 提供轨旁设备状态:信号机状态、道岔状态。

(4) LEU 子系统

LEU 子系统从 CI 设备获取各种轨旁信息,通过分析输入状态确定信号机的显示并将相关的信息传输至有源应答器。LEU 是安全相关的轨旁设备,用于执行后备模式功能,如图 4-39 所示,与其相关的信号机、道岔和应答器接口。每个 LEU 最多可管理 4 个应答器。

停车信号机由一个应答器防护,每个应答器从一个 LEU 获取信息并传送至列车。接近信号机由两个应答器防护,每个应答器可从不同的 LEU 处获取信息并传送至列车。

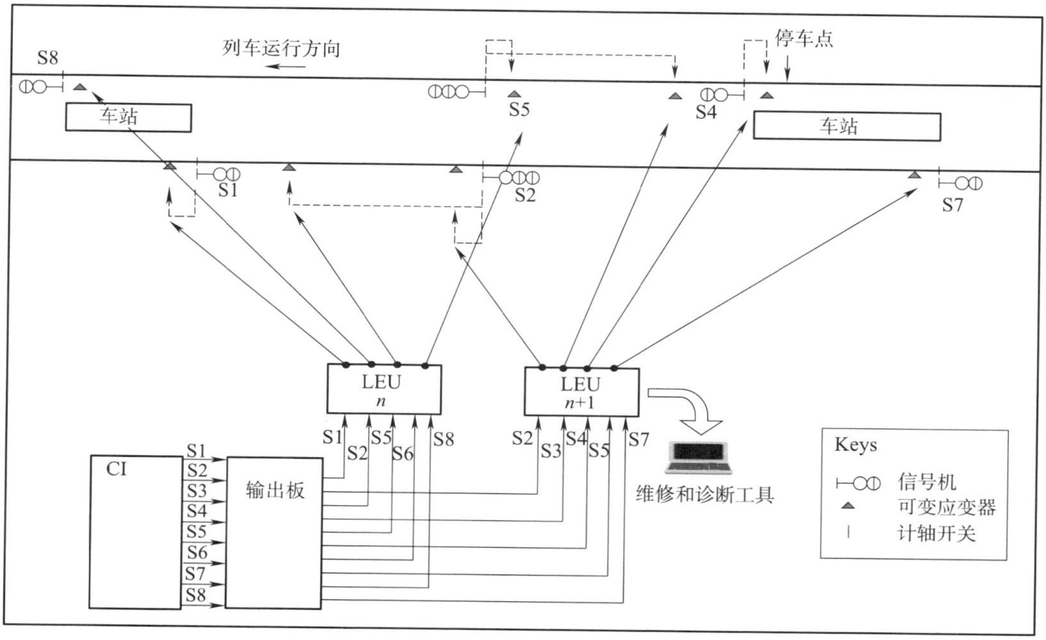

图 4-39　后备模式轨旁子系统结构

LEU 由 4 个主要部分组成：

①底板

底板用来将 LEU 装入机柜或装在特定支架上。

②前盖

前盖用来防护连接器进水和屏蔽 EMC。它装在 LEU 盒上。

③ LEU 盒

LEU 盒用来放置 4 块电路板，在后面板上包含了母板，放置在底板上。

④电路板

电路板有：CALE 电源板、CRTE 网络和处理板、ETRS2 输入接口板、SERB 输出板。

ETRS2 板可接收 10 个输入，LEU 软件可以将几个输入合并为一个逻辑方程，方程的结果用来选择将要发送的输出信息。

LEU 盒内的电路板由位于盒内后面板的母板连接。

LEU 连接接口连接 LEU 和其他设备的外部接头直接插在前面板连接器上，每个板有一个连接器。

LEU 软件是一个标准的应用软件，根据动态输入选择信息。在数据准备阶段定义所有的输入输出，该阶段将定义每个可能的输入和输出：最大车头位置，最大车尾位置。CC 与 ZC 间的无线通信所引起的时延已在最大车头位置与最大车尾位置中考虑。

3. 车载 ATC 设备

车载 ATC 设备包括车载控制器 CC、司机显示单元 DMI、应答器天线、编码里程计等,车载控制器 CC、司机显示单元 DMI 接入冗余的信号网络;应答器天线、编码里程计通过线缆连接。车载 ATC 设备结构示意如图 4-40 所示。

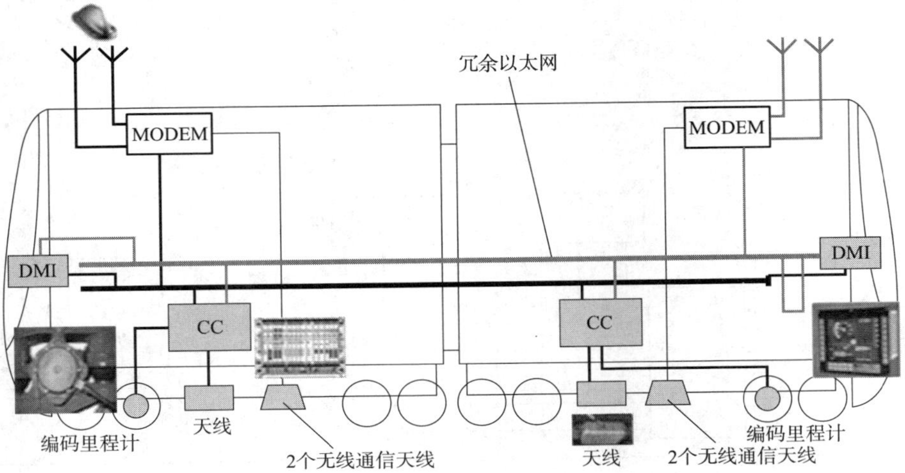

图 4-40　车载 ATC 设备结构示意

安装在车体内的信号设备包括车载 ATC 主机、驾驶台信号显示单元、信号速度表。信号速度表安装在驾驶台上,指示列车当前实际速度和最大允许速度,其数据输入应该独立柱于信号显示单元。安装在车体外的信号设备包括 ATC 定位设备和 ATC 测速设备。

(1)车载控制器(CC)

①CC 子系统的功能

车载控制器(CC)子系统在自动控制和人工控制下都能负责监督和控制的行车安全。

CC 子系统包括两个主要功能:列车自动防护功能(ATP)、列车自动驾驶功能(ATO)。

自动列车防护(ATP)负责监督和控制列车的运行。根据安装在列车车身上的编码里程计、应答器天线和安装在轨旁的应答器进行列车安全测速和定位。通过采集驾驶员输入和轨旁有源应答器或区域控制器获得的变量信息和 EoA 信息,确定列车的驾驶模式,并对列车的速度、间隔、能量、退行、车门开关等进行监控,在列车发生超速、超能、冒进、退行时对列车施加紧急制动,保证列车运行和乘客安全。

自动列车驾驶(ATO)根据安装在列车车身上的编码里程计、应答器天线和安装在轨旁的应答器进行列车精确测速和定位。根据运行调整指令（来自 iTS 的运行调整命令或司机人工调整停站时间）自动驾驶列车运行，保证列车运行时的乘客舒适性和自动精确停站。

CC 子系统管理下列功能：

列车运行防护；

列车在车站安全而准确停车；

车站停车和发车时间；

车门与站台门打开和关闭，协助确保乘客安全；

根据安全原则（限速和防护区段）和调整约束实现列车自动运行；

辅助司机（通过 DMI 屏幕）；

处理列车的初始化和自检；

向上层系统（监控系统，区域控制系统）发送列车报告；

处理和生成向上层系统（监控系统）发送列车运行中的报警信息。

②CC 子系统的结构

CC 子系统由 CC 机架、编码里程计、应答器天线、交换机、中继器、DMI 组成，如图 4-41 所示。

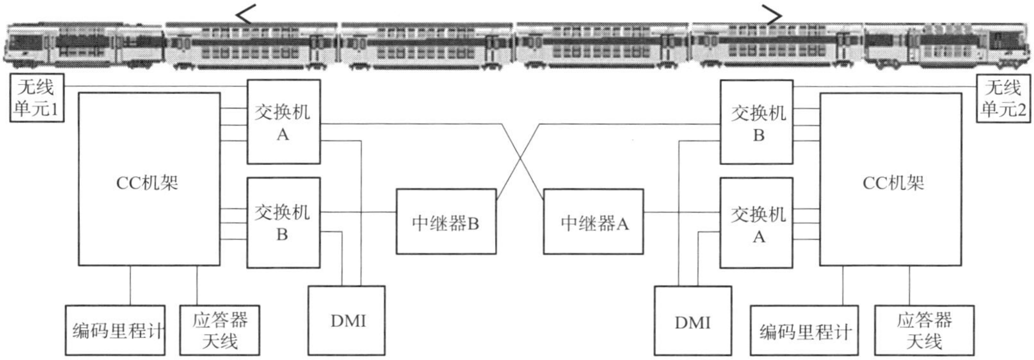

图 4-41　CC 的结构

a. CC 机架

每个 CC 机架包括 1 个 CPM 机笼、2 个 VIOM 机笼和 1 个 HSS 机笼。两个 VIOM 机笼构成了二乘二取二的冗余结构。CC 机架正面布置如图 4-42 所示。

CC 机架由以下部分组成：

中央处理单元 CPM，获取编码里程计和信标的信息，维持 CPM 系统与外部的接口、数据记录功能。

安全输入输出单元 VIOM，实现离散的安全和非安全输入和设置输出，以及非安全的模拟输出。

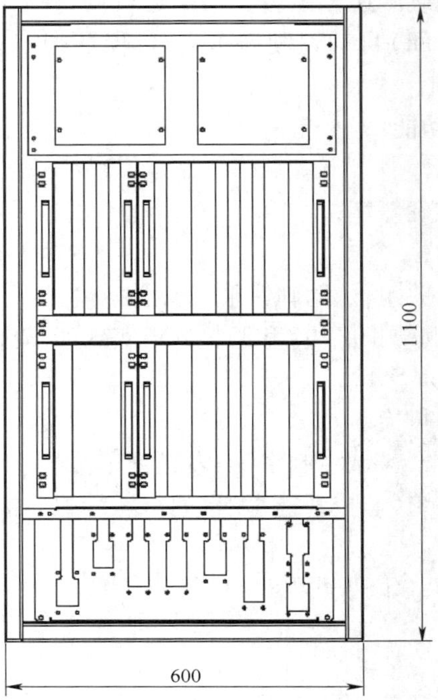

图 4-42　CC 机架正面布置(单位:mm)

切换板,保证部分非安全输出和模拟量输出在同一时刻只有一个 VIOM 对车辆输出。

冗余风扇,用于机架的降温。

输入输出接口,实现 CC 设备与车辆的接口连接。

(a)中央处理单元 CPM

CPM 结构图如图 4-43 所示。

CPM 由 6 个模块组成:

CPM 的供电模块:提供内部电源、提供编码里程计电源、提供信标天线电源、提供机架风扇电源。

VLE-2,ATP 处理器:提供安全应用功能的双通道核心处理器,采用编码处理器技术运行 ATP 软件、提供安全时钟。

VPB-2,测速定位板:实现信标信息处理、信标位置检测、车轮传感器接口和脉冲处理。

DVCOM-2(CCNV),非安全运算单元:提供非安全应用功能的核心处理器(ATO 软件)、管理 ATP 和 CCNV 内部与外部的通信。

DVCOM-2(DLU),数据记录单元:CC 系统的事件记录器。

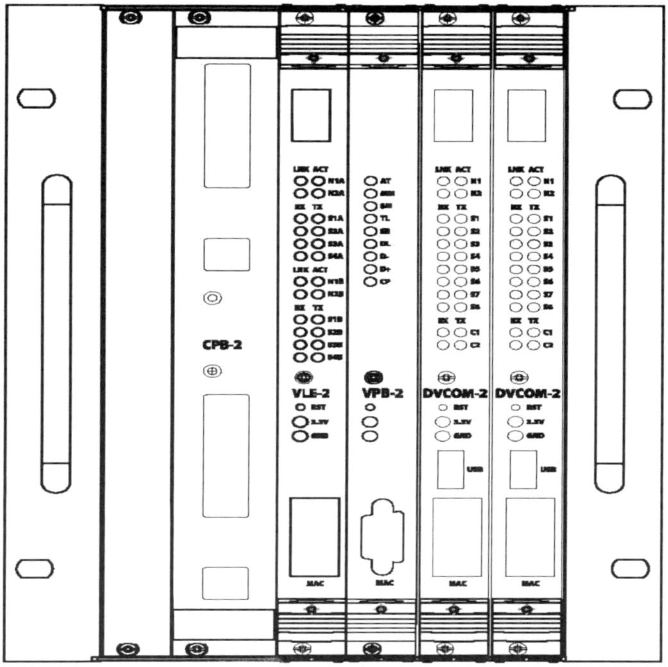

图 4-43　CPM 面板

CPM-MB，CPM 母板：提供 CPM 机笼内各个板卡之间的总线连接。

CPM 的安全原则基于二取二安全技术和编码处理器技术。

(b)安全输入输出单元 VIOM

VIOM 结构如图 4-44 所示。

VIOM 由 9 个模块组成：

VPU，VIOM 的供电模块：提供内部电源。

VIOC，输入输出处理器：提供输入输出的双通道安全处理器。

PSB，高功率安全输出板：实现 2 路高功率的安全输出切断，用于控制列车的 EB。

DSB，安全输出板：是提供 8 路安全干节点功能的处理器，用于控制列车的门使能、零速等安全输出。

VDI(2 boards)，安全输入板：子系统中共使用两块，一块用于采集车门状态等安全输入，另一块用于采集 EBNA、DMS 等非安全输入，作为非安全输入的采集使用。

VDI FDB，非安全数字输出板：FDB 为数字非安全输出，用于控制 MD、BD 等非安全输出 FDB。

FAB，非安全模拟输出板：FAB 是模拟量输出板，用于控制牵引等级和模拟速度表的输出。

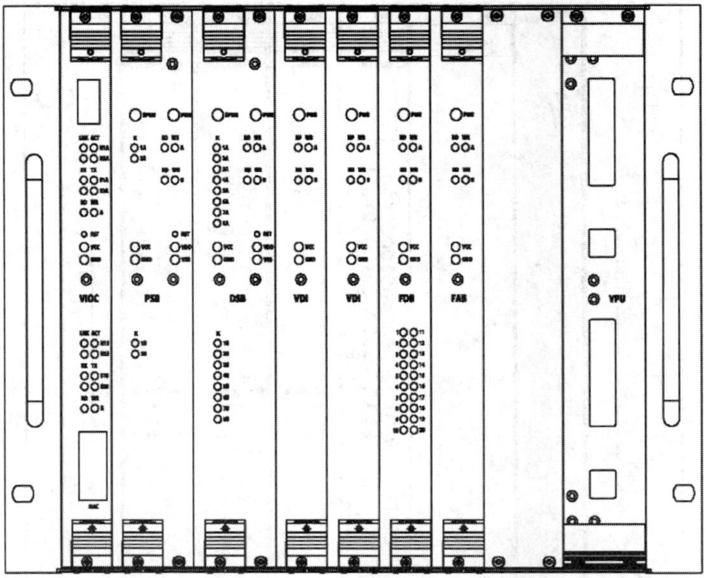

图 4-44　VIOM 面板

VIOM-MB,VIOM 母板:提供 VIOM 机笼内各个板卡之间的总线连接。

VIOM 安全原则基于二取二技术和组合故障—安全技术。

(c)HSS 切换板

HSS 面板如图 4-45 所示。

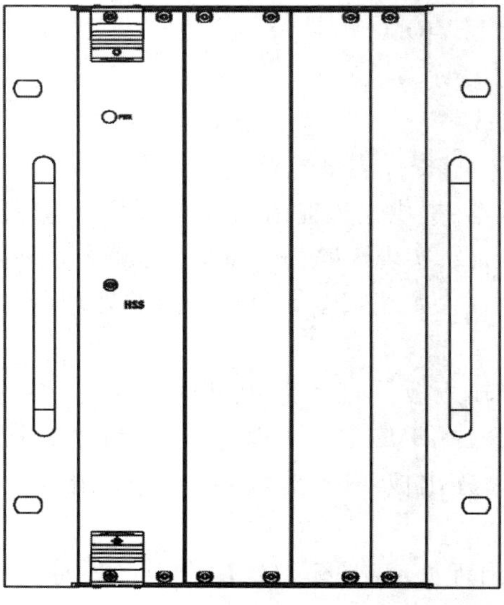

图 4-45　HSS 面板

对于非安全输出,两个 VIOM 通过 HSS 继电器切换板与车辆接口电路相连,同一时刻只有一路 VIOM 的非安全输出与车辆联通。

(2)编码里程计

编码里程计列车位移的安全型传感器,安装在车轴的光传感器,为 CC 提供零速检测信息。

列车停车时 CC 需通过检测编码里程计的最小转动角来检查零速信息,以监视列车向后或向前打滑。

当主驾激活端编码里程计零检测到零速信息时,此零速度信息与另一端冗余的编码里程计及车辆提供的零速度信息进行比较。若这两个信息有一个与当前信息一致,则可以检测到零速度信息,则 CC 认为列车已停稳。若都不一致,检测出机械故障(轴损坏或抱死)。

列车移动是通过编码里程计测得的,最小可探测的位移为 3 cm。

图 4-46 所示为编码里程计的工作原理图。发射二极管发出的连续光束被编码盘遮断,接收晶体管探测到脉冲光束,并产生一个与编码盘转速相应比例的频率。频率经适当的放大器元件传输给外部评估系统。

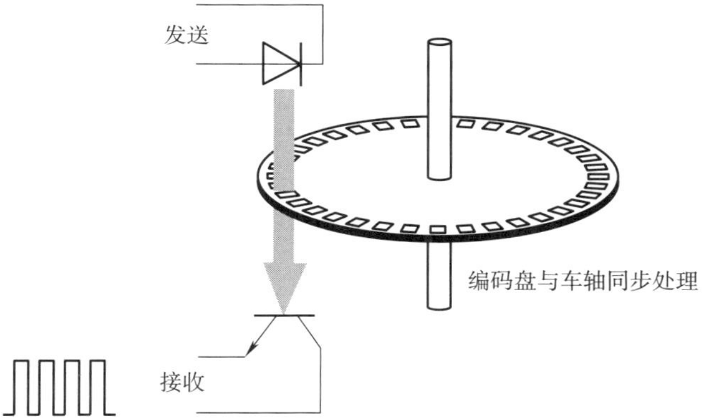

图 4-46 编码里程计的工作原理

图 4-47 所示为编码里程计的工作示意图。3 个传感器(C_1、C_2、C_3)完成速度测量和确定走行方向,1 个传感器(C_4)完成编码任务。C_1、C_2和 C_3所数到的齿数用以计算车轮的转动。同时,C_4进行编码检测(该编码与车轮位置一一对应)。通过比较所有这些测量方式的一致性,ATP 可以安全地计算列车的速度。

编码里程计安装在非牵引车轮,采用多芯电缆链路,与安全处理器单元的 VPB-2 板接口;VPB-2 板提供光传感器的电源 DC 24 V;编码里程计传感器根据列车位移提供电脉冲。

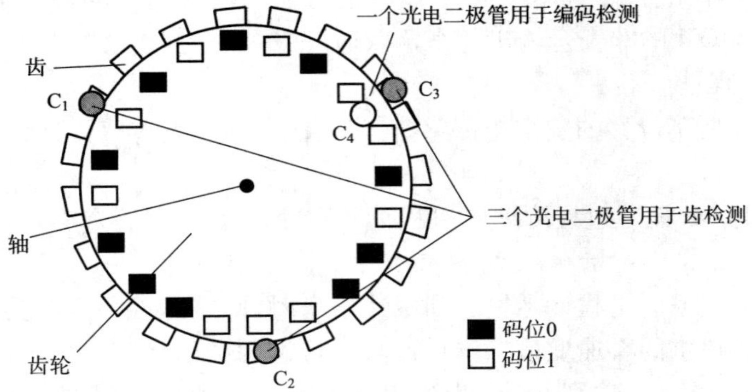

注：本示意图仅用于理解编码里程计如何工作。

图 4-47　编码里程计的工作示意

(3)应答器天线

应答器天线是地车传输设备,安装在转向架下(需要减震器),其外形如图 4-48 所示。每个 CPM 配置一个天线,实现应答器和安全处理器单元之间的气隙传输,由 CPM 进行供电。

应答器天线通过发射(27.095 MHz)信号,向应答器供电。应答器天线接收和放大应答器的上行信号并发送给安全处理器,并准确检测应答器中心。

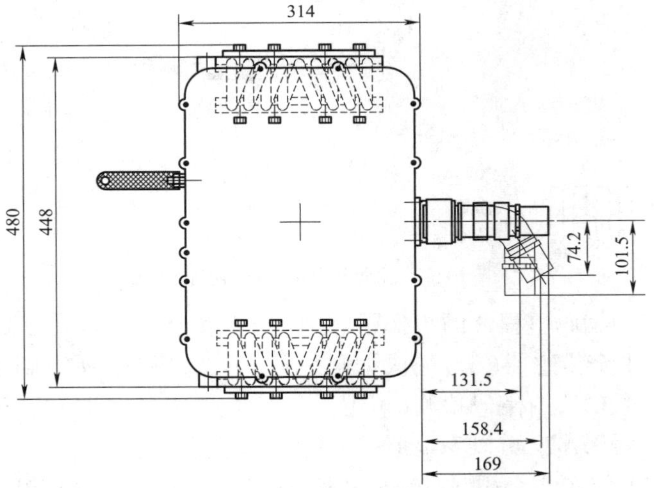

图 4-48　应答器天线(单位:mm)

(4)DMI 子系统

DMI 是司机的人机界面,每个驾驶室配备一台,通过车载网络进行通信。

DMI 用于显示车载控制器信息的专用车载嵌入式计算机，通过车载以太网与列车头尾两个车载控制器连接。DMI 是车载控制器与列车驾驶员的接口，根据车载控制器请求，通过声音、图像等方式将列车运行状态和辅助驾驶信息通知列车驾驶员，从而辅助司机驾驶列车。

(5) 车载网络

车载网络包括交换机和中继器。

CC 采用独立的工业级车载交换机构建冗余的以太网（红网和蓝网），列车每端两个，全车一共四个交换机。

中继器放大以太网信号。因为 ATC 网络均为冗余，每条线路有两个中继器。

4. CC 子系统的接口

CC 子系统同其他子系统（内部系统和外部系统）连接如图 4-49 所示。

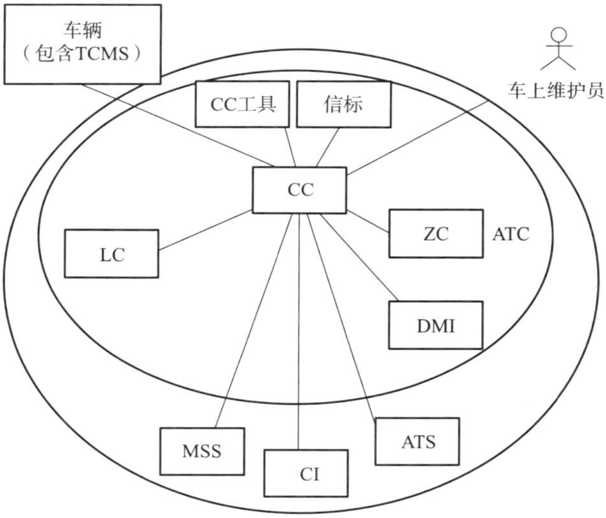

图 4-49　CC 子系统同其他子系统的连接

CC 子系统通过 DCS 网络同 ATS、MSS、ZC、LC、CI 连接。此外，为实现列车运行以及司机和乘客的信息交互，CC 子系统还需同其他车载子系统（如：TCMS）、DMI 和车辆接口。

CC 还要保证同安装在线路上的应答器保持点式信息交换。

最后，还需方便车载维护人员对 CC 进行维护，并能方便地插拔 CC。

五、iTS 型列车自动监控子系统

iTS 提供自动或由人工控制进路功能，实现行车调度指挥，并向行车调度员和外部系统提供信息。

iTS 是基于现代数据通信网络的分布式实时计算机控制系统，与 iLOCK 子系统、iTC 子系统、站台设备等连接，为控制中心行车调度员和车站行车值班员提供信号和列车的监控功能，并在此基础上实现对列车的自动化调度和运行调整，从而减轻调度员和车轮值班员的工作强度，优化线路运行效率。

1. iTS 子系统的主要特点

(1)关键单元采用“1 +1”防护，故障情况下冗余设备自动实现无扰切换。

(2)采用分散自律功能配置，在中央故障时仍可完成大部分自动控制功能。

(3)对于涉及安全的操作，采用高完整性控制安全协议(HILC)，提供安全操作的二次确认，以确保安全。

(4)对恶意入侵的实时监测，保障系统的信息安全。

(5)符合人机工程原理的标准化图形用户界面。

(6)完善的故障诊断功能，减少系统维护时间。

2. 设备组成

(1)控制中心设备

设主用控制中心和备用控制中心。两控制中心均设置一套中央 ATS 设备完成对信号系统的列车监控功能。控制中心 ATS 系统设备构成如图 4-50 所示。设备分设在中央控制室、中央信号设备室、运行图编辑室和网管室。

①中央控制室设备

在中央控制室设 2 台行车调度员工作站和 1 台主任调度员工作站。每个调度员工作站包括三台显示器，其中，一台显示器主要用于显示计划运行图和实迹运行图，并提供与运行图相关的操作，另外两台显示器主要用于显示系统设备状态、站场设备状态、时间、报警等，提供站场图相关的操作。调度员工作站的三台显示器输出控制相对独立，一台显示器故障，可由另两台显示器完成全部的显示及控制功能，调度员工作站互为备用。1 台打印工作站，用于对网络上所有的打印机进行维护。2 台网络打印机：互为备用，用于中心网上所有设备打印用，也可以打印列车运行图。

②中央信号设备室设备

在中央信号设备室，设备 1 套冗余的 ATS 通信前置机(FEP)、1 台 ATS 通信前置机(COCC 接口用)、1 个双机切换单元、1 套数据库服务器集群、1 套共享盘(磁盘阵列)、1 套冗余的 CATS 应用服务器、1 台病毒库与日志服务器、1 台综合显示屏接口计算机、2 个防火墙硬件模块 4 个交换机、1 个 ATS 通信机柜；2 个 ATS 服务器机柜。

③运行图编辑室设备

在运行图编辑室设 1 台运行图编辑工作站、1 台运行图打印机。

④网管室设备

在网管室，设 1 台 ATS 维护工作站(含远程重启通信车功能)；1 台维护打印机。

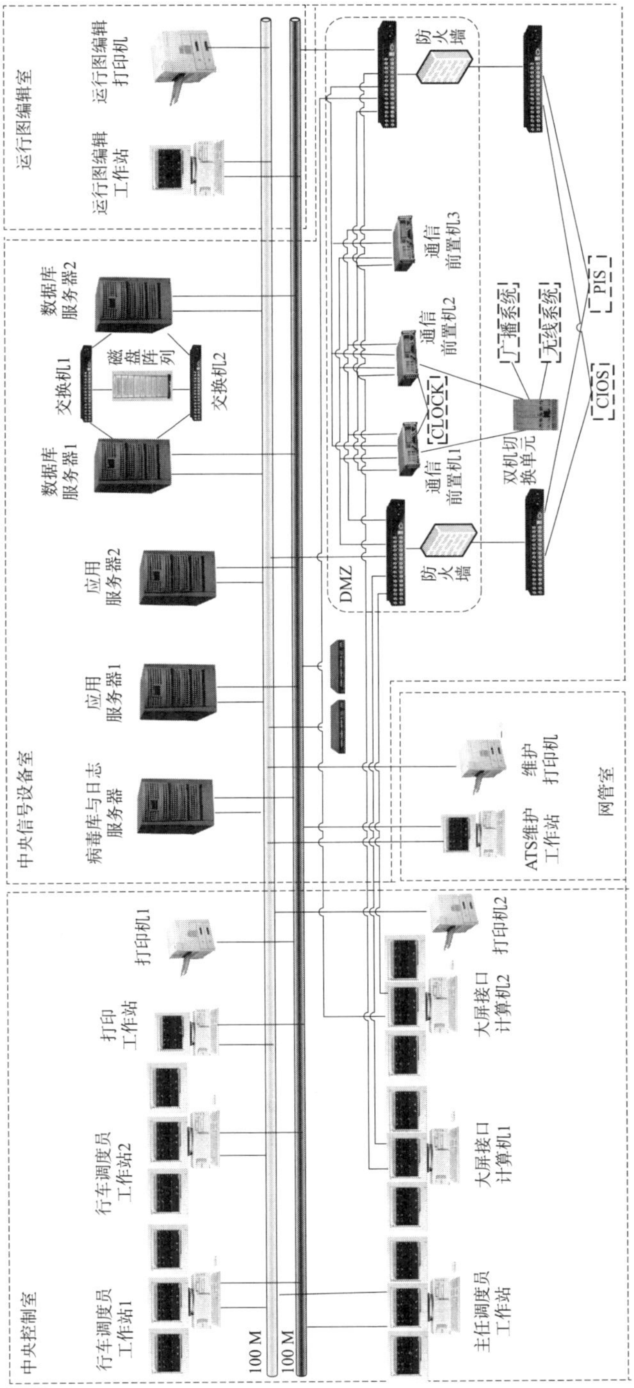

图 4-50 控制中心ATS系统设备构成

(2)正线集中站设备

正线集中站 ATS 子系统结构示意如图 4-51 所示。设备分设在车站信号设备室、车控室。

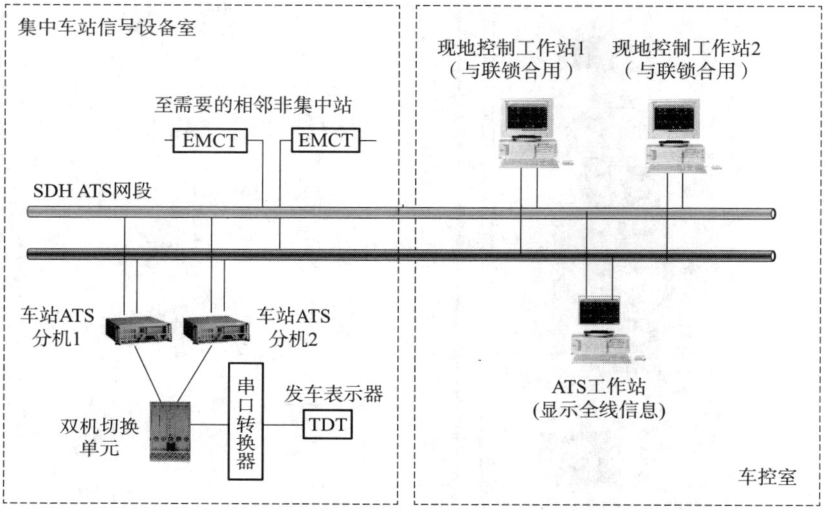

图 4-51　正线集中站 ATS 子系统设备构成

①车站信号设备室设备

在每个正线集中站设 1 套主/备车站 ATS 分机(LATS)、一个串口转换器、若干光纤转换器。集中站 ATS,通过冗余 ATS 网络与中央 ATS 设备相连。当中央 ATS 发生故障,可通过现地操作员工作站执行本地操作功能或由车站 ATS 实现车站级控制。

②车控室设备

在每个正线集中站设 2 台现地控制工作站(与联锁现地工作站合用);1 台 ATS 工作站(显示全线站线路信息)。

(3)正线非集中站设备

正线非集中站 ATS 子系统结构示意如图 4-52 所示。在每个正线非集中站设 1 台 ATS 工作站(显示正线线路信息,兼车站接口机),若干光纤转换器。在有岔非集中站再设置一台 ATS 现地控制工作站,用于执行本地操作功能。

(4)车辆段/停车场设备

车辆段/停车场 ATS 子系统结构示意如图 4-53 所示。车控设备分设在在信号设备室、DCC 楼控制室、车辆调度员室、试车线控制室。

①信号设备室设备

信号设备室设 1 套冗余的车站 ATS 分机(LATS)、1 套冗余的网关服务器、若干光电转换器、若干光电转换器。

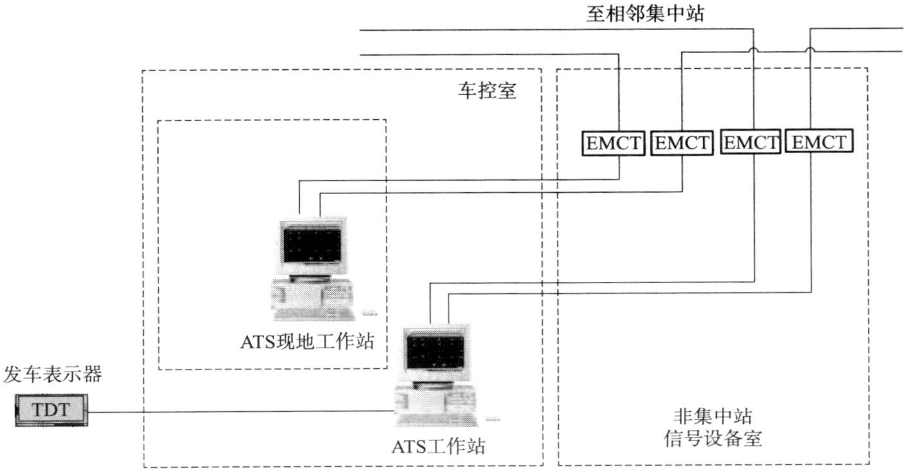

图 4-52　正线非集中站 ATS 子系统设备构成

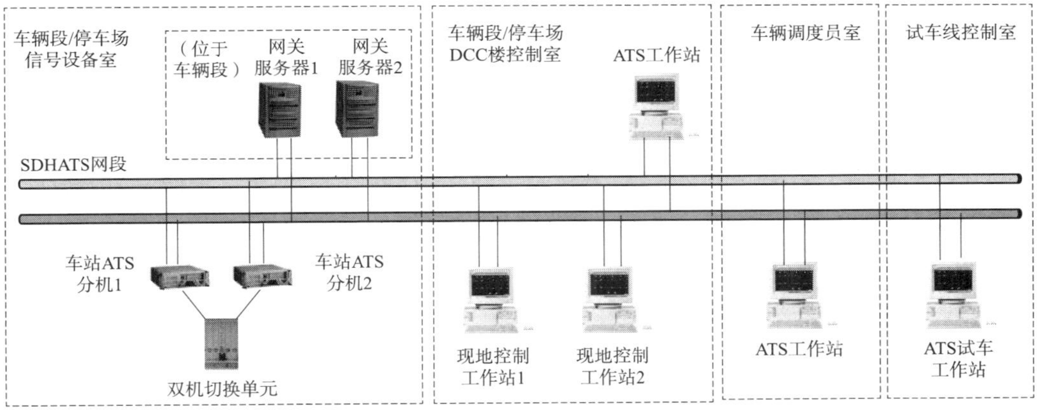

图 4-53　车辆段/停车场 ATS 子系统设备构成

②DCC 楼控制室设备

DCC 楼控制室设 2 台现地控制工作站（显示车辆段/停车场站场信息）、1 台 ATS 工作站（显示终端兼派班工作站，显示全线线路信息）。

③车辆调度员室设备

车辆调度员室设 1 台 ATS 工作站，显示全线线路信息。

④试车线控制室设备

试车线控制室 1 台 ATS 试车工作站。

3. 外部接口

(1) 与区域控制器 ZC 的接口

控制中心 CATS 应用服务器通过网关服务器连接到区域控制器 ZC，使用基于 UDP 的冗余安全通信协议，此接口为双向传输。

ZC → CATS 应用服务器（主机）发送：列车 AP 状态、ZC 有效状态、ESA 状态、次级检测设备状态等信息。

CATS 应用服务器（主机）→ ZC 发送：列车 AP 查询请求、ZC 有效状态请求、ESA 状态请求、次级检测设备状态请求等信息。

（2）与线路控制器 LC 的接口

控制中心 CATS 应用服务器通过网关服务器连接到线路控制器 LC，使用基于 UDP 的冗余安全通信协议，此接口为双向传输。

LC → CATS 应用服务器（主机）发送：TSR 状态报告、TSR 修改回复、TSR 命令回复、会话开始回复、会话结束回复等信息。

CATS 应用服务器（主机）→ LC 发送：TSR 状态查询请求、TSR 修改命令、取消初始 TSR 请求、会话开始请求、会话结束请求、TSR 修改确认、取消初始 TSR 确认、会话开始确认、会话结束请求确认、会话状态请求等信息。

（3）与车载控制器 CC 的接口

控制中心 CATS 应用服务器通过网关服务器连接到每个列车的车载控制器 CC，使用基于 UDP 的冗余安全通信协议，此接口为双向传输。

CC → CATS 应用服务器（主机）发送：列车状态报告、安全关联时间数据等信息。

CATS 应用服务器（主机）→ CC 发送：列车状态查询请求、列车设置命令、车辆动作命令等信息。

（4）与联锁的接口

集中站 LATS 服务器和各站 ATS 工作站（包括集中站和非集中站）均和联锁（ZLC）相连，正常情况下，中心的遥控操作，ATS 的自动进路触发，以及车站 ATS 工作站上的联锁操作，都通过集中站 LATS 服务器发送给 ZLC 发送命令。在集中站 LATS 服务器故障情况下，ATS 工作站可切换为紧急站控模式，直接给 ZLC 发送命令。此接口为双向传输。

联锁→ ATS 发送：表示位图信息、表示变化信息。

ATS →发送：联锁控制命令输出。

（5）与站台发车表示器 TDT 的接口

在正线车站的站台侧或转换轨列车头部停车位置前方适当地点设置发车计时器。接口方式为 RS-422，为双向传输。

ATS → TDT 控制器发送：停站时间命令、扣车命令、跳停命令、立即发车命令、清屏命令。

TDT → ATS 控制发送：TDT 状态回复。

(6)与无线系统的接口

控制中心通信前置机通过 RS-422 串行或以太网接口连接到无线系统，向其发送列车位置信息。此接口为单向传输。ATS 根据无线系统的需求，传送触发信息，以支持无线系统实现无线车载台的自动注册和自动注销。

信号系统与通信无线系统的接口位置在临时/应急控制中心的信号设备室内。

通信前置机(主机)→无线系统发送：列车车体号、列车车次号、驾驶司机号、列车位置(正线或是车辆段，如果是正线，指明上下行和所处哪个车站范围)

(7)与外部时钟系统的接口

控制中心通信前置机与外部时钟系统连接，以太网口连接到通信时钟子系统，从通信时钟子系统得到时钟基准信息。双方的接口界面在控制中心通信设备室配线架外线侧。

外部时钟→ FEP 发送：基准时间数据。

FEP →外部时钟发送：基准时间请求。

(8)与广播系统的接口

在所有车站，包括集中站和非集中站，通过 RS-422 串行接口或以太网接口连接到车站广播系统，发送广播控制命令。该接口也可在中心通过和 PA 的接口实现。接口界面位于控制中心广播系统设备侧。

ATS →广播系统发送：列车运行时刻表、列车位置、各车站预计到达列车的到站时间、各车站当前列车到站信息、各车站预计跳停列车信息、目的地(终点站)、清客信息。

(9)与乘客向导系统的接口

ATS 子系统在中心通过 RS-422 接口或以太网接口连接到乘客向导系统。ATS 子系统根据正在使用的当天计划运行图和列车实际运行信息，向乘客向导系统实时提供预测的计划列车到发信息、列车通过预告和其他行车信息如终到站、末班车等。该接口也可在中心通过和 PIS 的接口实现。

ATS → PIS 系统发送：列车计划信息、首末班车信息、列车到站信息、列车跳停信息、列车即将进库信息、ATS 服务器状态。

(10)与控制中心 SCADA 的接口

控制中心通信前置机通过 RS-422 串行接口或以太网接口连接到 SCADA 系统，接收 SCADA 信息。此接口为单向传输。

SCADA → ATS 发送：各个供电区段的工作状态信息。

(11)与 COCC 的接口

ATS 子系统在控制中心通过 1 台专用的通信前置机为 COCC 系统提供至少 2 路以太网接口。

ATS → COCC 发送：信号设备的状态信息、报警信息、列车位置及状态信息、列车运行当天时刻表、实际的列车到发点。

(12)与 BAS 系统的接口

控制中心通信前置机通过 RS-422 串行接口连接到 BAS 系统信息。

BAS → ATS 发送:事故风机的工作状态

(13)与综合显示屏的接口

控制中心综合显示屏控制软件通过网络连接到 CATS 服务器,获取站场显示信息和列车显示信息输出至综合显示屏显示。

ATS 综合显示屏控制软件→综合显示屏系统发送:视频格式的显示内容。

(14)与 MSS 系统的接口

在控制中心 ATS 维护工作站上的软件使用 SNMP 协议与 MSS 系统连接,该软件采集 ATS 系统内主要设备的工作状态以及必要的告警信息,通过 SNMP 协议汇报给 MSS 系统。

MSS Server → ATS 维护接口模块发送:MIB 查询请求。

ATS 维护接口模块→ MSS 服务器发送:MIB 查询回复数据(如 CATS 服务器、LATS、ATS 工作站的在线状态等);Trap 请求,通知 MSS 相关 ATS 重要故障发生。

六、iDCS 型数据传输系统

iDCS 型数据传输系统采用 IP 端到端的通信模式,为 iCMTC 系统提供可靠的通信连接,整个 DCS 分成有线传输系统、无线传输系统和网络管理系统三部分。DCS 通过网络通信和无线通信,实现 iCMTC 系统各设备之间的安全信息和非安全信息传输。

DCS 子系统采用冗余设计(红网和蓝网),具有高可用性、高带宽、双向自愈、组网灵活等特点。

1. DCS 有线传输系统

DCS 有线传输系统为 iCMTC 信号系统提供信息交互传输通道,保证地面轨旁设备之间正确的通信连接,同时也为轨旁设备和车载设备通信提供接口。

有线部分可以采用同步数据系列(SDH) + 交换机或者直接采用工业交换机两种方式。

DCS 有线传输系统的核心网络采用基于同步数字传输(SDH)技术的多业务网络解决方案,利用同步数字传输技术完善的保护机制确保信号应用通信具有更高的可靠性。

DCS 有线传输系统核心骨干层为 SDH 传输节点所组成的环状网络,边缘层为边缘交换机。

2. DCS 无线传输系统

DCS 无线传输系统包括车载无线设备和轨旁无线单元,为轨旁和车载设备提供可靠、持续、双向的通信服务。

根据车地无线传输方式不同,系统支持自由无线、波导管和长期演进(LTE)技术。

DCS 子系统采用冗余设计(红网和蓝网),具有高可用性、高带宽、双向自愈、组网灵活等特点。

3. DCS 网络管理系统

DCS 网络管理系统确保 DCS 网络设备的管理和配置。DCS 网管由 SDH 网管系统和 IP 网管系统两部分组成。

DCS 通信系统为轨旁应用设备之间以及车载 ATC 设备和轨旁设备之间提供通信接口,如图 4-54 所示。

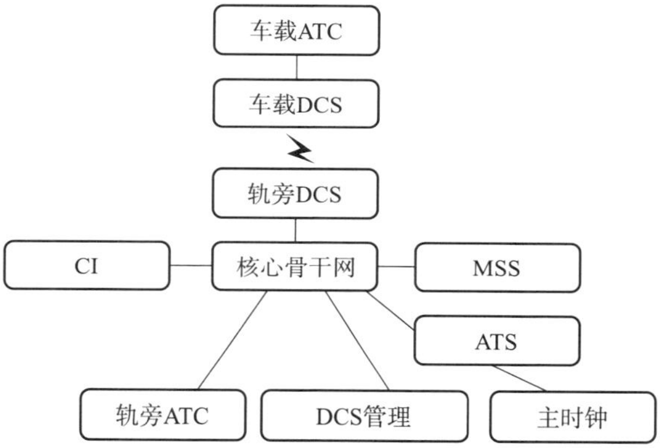

图 4-54　DCS 接口

七、iMSS 型维修支持子系统

iMSS 型维修支持子系统由采集站机、MSS 服务器和 MSS 工作站构成,通过与 ATP、ATO 系统、数据传输系统、列车自动监控系统、联锁维护台(SDM)等的接口,实现在控制中心对全线信号系统设备状态的监控和维护,系统结构如图 4-55 所示。MSS 子系统是 iCMTC 系统的设备状态监测和维护辅助工具,具有智能化诊断、功能易扩展等特点。

MSS 对 iCMTC 信号系统所有设备(包括电源设备)的工作状态和电气性能指标进行在线监测、诊断和集中报警,收集并显示包括 iTS、iTC、iLOCK 等子系统设备的报警信息,帮助维修调度人员计划和制定预防性和纠正性维护作业,帮助维护人员进行故障设备定位和维修。

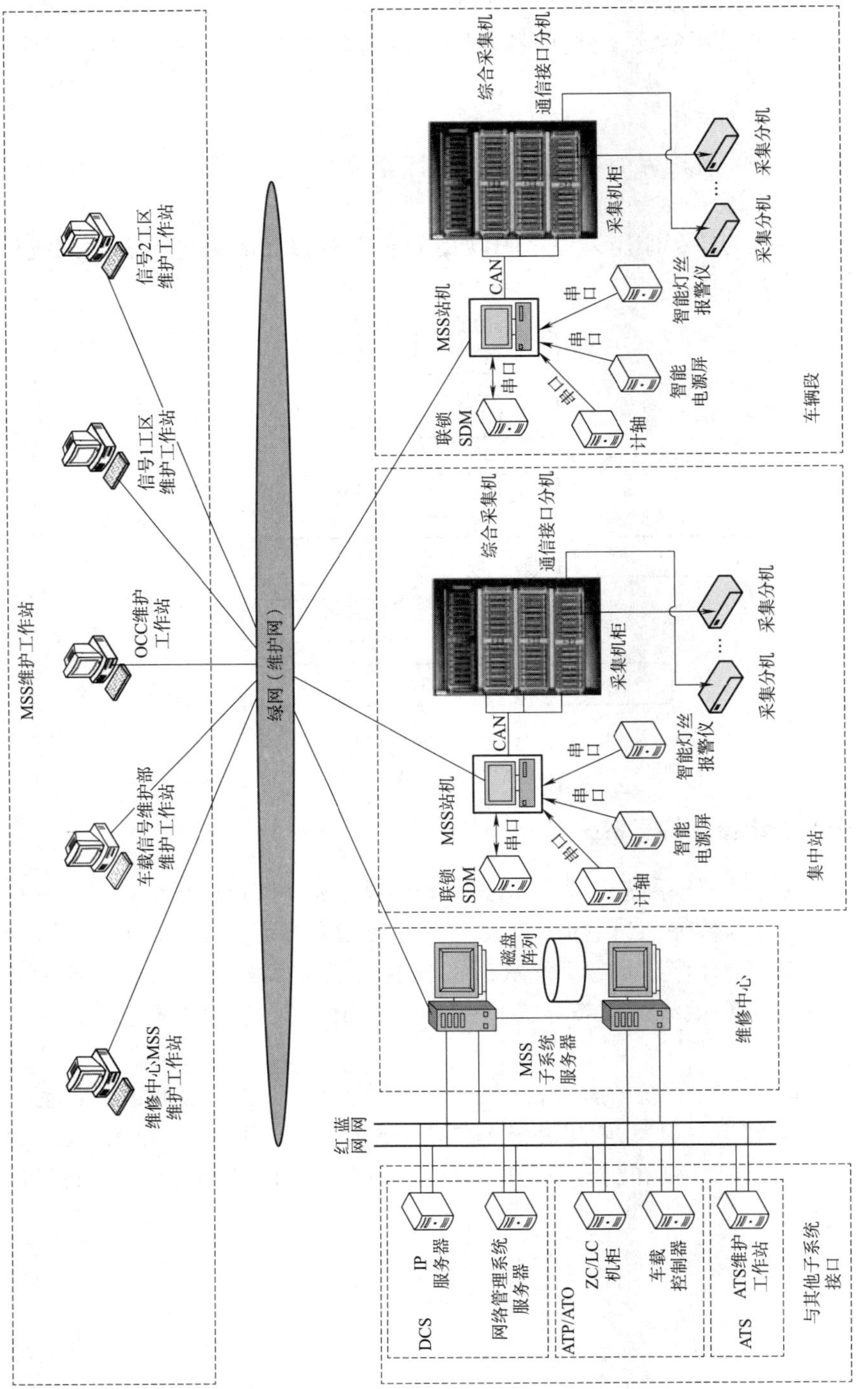

图 4-55　iMSS型维修支持子系统结构

第四节　MTC-Ⅰ型 CBTC 系统

广州市地下铁道总公司和中国铁道科学研究院集团有限公司联合研发了 MTC-Ⅰ型全套国产 CBTC 系统。

一、MTC-Ⅰ型 CBTC 系统总体架构

MTC-Ⅰ型 CBTC 系统总体架构如图 4-56 所示。

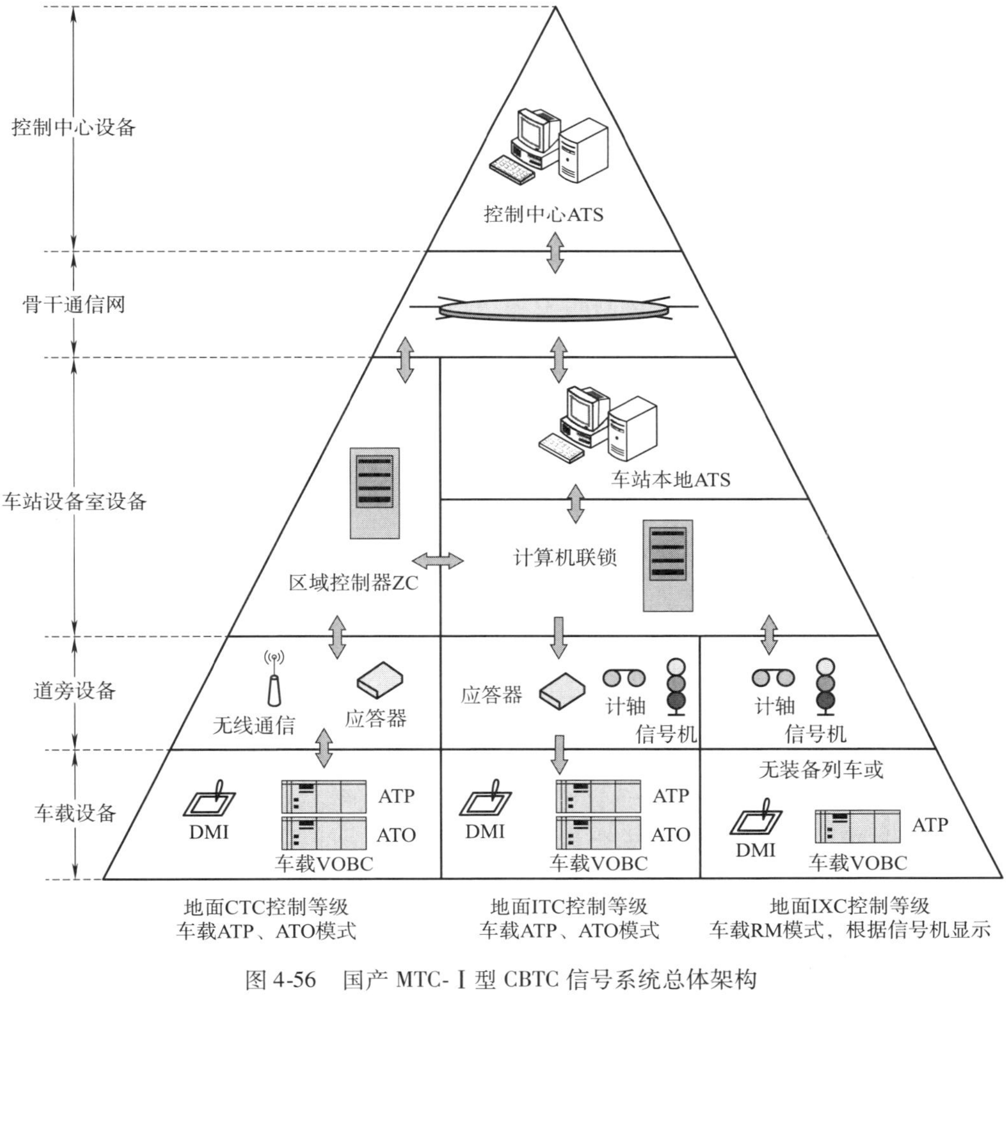

图 4-56　国产 MTC-Ⅰ型 CBTC 信号系统总体架构

MTC-Ⅰ型 CBTC 系统总体架构分为 5 层：

(1)中央控制层：指控制中心的 ATS 系统。

(2)通信层：提供 OCC 与轨旁设备间的网络通信和轨旁与车载之间的点式与连续式无线通信。

(3)车站层：包括车站 ATS 分机、计算机联锁、ZC 区域控制器、信号监测等设备。

(4)轨旁层：包括无线通信设备、计轴设备、应答器、信号机、转辙机、紧急停车按钮等。

(5)车载层：包括车载 ATP、ATO、人机接口、车载无线通信、测速等模块。

二、MTC-Ⅰ型 CBTC 系统组成

MTC-Ⅰ型 CBTC 系统主要由以下子系统组成：

(1)由中央和车站本地控制设备组成的 FZy 型 ATS 子系统。

(2)ATP 子系统——包括二乘二取二冗余架构的车载 VOBC 和轨旁 ZC 设备。

(3)基于 CPCI 工业计算机平台的 ATO 子系统。

(4)符合故障—安全设计、高可用性的 TYJL 型计算机联锁子系统。

(5)基于 SDH 同步数字体系骨干通信网和 802.11g 车地无线通信网构建的 DCS 子系统。

(6)进行系统设备维修信息收集、管理的 TJWX 型计算机监测子系统。

三、MTC-Ⅰ型 CBTC 系统的技术特征

MTC-Ⅰ型 CBTC 系统的技术特征有：

(1)采用自主研发与集成创新模式，利用已有技术资源，采用的计算机联锁、列车自动监督、信号集中监测等子系统均沿用了具有广泛应用业绩的成熟产品，重点研发 ATP、ATO 关键技术和设备，在国内首次成功研制了完全自主化、功能架构完整的 CBTC 成套技术装备，系统总体技术达到国际先进水平；多数关键技术和设备已经广泛推广使用。

(2)采用统一的安全计算机平台，系统安全有保障。轨旁 ZC 区域控制器和联锁系统采用统一的安全计算机平台，车载 ATO、TRU 等非安全运算部件以及轨旁 ATS 设备采用相同平台的 CPCI 工业控制计算机，减少硬件板卡种类。包括计算机联锁、区域控制器和车载 ATP 在内的与运行安全相关的控制单元，全部采用基于通过 SIL4 安全认证的、统一的二乘二取二冗余架构设计，有效提升系统整体可靠性、可用性、可维护性、安全性指标。

(3)系统提供了包括连续 ATP/ATO 级、点式 ATP/ATO 级、联锁级在内的不同运行等级以及多样化的驾驶模式，支持不同类型的列车的混跑运行。具备满足我国城市轨道交通建设需求的“增强型”降级运行模式，在点式级别下可实现 ATO 自动驾驶、站台

安全门联控、红灯误出发防护等功能。

(4)车载 ATP 采用业内独有、冗余度最高的单端二乘二取二冗余架构、车载 ATO 单端双机热备冗余架构、双端传感器(速度传感器、雷达、BTM 设备)网络共享冗余的车载 VOBC 设备配置方案,显著降低了系统配线复杂度,提升系统可用性。

(5)车地无线网络优化设计,抗干扰能力强。采用 802.11g 协议标准、OFDM 调制、22 MHz 带宽无线通信制式,基于自主研发的智能切换嵌入式算法的快速漫游机制以及漏泄同轴电缆结合定向天线的融合应用的车地无线覆盖方式,有效降低了跨区切换丢包率,保障列车高速运行车地无线通信抗扰可靠。

(6)系统采用了模块化设计,不仅功能可以依据工程需求灵活裁剪和扩充,而且可以满足线路延伸、新增列车等不同类型的系统扩容需求。

四、MTC-Ⅰ型 CBTC 系统的子系统

1. ATS 子系统

MTC-Ⅰ型 CBTC 系统采用的 FZy 型 ATS 子系统,由控制中心 ATS、车站 ATS、车辆段/停车场 ATS 设备及相应的通信网络组成。ATS 子系统架构如图 4-57 所示。

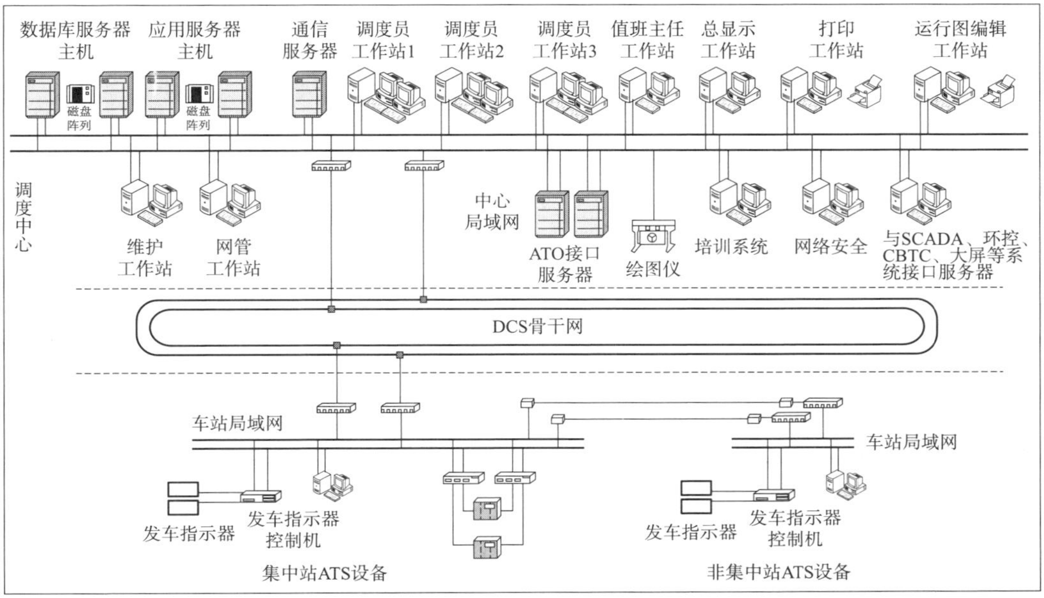

图 4-57　ATS 子系统架构

ATS 控制中心系统采用基于标准硬件部件的系统体系结构,以 IBM 小型机系列服务器、IBMPC 级服务器以及图形工作站等组成,采用 AIX/Windows 操作系统作为服务

器和工作站的基础,通过 2 个冗余的 10/100M 以太网 LAN 相互连接,并通过列车自动控制(ATC)网络和 DCS 及车载设备 VOBC 相连。主要硬件设备包括:服务器系统、运营操作工作站、维护工作站、网络设备。应用服务器、数据库服务器以及接口服务器,均采用双机冗余系统,保证系统关键业务的可靠性。

ATS 车站系统分为集中站和非集中站,其系统环境均基于标准硬件部件的系统体系结构,以工业级控制机和图形工作站等组成,采用 Windows 操作系统作为工作站的基础,通过 2 个冗余的 10/100M 以太网 LAN 相互连接,并通过 RS-422 与计算机联锁系统相连,通过 ATC 网络和区域控制器系统相连。

集中站主要硬件设备包括:ATS 分机、驱动控制机、车站工作站等。

非集中站主要硬件设备包括:驱动控制机、车站工作站等。

车辆段/停车场 ATS 系统的硬件设备配置与车站 ATS 系统配置类似,主要区别是车辆段/停车场 ATS 系统不纳入 ATS 系统的控制范围,只具备监视功能。主要硬件设备包括:ATS 分机、车站工作站等。

2. CBI 子系统

MTC-Ⅰ型 CBTC 系统采用 TYJL-Ⅲ型计算机联锁系统,其系统结构可分为 3 个层次:操作显示接口层、逻辑运算层、输入输出层。

(1)操作显示接口层

由操作显示接口子系统和维护终端子系统组成,提供可视化的人机界面接口。操作显示接口子系统和维护终端子系统之间通过局域网交换信息。操作显示接口层还完成和 ATS 子系统、信号集中监测等外部信号系统之间的信息交换,完成列车运行指挥控制和设备维护管理等功能。

(2)逻辑运算层

即联锁逻辑子系统,是整个联锁系统的核心层,由具有安全冗余结构的专用计算机组成。联锁逻辑子系统通过安全数据通道与输入输出层以及 ZC 系统、相邻站联锁系统、轨旁电子单元(LEU)等外部信号系统交换信息;通过局域网和操作显示接口层交换信息。联锁逻辑子系统接收来自操作显示接口层、外部信号系统的操作命令信息和来自输入子系统、外部信号系统的现场设备状态、列车信息等,据此进行联锁运算,产生相应的输出控制,通过输出子系统、以及相关的外部信号系统对现场设备进行控制。

(3)输入输出层

由输入子系统和输出子系统组成。输入输出子系统通过安全数据通道与联锁逻辑子系统交换信息。输入子系统通过采集接口电路,采集现场设备的状态信息,发送给联锁逻辑子系统;输出子系统接收来自联锁逻辑子系统的输出控制信息,通过驱动接口电路,安全地控制现场信号设备。

上述联锁逻辑子系统、输入子系统和输出子系统为安全子系统,均按照二乘二取二硬件安全冗余结构进行设计。CBI 系统架构如图 4-58 所示。

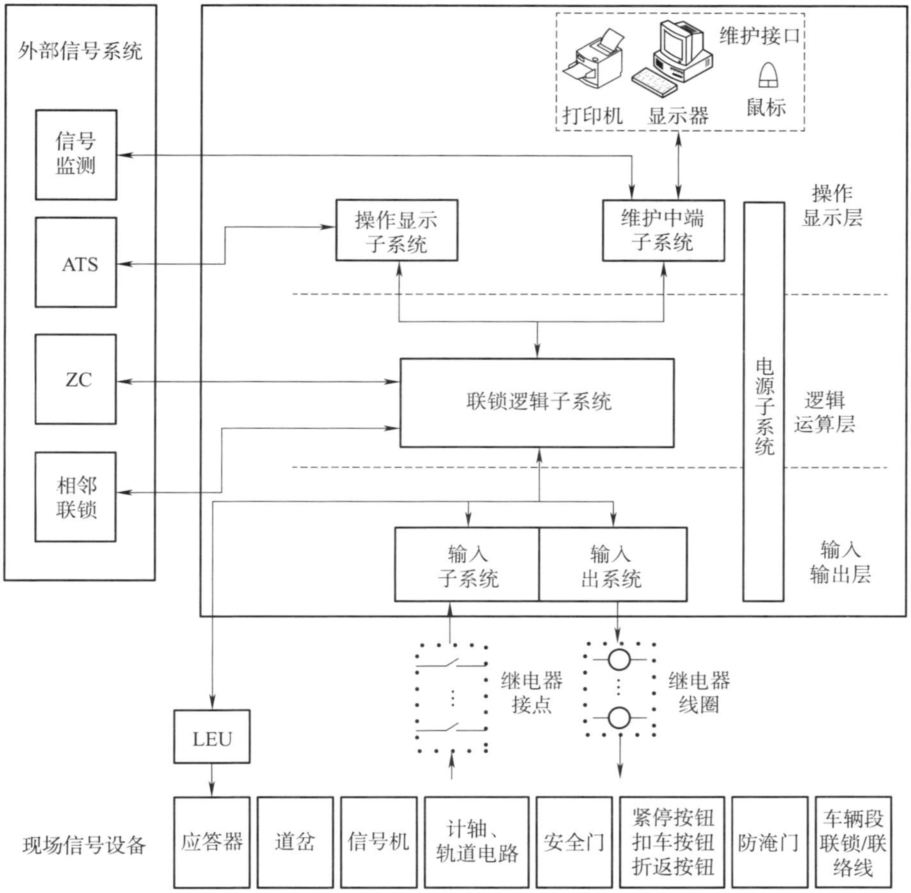

图 4-58 CBI 子系统架构

3. ATP 子系统

MTC-Ⅰ型 CBTC 系统的 ATP 子系统包括车载 ATP 和地面 ZC 设备。

ZC 系统采用了与 TYJL-Ⅲ型计算机联锁系统完全相同的二乘二取二安全计算机软、硬件平台,采用该平台的计算机联锁系统已大量应用于全国多条线路,并已经获得独立第三方安全认证,其安全性和可靠性已得到了实践的检验。ZC 系统主要由逻辑处理子系统、输入输出子系统、通信子系统、电源子系统、维护终端子系统组成,如图 4-59 所示。

车载 ATP 子系统按照安装端头不同,可以划分为近端(本端)和远端。近端和远端设备配置完全相同,核心控制部件独立,采用了与计算机联锁系统相同设计理念的二乘

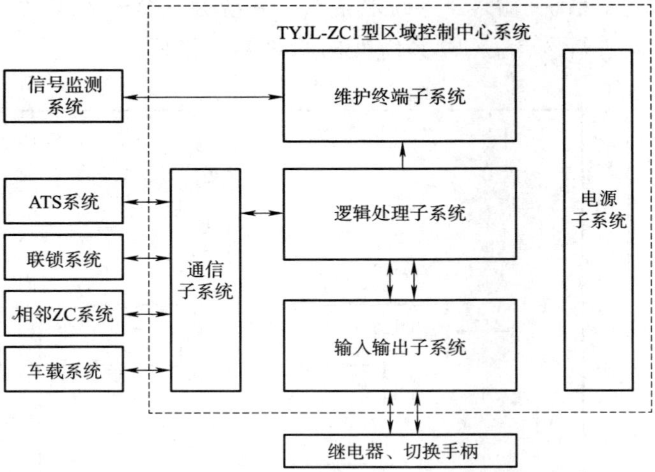

图 4-59　ZC 子系统架构

二取二安全冗余方式，包括速度传感器、测速雷达、应答器收发单元（BTM）在内的外围传感器则采用了双端现场总线网络共享方式，如图 4-60 所示。

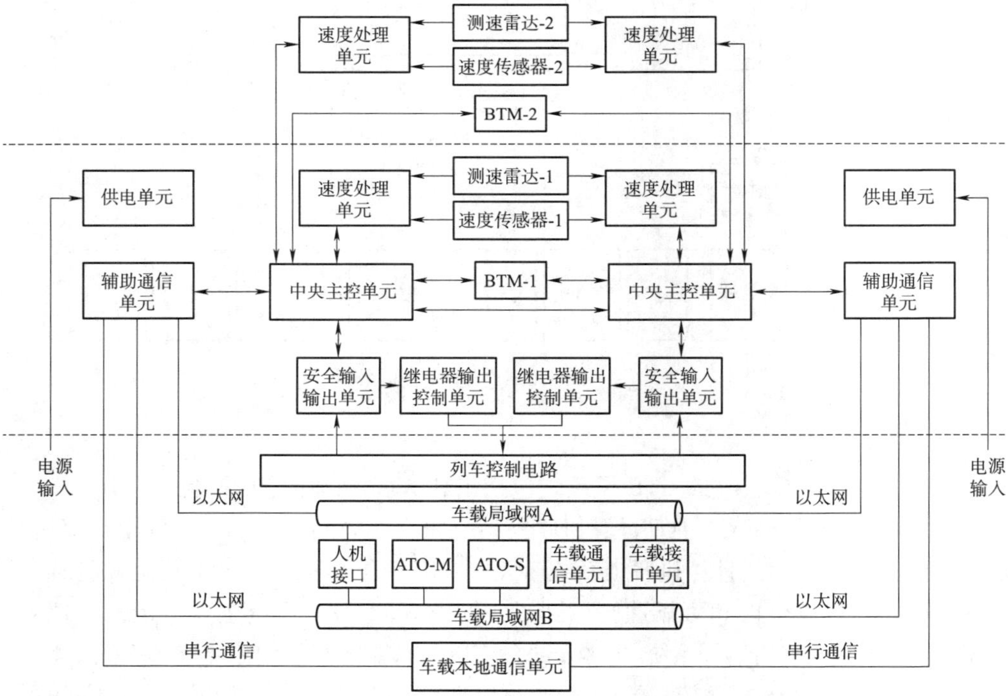

图 4-60　ATP 子系统架构

ATP 系统可以分为主系（ATP-M）、从系（ATP-S）和共用的传感器 3 部分。其中主系和从系组成二乘二结构，有各自独立的电源输入、传感器输入和列车状态采集输入。主系和从系的继电器输出控制单元也是独立的，与列车控制电路的接口采用并联的方式，保证主与从任意 1 系正常工作的情况下控制命令都可以得到执行。传感器部分为主系与从系共同使用，由主与从双系冗余供电，传感器部分提供给主系与从系的数据为单独通道，避免共模失效。

4. ATO 子系统

ATO 系统在列车两端驾驶室内各设一套，设备配置完全相同，核心控制部件独立，每端设备都采用双机热备冗余结构，传感器双端共享。系统通过与车辆控制系统和车载其他信号系统部件（ATP、TRU、DMI、TIU）等的接口实现对列车运行状态的采集、列车速度控制曲线的生成等功能。车载系统采用的多种冗余设计，具体体现在：单端双机热备冗余、双端测速冗余、双端定位冗余、通信网络冗余等。其中，单端双机热备配置是业内首创的。

ATO 子系统由主系（ATO-M）、从系（ATO-S）组成的双机热备冗余架构，传感器为共用部分，如图 4-61 所示。其中主系和从系组成热备结构，有各自独立的电源输入、传感器输入和列车状态采集输入。主系和从系的继电器输出控制单元也是独立的，与列车控制电路的接口采用并联的方式，保证主系与从系任意一系正常工作的情况下控制命令都可以得到执行。

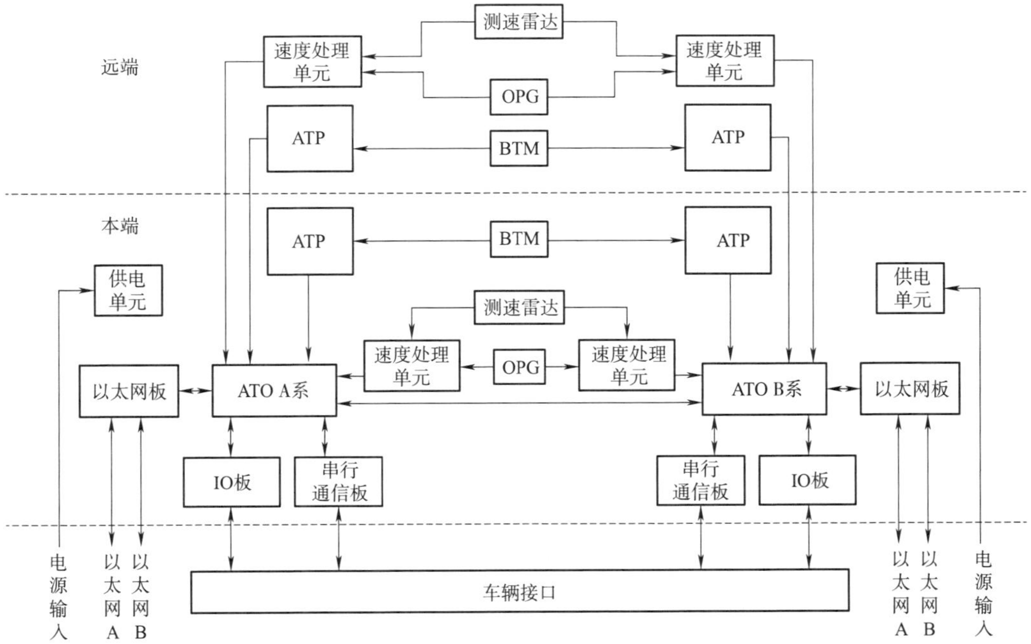

图 4-61　ATO 子系统架构

ATO 系统采用工业标准 cPCI 设备。A 系与 B 系采用独立的硬件结构,包括 CPU 板、IO 板、以太网通信板、串口通信板、电源板以及母板以及专用车载交换机等,各部件之间通过 cPCI 总线连接。cPCI 系配置如图 4-62 所示。系统采用定制化的实时 Linux 操作系统。

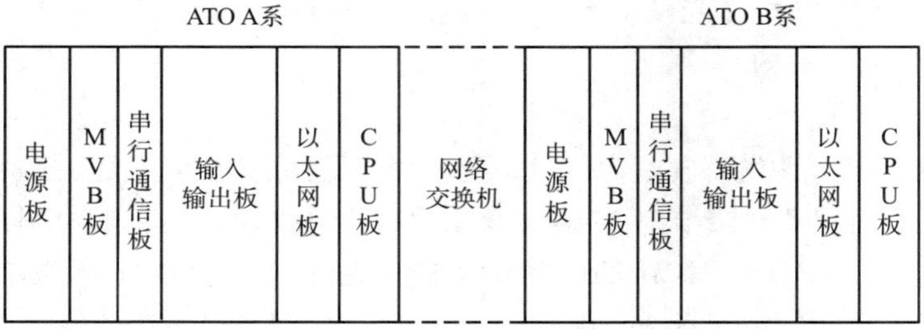

图 4-62　cPCI 系配置

5. DCS 子系统

MTC-Ⅰ型 CBTC 系统的数据通信子系统(DCS)由轨旁骨干网和车地无线通信网组成,如图 4-63 所示。

DCS 有线通信网络采用基于 SDH 的多业务传输平台(MSTP)技术,SDH 节点通过冗余光纤环网连接形成环形拓扑结构。采用双机热备冗余配置的 SDH 节点设备根据系统性能要求安装在沿线的集中站、OCC 和车辆段等地点。有线网承载若干个独立的以太专用局域网为 CBTC 各子系统提供独立通道,同时为用户数据传输提供可靠的带宽。各子网通过 SDH 设备提供的以太网专用局域网互联,采用 IEEE802.3 以太网标准。

DCS 无线通信网络采用符合 IEEE802.11g 协议标准的无线局域网(WLAN)技术实现车地无线数据通信,该通道用来传输 CBTC 系统地面与列车之间的各种列控数据信息。车地无线通信系统由通信接口服务器、车载无线单元(TRU)和 WLAN 无线通信网络组成。TRU 与车载控制单元(VOBC)连接,通过 WLAN 无线通信网络与通信接口服务器实现数据连接,建立车载列控设备和地面列控设备的无线传输通道。

接口服务器分别与 ZC、ATS 中心服务器和 WLAN 无线通信网络连接,将通过 TRU 转发的 VOBC 数据报文转发给相应的 ZC 和 ATS 中心服务器,同时把来自于 ZC 和 ATS 中心服务器的数据报文转发给相应的 TRU 设备,再至 VOBC。

6. CSM 子系统

MTC-Ⅰ型 CBTC 系统采用的 CSM-YH 计算机监测系统是一个综合性的信号系统维护监测平台,除了实时在线监测常规的车辆段和集中站的外电网、电源屏、转辙机、信号机等设备的模拟量、开关量、状态、报警等信息外,同时将全线计算机联锁、ATS、ZC、

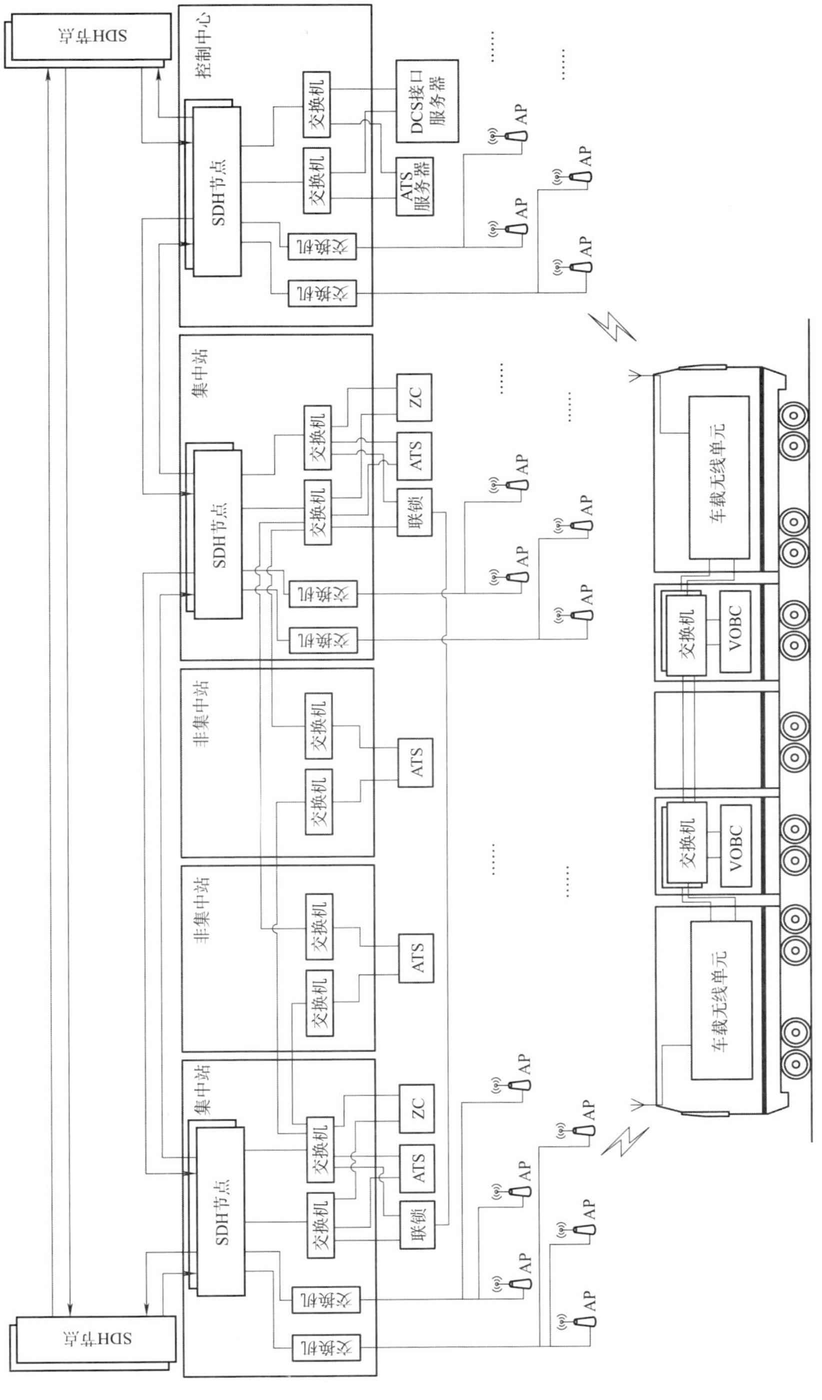

图4-63　DCS子系统架构

DCS、智能电源屏、信号机灯丝断丝报警、计轴设备等的维护信息纳入其中,从而建立一个综合维护监测平台,实现对信号系统各设备的集中维护、监测和管理。

系统由车站设备、控制中心设备和信号分部技术室设备构成。控制中心设置应用服务器、数据服务器、监测终端和维护终端;车辆段和集中站车站设备有信息采集机柜、综合采集机、开关量采集机、道岔采集机、电流采集单元、道岔表示采集盒等和监测站机、监测终端、电源设备、网络设备等;在车辆段信号分部技术室设置监测终端,利用通信专业提供的以太网组网,如图 4-64 所示。

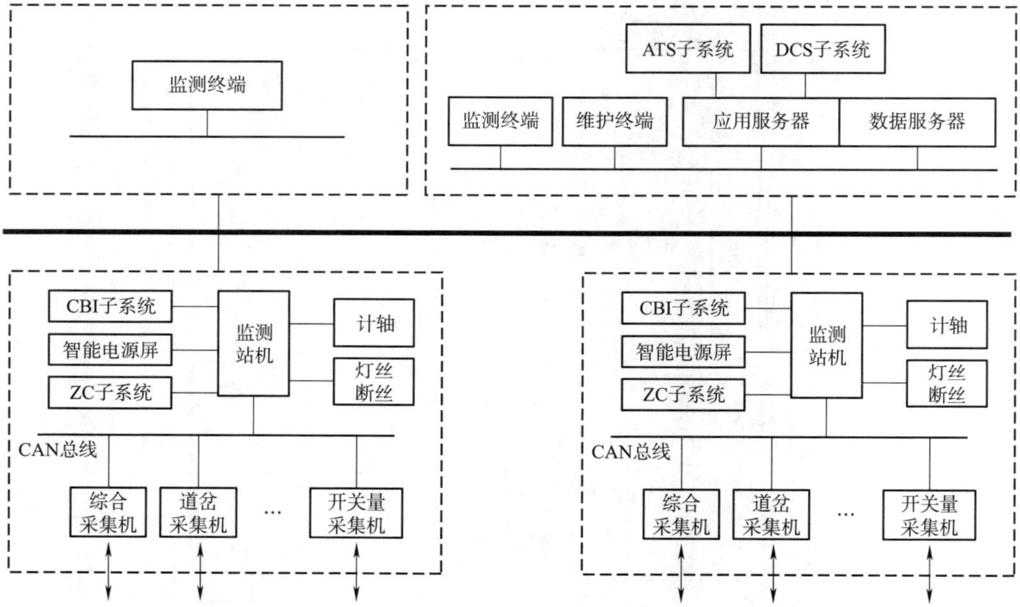

图 4-64　CSM 子系统架构

第五节　西门子 CBTC 系统

西门子的 CBTC 系统是一个安全、可靠、先进的、适应线性电机运行的基于无线通信的移动闭塞列车自动控制系统,它由 SICAS 计算机联锁系统、Trainguard MT(MT—城市轨道交通)连续式移动闭塞列车控制系统(ATP/ATO)、VICOS OC 系统(ATS)组成。它与前述西门子的准移动闭塞 ATC 系统的区别在于采用无线通信构成移动闭塞,而前者采用数字编码轨道电路构成准移动闭塞,它们的计算机联锁系统和 ATS 是基本相同的。

一、系统结构

西门子的 CBTC 系统由 VICOS、SICAS、Trainguard MT 三个子系统组成。它们分为中央层、轨旁层、通信层车载层四个层级，以便分级实现 ATC 的功能。

中央层分为中央级和车站级。在中央级，实现集中的线路运行控制。在车站级，为车站控制和后备模式的功能提供给车站操作员工作站（LOW）和列车进路计算机（TRC）。

轨旁层沿着线路分布，它由 SICAS 计算机联锁、Trainguard MT 系统、信号机、计轴器和应答器等组成。它们共同执行所有的联锁和轨旁 ATP 功能。

通信层在轨旁和车载设备之间提供连续式和/或点式的通信。

车载层包括 Trainguard MT 的车载 ATP 和 ATO 功能。

西门子 CBTC 系统结构如图 4-65 所示。

1. VICOS

VICOS 分为中央级的 VICOS OC 501 和车站级的 VICOS OC 101。

HMI 是列车调度员的操作台。来自 SICAS ECC、Trainguard MT 和其他外围系统的动态数据汇集在 VICOS OC 501 的 COM 服务器并处理，ADM 服务器负责中心数据存储和报告，FEP（前端服务器）负责将其他外围系统接入 ATS 服务器。

在每个集中站，配有高可靠性的冗余 FEP 用于采集来自其他外部子系统（如 PIS、DTI、IBP）的信息。车站 FEP 提供一个时钟信息到 PIS。这些现场信息再被传输到 OCC 的 ATS 计算机。其他相关系统，如车辆段联锁、MCS、无线传输等则通过一台放置在 OCC 的 FEP 来处理，EMCS 和 SCADA 的接口信息由 MCS 提供。

LOW 和 TRC 在 ATS 系统失效情况下将提供后备模式。

用于 LOW 的 VICOS OC 101 系统，其系统环境也是基于标准硬件和系统体系结构。LOW 采用个人计算机和 Windows 2000 操作系统，它与 SICAS ECC 联锁直接相连。

2. SICAS

SICAS 主要包括列车进路计算机（TRC）和车站操作员工作站（LOW）。计算机有连接室外设备和轨道空闲检测系统接口。

SICAS 使用联锁 Profibus 总线用于 SICAS ECC 的内部通信。LOW、TRC 和 S&D 系统直接与 SICAS ECC 和 Trainguard MT 通信。

SICAS ECC ODI 和 Trainguard MT 轨旁设备之间的通信通过一个 ATC Profibus 总线实现。

SICAS 和 Trainguard MT 总线是双通道双向的光纤通信连接。每个通道独立工作并且提供故障—安全的通信。使用两个通道是为系统的高可用性提供冗余。

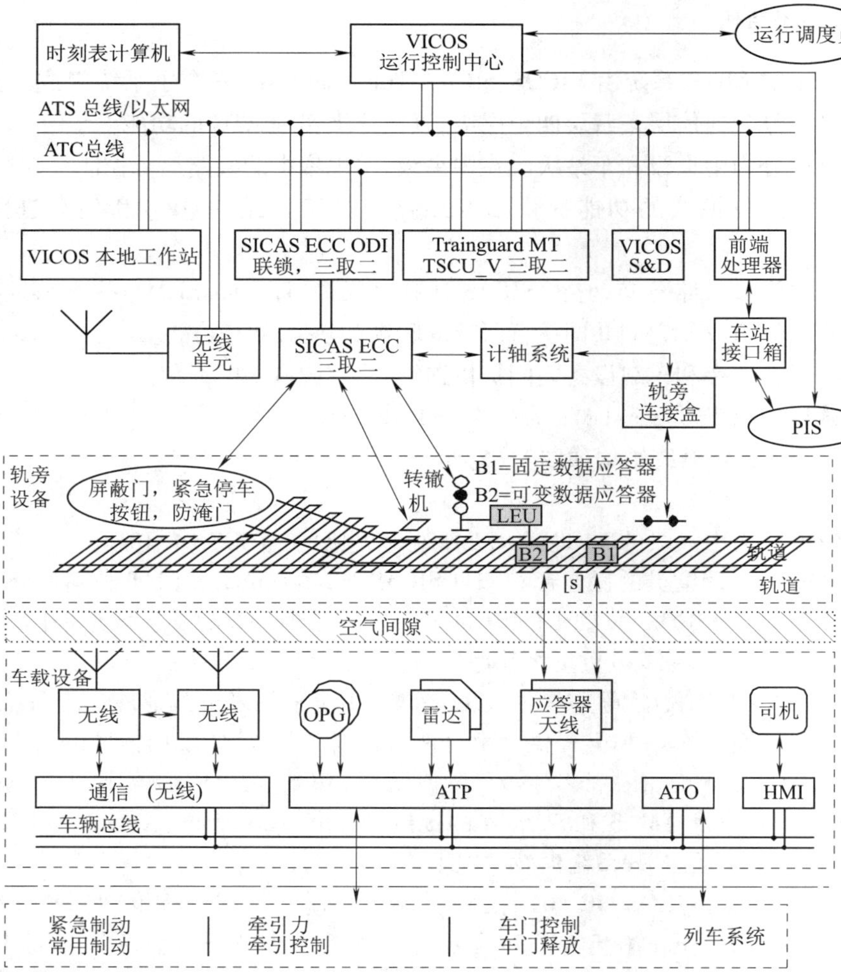

图 4-65 西门子 CBTC 系统结构

ECC—元件接口模块;ODI—操作/显示接口;OPG—速度脉冲发生器;

HMI—人—机接口;LEU—轨旁电子单元;S&D—检查和诊断;TSCU_V—轨旁安全计算机单元

3. Trainguard MT

Trainguard MT 系统包括 ATP/ATO 和通信设备。

ATP/ATO 分为轨旁单元和车载单元。轨旁 ATP 系统与联锁系统、ATS 系统、列车(经过轨旁—列车通信系统)以及相邻的 ATP 系统有双向接口。通过轨旁到列车的通信网络,在轨旁单元和车载单元之间建立了双向通信。

在车载结构中,两个相互独立的无线系统的列车单元(TU)分别安装于列车前后的驾驶室内,作为轨旁 AP 的通信客户端。这两个 TU 通过一个点对点的以太网连接,不间断地相互通信。同时，这两个 TU 分别连接到列车前后的列车控制系统，车载通信链路如图 4-66 所示。

图 4-66　车载通信链路

TU—列车单元

二、系统特点

Trainguard MT 是提供 ATP/ATO 功能的强大而先进的系统。它是一个模块化的系统，可以适用于不同的需要。

1. 连续式和点式通信方式并存

连续式通信方式和点式通信方式可以单独工作或同时使用。

连续式通信是使用无线进行轨旁和列车间的通信。配合连续通信通道，列车根据移动闭塞原理相间隔，提供最小运行间隔，列车受 ATP/ATO 控制，构成移动闭塞。

点式通信则不依赖于连续通信通道，而采用基于应答器的点式通信通道从轨旁向车上传输数据。配合点式通信通道，列车根据固定闭塞原理相间隔，并受 ATP/ATO 控制，构成固定闭塞。固定闭塞运行可作为移动闭塞运行的后备模式。

2. 混合运行

装备和未装备 ATP/ATO 的列车可以在同一线路上运行。

被司机人工驾驶的列车可以与采用 ATO 自动驾驶的列车混跑。

3. 可升、降级

系统可以容易地从基本的运行模式（点式，固定闭塞）升级到高性能的等级（连续式通信，移动闭塞），直到无人驾驶的运行等级。

在故障时，可适度降级，不同的运行等级可以使用一个比较低的等级作为后备级，例如：移动闭塞/连续通信的 ATP/ATO →固定闭塞/点式通信的 ATP/ATO →使用信号机的联锁级。

4. 可扩展性

一条装备 Trainguard MT 的线路可很容易地扩展，增加车站和列车。

5. 适应性

Trainguard MT 能够处理具有不同特性的各种类型的列车。例如，4 车编组列车和 6 车编组列车，不同的加速和减速参数，不同的列车长度。列车将会被依照它们各自的特性最佳地驾驶。

三、无线系统配置

无线系统管理通信和它自身的可用性。无线系统是基于严格的分层概念建立的，允许根据项目进行特定的调整，以适应不同的应用、标准、技术和组件。无线系统具有完全冗余的结构，以满足实际要求的可用性。无线系统的结构如图 4-67 所示。

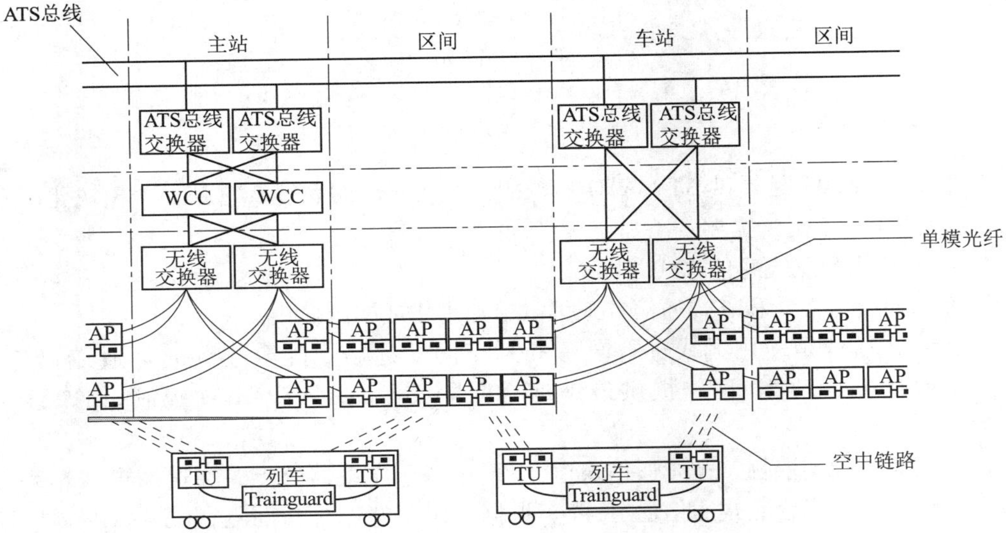

图 4-67　无线系统的结构

WCC—轨旁通信控制器；AP—轨旁无线单元；TU—列车单元

无线系统通过两个独立的 ATS 总线交换器连接在两个独立的 ATS 总线通道上。ATS 总线对无线系统和轨旁 ATC 系统进行物理连接。

在一条轨道交通线路的整个无线系统中，有两套 WCC 安装在一个车站内，此车站称为主站。在系统的主站中，两套相互独立的 WCC 通过相应的 ATS 总线交换器连接在两个 ATS 总线通道上。WCC 交叉冗余地连接在 ATS 总线上，对整个无线系统进行管理。

在主站内，两个相互独立的无线交换器交叉冗余地连接到 WCC。在其他安装有无线设备的车站，无线交换器通过交叉冗余连接，直接连接在 ATS 总线交换器上。

每个无线交换器连接着分布于相应轨道中的多个相互独立的轨旁接入点 AP。每个 AP 通过单独的单模光纤连接到无线交换器，形成星形拓扑结构。同样的 AP 还连接到第二个无线交换器上，形成完全冗余的星形拓扑结构。

每个AP包含两个相互独立的无线单元，两者以冗余模式进行工作。

轨旁无线单元通过空中链路将轨旁和运行中的车辆连接起来。

在列车上有两个列车单元，其中的每一个都使用两个相互独立的列车无线单元，通过空中链路冗余地连接到轨旁AP。同时，两个列车单元通过空中链路连接到轨旁不同的AP，提供了冗余和多样性。

无线系统使用三个频道，不同频道的覆盖范围重叠，而相同频道的覆盖范围则分开，轨旁接入点和频带的排列如图4-68所示。

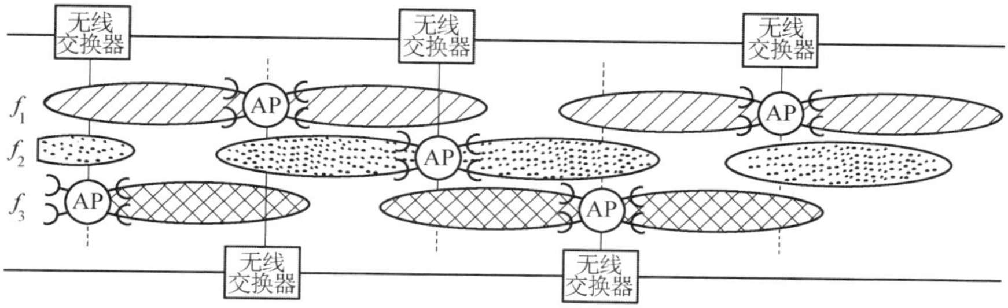

图4-68　轨旁接入点和频带的排列

第六节　Sel Trac S40　CBTC系统

Sel Trac S40移动闭塞ATC系统，由泰雷兹公司开发提供，有基于感应环线通信的移动闭塞制式CBTC和基于无线通信的移动闭塞制式CBTC。

一、基于感应环线通信的Sel Trac S40系统

武汉轻轨1号线和广州地铁3号线采用的就是用轨间电缆构成的ATC系统。

Sel Trac S40系统是一个充分综合了ATP和ATO功能的集中式系统，使用安全的编程计算机系统和高完整性遥测技术，来保持控制中心和列车之间的通信联系，由此对列车位置进行连续监控及根据情况来控制列车运行。系统可以划分成3个主要控制层：安全的车辆和轨道设备控制层、安全的遥测和车载控制器应用层、非安全监督控制层（管理层）。

1. 系统组成

Sel Trac S40系统由系统管理中心（SMC）、车辆控制中心（VCC）、车载设备（VOBC）、车站控制器（STC）、感应环线通信设备、车辆段设备、车站发车指示器、站台紧急停车按钮、接口等设备组成，其系统如图4-69所示。

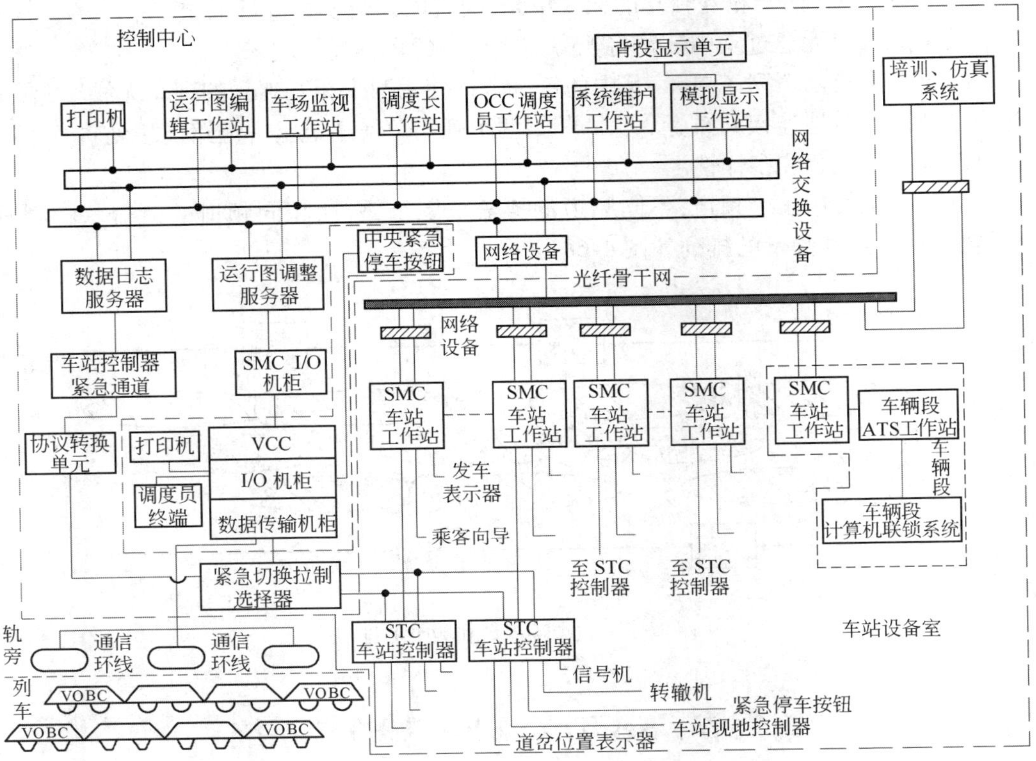

图 4-69　Sel Trac S40 系统框图

(1)系统管理中心(SMC)

系统管理中心对系统进行全面的协调管理,与车辆控制中心进行双向通信,完成对所有列车自动监控功能。

系统管理中心为系统操作员提供人—机界面,便于进行运行调整。系统管理中心(SMC)由 1 个非安全的 Net Trac 监控系统提供。该系统由多达 20 个在 OS/2 下运行的标准 IBM 兼容 PC 构成,它们连接在以太局域网内。操作界面由许多工作站构成。

SMC 设备设于运营控制中心(OCC),系统的软件/硬件都按模块化的原则设计,主要硬件部分包括:

①管理中心工作站

除系统服务器外,还配置调度员工作站、调度长工作站、模拟显示工作站、系统维护工作站、运行图编辑工作站及车场监视工作站。

每个工作站都包含有一个键盘和一个显示器,能够提供全线路的情况,显示故障报警和指令提示。

②运行图调整服务器(SRS)

冗余的运行图调整服务器通过 SMC I/O 与车辆控制中心(VCC)相连,以实现 SRS 与 VCC 的通信,SRS 还与 SCADA、时钟、无线等系统接口。

③数据日志服务器

热备冗余配置,保留两个月以上的运行数据。

④网络通信设施

包括:SMC 的双局域网冗余交换机、与光通道的冗余接入设施、与培训中心及综合维修基地连接的通信设施等。

⑤车站控制器紧急通路(SCEG)

当 VCC 出现故障,不能对系统进行控制时,管理中心通过车站控制紧急通路(SCEG)直接与车站控制器(STC)进行通信连接,实现对在线列车和轨旁设备的监控。SCEG 有紧急通路切换开关设备、协议转换单元(PCU)组成,每台 PCU 可与两台车站控制器(STC)进行通信连接。

⑥SMC I/O 机架。

⑦投影模拟显示系统

包括:模拟显示控制工作站及背投模拟显示屏。

还有车辆段监视工作站、综合维修基地监测工作站、仿真及培训远程终端设备等。

(2)车辆控制中心(VCC)

对于列车运行的安全控制和轨道设备的联锁,全线被划分成若干个区域,每个区域由 1 套车辆控制计算机(VCC)来进行控制。

车辆控制中心(VCC),位于运营控制中心(OCC),它有以下几个主要部分构成:

①VCC 中央计算机

VCC 中央计算机采取三取二的配置,包括三台工业级计算机,以及相关的输入/输出接口。三个中央处理单元通过显示/键盘选择开关,来共享一个显示和键盘。还有通用接口盒、电缆分线盒等。

②VCC I/O 机架

主要设备有:D24 接收器、多路复用输入设备、中央同步设备、电源、定时器、熔丝等。

③VCC 数据传输(DT)架

④VCC 调度员终端

⑤中央紧急停车按钮(CESB)

它与 VCC 接口,当调度员按下该按钮,将封锁所有的轨道,而且所有的列车立即停车;当紧急停车按钮中插入钥匙后,才可以解除。

VCC 还设有数据记录计算机、打印机等设备。

(3)轨旁设备

轨旁设备主要有车站控制器(STC)、感应环线通信系统、SMC 车站工作站等设备。

①车站控制器(STC)

STC 设于集中站,每个 STC 都有一个道岔安全控制器,其中带冗余的双 CPU 固态联锁控制器,是 STC 的核心单元。STC 通过双共线调制解调链路与 VCC 通信,它由调制解调器子机架、接口盘、电源子机架、INTERSIG 预处理器及子机架等组成。

②感应环线通信系统

感应环线通信系统位于设备室和轨旁,它有以下设备组成:馈电设备(FID)、入口馈电设备(EFID)、远端环线盒、感应环线电缆和支架等。感应环线电缆由扭绞铜制线芯和绝缘防护层组成,环线敷设于轨道之间,每 25 m 交叉一次。

③SMC 车站工作站

每个车站配置 SMC 车站工作站,它由工业级计算机和接入设备组成,其接入光纤通信环网,实现与管理中心 SMC 的远程通信。它与车站控制器(STC)接口,实现车站本地控制;还与乘客信息向导系统等设备接口。

轨旁设备还包括:站台紧急停车按钮、站台发车指示器、车站现地控制盘,以及信号机、转辙机等现场设备。

(4)车载设备

ATC 车载设备主要包括:车载控制器(VOBC)及其外围设备。

①车载控制器(VOBC)

每列车两端都安装有 VOBC,互为热备冗余。每套 VOBC 的 8085 双重处理器的一致性被持续监控,一致性的丢失将使单元无法使用。该单元可以支持 3 节编组列车的运行,负责列车管理的各方面,包括跟踪和报告列车位置,在多节车厢的列车上安装任何 VOBC 都能够履行 ATC 系统的要求,并采用安全的编程技术来进行编制。

车载控制器由电子单元(EU)、接口继电器单元(IRU)、供电单元等组成。电子单元包括天线滤波器、高频接收器、数据接收器、数据发送器、高频发送器、定位计算机、双 CPU 处理单元、输出/输入端口、发送/接收卡、车辆识别卡、输出继电器、距离测量控制、转速表放大器等。接口继电器单元包括:继电器面板、滤波/防护模块、电子单元与接口继电器单元的互联电缆等。

②VOBC 外围设备

VOBC 外围设备包括天线,每个 VOBC 设两个接收天线和两个发送天线;速度传感器,每个 VOBC 设两个速度传感器;司机显示盘(TOD),每列车设置两套。

③接口

接口包括信号系统内部接口和外部接口。

信号系统内部接口包括:与信号监测子系统的接口,与电源子系统的接口,与模拟显示屏的接口,与发车指示器的接口,与中央紧急停车按钮的接口,与信号机、转辙机等继电器控制电路的接口,与车站现地控制盘及站台紧急停车按钮的接口,与车辆段的接口,人—机接口,主系统内部间的接口等。

信号系统外部接口包括:与无线通信系统的接口,与时钟系统的接口,与通信传输系统的接口,与乘客信息系统(包括车上)的接口,与车辆的接口,与车辆管理系统的接口,与电力 SCADA 系统、FAS 系统、BAS 系统等的接口。

2. 系统功能及其实现

系统按功能划分为三层:管理层、控制层和执行层。

(1)管理层

管理层的功能由系统管理中心和 SMC 车站工作站完成。

①系统管理中心

系统管理中心(SMC)负责列车自动控制系统的全面管理。它起着系统与控制中心调度员及系统其他用户间接口的作用,它除了监控和显示列车位置、调整列车运行、排列列车进路、实现停站时间控制等功能外,还具备以下功能:调度列车投入运营(增加或减少投入运营的列车);运行图/时刻表管理(包括时刻表的生成、指定和取消);自动调整列车运行(调整列车速度和停站时间);监测列车性能的状况并收集 ATO 数据;自动跟踪列车;监督列车位置、速度、运行方向;指挥列车操作和排列进路(联锁控制);优化折返作业;列车及线路的报警等。

a. 管理中心工作站

所有工作站都由系统维护工作站管理,即系统维护工作站对网络中的计算机系统进行维护,该工作站主要监视 SMC 网络性能,进行记录和对整个系统进行诊断和维护。

运行图/时刻表编辑工作站可以在离线情况下对运行图/时刻表进行编辑,完成的运行图/时刻表文件通过局域网传送到 SMC,也可以进行在线编辑。

调度员和调度长工作站实时监督在线列车的运行,并可实现列车运行的人工控制。

b. 运行图/时刻表调整服务器(SRS)

该服务器的主要功能,是为 SMC 提供运行图/时刻表调整和自动排列进路。SRS 还可预测当前时间之后一个时间段内列车运行情况,以便为乘客向导系统提供准确的信息。

当 SMC 的 SRS 与 VCC 的主连接发生故障(包括 SRS 故障)时,自动切换开关将通信连接切换到备用的 SRS 计算机。

该服务器还完成与其他系统(SCADA、时钟、无线、消防等)进行接口的功能,并实现与 SMC 车站工作站的通信。

c. 局域网

网络交换机是冗余的,所以单台网络交换机的故障不会造成通信的丢失。网络交换机为 SMC 工作站、服务器、打印机等提供局域网连接。

SMC 调制解调器连接到 VCC 的数据传输架的调制解调器,对来自在线 SRS 的串行请求报文进行调制，对来自 VCC 的响应报文信息进行解调，转换成串行数据格式后，提供给通信处理器使用。

d. 加强型的车站控制器紧急通路（SCEG）

当 VCC 发生严重故障，调度员可以避开 VCC，从控制中心对道岔进行人工控制，通过 SMC 直接与 STC 通信。

SCEG 由转换盒和调制解调器等单元组成，转换盒位于 OCC 的两台协议转换单元（PCU）之间，（每台 PCU 与 STC 进行通信）。PCU 与 SMC 的数据记录服务器有一个串行连接。这些组件使调度员可以转移 VCC 对道岔的控制，并通过在 SMC 输入命令直接与 STC 通信。

在 OCC，激活 SCEG 开关，断开了 VCC 与 STC 的通信连接，并将 SMC 与 STC 连接起来。来自 STC 的信息从 VCC 改变路线到 PCU。PCU 对信息进行解码，解码后的信息传送到数据记录服务器，并转发至 SRS 进行处理。

调度员可以在 SMC 输入道岔转动的请求。请求被送到 PCU，PCU 发送请求至 STC，STC 确定道岔转换安全。

e. 接口

SMC 与其他系统进行接口，包括：主控系统、通信 WAN、无线系统，实现信息资源的交换共享支持。

SMC 与车站及轨旁的主要接口，是在控制层，通过使用大量的低速连续链路来实现的。也正是通过这些链路，将指令传给予操作指令相关的安全设备，同时把包含有列车位置相关数据的调度和运营管理指令的执行，轨道设备状态和各种设备状态报警及报告，以相反方向传递。

通过网络冗余及关键设备运行图/时刻表调整服务器（SRS）冗余，工作站冗余及工作站职能分配等措施，大大提高了系统可用性。

当计算机化的列车和事件监控器（SNOOPER）一起使用时，就能得到大量的故障和操作数据，以帮助诊断性能和进行趋势分析，指导维护。

②SMC 车站工作站

SMC 车站工作站，可以实现与控制中心调度员工作站相同的功能，受系统维护工作站管理，由调度员授权，并对其授权管辖区域进行控制和监视。SMC 车站工作站，对车站控制器（STC）进行监视和现地控制。SMC 可以实现以下本地控制功能：

a. 在正常情况下，根据控制中心的授权，SMC 车站工作站可以对本站进行控制，控制命令通过光纤骨干网首先传回 SMC 中心，然后经过车辆控制中心返回本站车站控制器，执行相关命令。

b. 当 SMC 正常，车辆控制中心全面故障的情况下，SMC 车站工作站仍将控制命令首先传回 SMC，SMC 在中心切换车站控制器紧急通路（SCEG），通过 SCEG 传递至本站车站控制器，以实施有关控制。

c. 在特殊情况下，由控制中心授权，车站值班员进行转换操作，SMC 车站工作站可以直接与本地 STC 通信，这时 SMC 车站工作站可作为现地控制盘使用。

d. 当 SMC、VCC 全面故障时，SMC 车站工作站实现对 STC 及室外设备等车站设备的控制。

e. SMC 车站工作站通过光纤通信网，向中央 SMC 传输所管辖范围内的表示信息。

f. SMC 车站工作站，还作为乘客向导系统的接口。

(2)控制层

控制层的功能包括列车自动防护(ATP)功能，由车辆控制中心(VCC)完成。车辆控制中心与全线的列车进行不间断的双向通信，所有的列车将其所在的精确位置和运行速度报告给车辆控制中心；车辆控制中心在完全掌握所有列车的精确位置、速度等信息的前提下，告知各列列车运行的目标停车点。车辆控制中心还与车站联锁装置通信，完成列车进路的排列。

VCC 连续地监控列车位置，控制列车运行和轨旁设备，使用三取二表决系统对其一致性进行检测。三台计算机包含的代码几乎一样，用以执行其管辖区域内的列车控制和追踪的功能。线路数据包含了与区域地理相关的信息，如：车站的道岔位置、环线各分界点位置、轨道坡道及其他诸如最大线路速度、冲突防护区域(CAZ)位置、道岔状态、控制安全距离(SD)、永久限速区参数和可保证常用制动率等方面的安全数据。根据列车当前位置、速度等实时信息，参照线路数据、轨道装备状况，VCC 系统对其区域的列车运行进行管理。

①VCC 接收调度员的指令并按照联锁条件排列进路，完成集中联锁功能和排列进路功能。

②VCC 保证列车的自动运行安全间隔和控制列车自动运行。

VCC 以前一列车尾部最后一次确认的位置为基础，考虑到道岔故障、区段封锁等影响安全制动的因素，向后续列车传送与先行列车之间的最小的安全间隔距离信息，即后续列车运行的目标点。

也就是说，VCC 是通过将列车目标点前移的方式控制列车运行的。VCC 发送关于目标点位置变动的报文。该目标点是 1 个环线位置的号码，以允许相关列车前进到目标点。目标点离前方障碍物间隔 1 个安全距离，就是在发生超速时保证紧急制动率将正在以线路限制速度行驶的列车停止下来所需要的距离，减去由于坡道影响的正常制动的停车距离。在该计算中隐含了能够适应最不利的故障模式的余量。其他所有可能影响车辆性能的可变参数由 VCC 定义，并按类似的方式发送。

所以，列车自动运行而无需司机或调度员干预，是通过列车跟踪和移动授权这两个功能实现的。VCC 通过连续地轮询 VOBC，实时地得到列车位置信息来跟踪所有列车；移动授权是通过 VCC 连续地向 VOBC 发送下一个安全停车位置(目标点)信息来实现的。

对列车的控制，由 VCC 与 VOBC 的通信完成，VCC 可以发出实施牵引或制动，设置速度限制和制动率、停车站以及开、关车门等命令。VCC 根据最后一次报告的列车车速和位置、行驶方向、前一列车最后一次被证实的位置、限速、停站和地面设备状态等实时信息，生成一个包含有目标点，最大允许速度和其他指令报文。

在 SMC 系统故障时，降级至控制层，VCC 可直接调用控制接口。在此情况下，列车仍可以自动运行，但是没有运行图调整功能。

③VCC 还负责对中央紧急停车按钮、车站站台紧急停车按钮、车站现地控制盘的状态进行监督并作出反应，这些设备的状态信息由 STC 向 VCC 提供。

(3)执行层

执行层的功能由加强型车站控制器(STC)、车载控制器(VOBC)、感应环线等完成。

①加强型车站控制器(STC)

STC 通过双共线调制解调器链路与 VCC 通信。车站控制器的控制功能由来自 VCC 的指令报文启动，STC 采集所有轨旁设备的状态信息，并报告给 VCC；而 VCC 将联锁逻辑命令发送给 STC，STC 执行 VCC 的命令，控制并监督转辙机、信号机、计轴器、安全门、防淹门及站台紧急停车按钮等。轨道和转辙设备通过 STC 与 VCC 相接口。

a. 正常运营情况下，所有联锁功能都由 VCC 完成。STC 可在现地模式下，完成道岔转动。即在控制中心授权下，将 STC 所在地的 SMC 车站工作站与 STC 相连，选择现地模式。而当 VCC 与 SMC 故障时，可用 FALLBACK 直接降级至车站控制器 STC，STC 自动转为现地模式。当 STC 处于现地模式时，SMC 与车站控制器 STC 的串行通道来提供简易的联锁级控制，SMC 车站工作站就可以向 STC 发送指令，并接收 STC 的状态信息。这时，列车按信号显示人工驾驶。

b. 一旦 STC 处于现地模式时，道岔的转换只能由 SMC 车站工作站，而不是由 VCC 来完成。处于现地模式下的道岔，不允许自动运行模式的列车和 ATP 防护人工模式的列车通过，只有限制人工模式及非限制模式的列车通过。

因此，STC 的功能归纳为：道岔控制和表示采集、监督并报告，监督中央紧急停车按钮、车站现地控制盘上紧急停车按钮及站台紧急停车按钮的状态；信号机的点灯和灯丝报警；与 VCC 通信；与 SMC 车站工作站通信等。

②车载控制器(VOBC)

VOBC 接收车辆控制中心发来的目标停车点信息，车载计算机根据允许运行的距离、所在区段的线路条件及列车的性能等，不断地计算运行速度，自动地完成速度控制。

VOBC 和 VCC 之间的有效连续通信是通过轨旁环线来实现的。该环线采用 FSK 传输系统，使用 36 kHz 和 56 kHz 的载频，曼彻斯特Ⅱ编码系统的 40/80 bit 报文。除列车位置和目标点信息之外，VOBC 和 VCC 之间的信息交流还包括最大线路速度、最大常用制动率、线路坡度和车辆状况。诸如车门/安全门开/关门允许、启动/解除紧急制动和列车出发的指令，都以相似的安全(VITAL)方式处理。

与其他许多 ATC 系统不同，该系统的车载单元不包括任何固定的线路地形数据，VOBC 实际上就只充当了一个复杂的闭环控制器，按照由 VCC 和车载传感器发出的激励信号以最优方式操作列车。

a. 确保列车安全运行

VOBC 完成车载 ATP/ATO 功能。VOBC 不断地与 VCC 进行通信，在 ATP 保护下进行牵引、制动及车门控制。对超速、目标点冒进及车门状态进行安全监督以确保列车在允许的包络线内运行；当无法继续安全运行时，自动实施紧急制动。

VOBC 负责列车在 VCC 控制区域的自动运行，每列车装有主/备两套 VOBC，每端一套，VCC 命令其中一套激活工作，另一套处于备用模式，备用 VOBC 监督工作中的 VOBC 单元是否正常工作，如果出现故障或 VCC 命令切换时，立即接管工作，激活的 VOBC 负责车载 ATP/ATO 的功能。正常情况下，激活工作的 ATP/ATO 与列车前部司机显示盘 TDD 通信，当 VOBC 故障时，备用 VOBC 激活并与列车前部显示盘 TDD 通信。

在一列车和 VCC 之间通信中断的情况下，系统实际上会丢失列车位置的相关信息，并不能再对列车的位置进行控制。这时，为保持列车间的安全间隔，VOBC 可以编程来检测通信故障，并启动列车紧急制动。同时，VCC 也将作出反应，阻止该列车继续前进。然而，如果没有辅助列车检测装置，就无法对仍然存在故障的列车的移动情况进行检测。

为解决这一问题，可采取改进措施，增加一个叠加的计轴器固定闭塞系统，它与车站控制器子系统接口，对正在线路上运行的任何无通信列车进行追踪。一旦列车失去通信，系统将使用计轴器闭塞分区报告列车位置。目标点的设置采用中央人工进路(MRR)方式实现，运营能力与传统固定闭塞系统的方式类似，对列车进行信号机人工保护，以便使故障列车撤离服务区。

b. 确保列车的定位精度

VOBC 的定位，以敷设于轨道间的感应环线上的信息和安装于车辆轮轴的转速表的信息为基础，每段感应环线都有对应的环线编号，即 VOBC 通过感应环线编号及计算从每个环线起点开始的环线交叉点数，给线路上的列车初步定位；更进一步的精确定位，要通过转速表来测量列车从上一个交叉点开始所走行的距离来实现。VOBC 传送到 VCC 的列车位置分辨率为 6.25 m，它是根据感应环线 25 m 交叉一次，以 25 m 除以 4，作为 VOBC 向 VCC 传送列车所在位置的数据，VOBC 与安装在列车底部的加速度计、测速计、天线等配合能识别和处理列车车辆的打滑、空转，并进行车轮轮径的补偿。

c. 解码与编码

VOBC 对发自 VCC 的命令进行解码，并控制列车不超出 VCC 指令的速度和距离界限；同时向 VCC 传送列车位置、速度、行驶方向及 VOBC 状态等数据。VOBC 的校核冗余微处理器，通过冗余性、合理性和一致性校核，测试来自 VCC 的报文，然后进行解码，VOBC 只对发给自己的报文作出反应。

③感应环线通信系统

通过感应环线通信系统，车辆控制中心可以保持与车辆系统间连续通信。

感应环线数据通信是 VCC 和 VOBC 之间交换信息的手段。为了进行准确和可靠的数据通信，与传输数据所伴随的冗余位保证了被干扰的数据不被接受。也即通过在所有包含安全信息的数据信息中使用循环冗余校验（CRC）来实现。另外传输的数据被周期性更新。

交叉感应环线与车载控制信息之间进行的双向数据通信。VCC 呼叫区域内的每一列车，并从每一个车载控制器得到信息，通过“通信安全性测量”来保障车地通信的可靠性和安全性。

a. 车地通信频率

车到地的通信使用的频率为 56 kHz；地到车的通信使用的频率为 36 kHz。

b. VCC 到 VOBC 命令报文

报头用于确定报文的开始部分。

CRC 码，提供信息质量/完整性的检查。

信息内容包括：VOBC 所在环路编号、列车运行目标点、运行方向（上行/下行）、车门控制（开/关，左/右）、最大速度、VOBC 编号、VOBC 命令启动/备用、用于慢行区的目标速度、使用非安全码向 VOBC 传递特殊数据、制动曲线、停车、列车编号、车载乘客广播信息号、下一个目的地（车站或轨道区段）、紧急制动控制、当前位置的平均坡度、来自 SMC 的特殊 ATC 机车显示信息等。

c. VOBC 到 VCC 的状态报文

报头用于确定报文的开始部分。

CRC 码提供信息质量/完整性的描述。

信息内容包括：VOBC 编码、列车操作模式、紧急制动状态、列车门状态（开/关）、列车完整性状态、VOBC 启动/备用、VOBC 所在地实际环路的编号、运行方向（上行/下行）、列车所在环路的位置、实际速度、故障报告（例如，自动门切换位置、ATP 倒车状态、无人驾驶状态）等。

二、基于无线通信的 Sel Trac S40 系统

无线通信 Sel Trac S40 系统是采用无线基站方式的 CBTC。无线通信 Sel Trac S40 系统采用无线空间天线方式。

1. 无线 Sel Trac S40 系统概述

无线 CBTC 系统有列车自动监控（ATS）系统、数据通信系统（DCS）、区域控制器（ZC）、车载控制器（VOBC）及司机显示等主要的子系统。子系统之间的通信基于开放

的、标准的数据通信系统。地面与移动的列车之间，都是基于无线通信方式，进行信息交换。无线通信Sel Trac S40系统对通信设施和车载设备采用双套冗余，解决了轨道电路无法冗余的弱点，从而确保列车控制信息的可靠接收和车地信息的可靠交换。因此，任何单个设备的故障都不会影响列车的正常运行。

CBTC 不仅实现列车运行控制，而且可以实现综合运行管理，因为双向无线通信系统既可以有安全类信息双向传输，也可以双向传输非安全类的信息，例如：车次号、乘务员班组号、车辆号、运行时分、列车状态等有关信息。

在 CBTC 应用中的关键技术是双向无线通信系统、列车定位技术、列车完整性检测等。在双向无线通信系统中，可应用 GSM-R 或扩频通信等技术。列车定位技术则有车载设备的测速—测距系统、全球卫星定位、感应回线、查询/应答器等。在列车完整性检测中，则用计轴器法、列车尾部加装无线信号法、司机检测列车风压法等。

随着计算机技术和通信方式的发展，信号的概念已经改变：从被动反应到主动检测，从轨旁设备控制到列车自我控制。现在采用连续的列车—轨旁双向数据通信技术，不再依赖于轨道电路的列车定位技术，使列车具备了“思考和对话”的能力。

无线 CBTC 的突出优点是：有车地双向通信，而且传输信息量大，传输速度快，很容易实现移动闭塞，大大减少了硬件尤其是轨旁设备，大量减少区间敷设电缆，减少一次性投资及日常维护工作量，可以大幅度提高区间通过能力，灵活组织双向运行和单向连续发车，适应不同车速、不同运量、不同类型牵引的列车运行控制等。

现在信号界已逐步认为这是新一代的列控系统，因为在无线 CBTC 条件下可以实现闭环控制，不仅能提高运输能力，而且在安全上也有所提高。无线 CBTC 基本特性包括：独立于轨道电路的高精度列车定位；连续、高容量的车地双向无线数据通信；车载和轨旁的处理器执行安全功能。

装备了 CBTC 设备的列车，可以在各种模式下运行，这取决于列车是在 CBTC 区域或是非 CBTC 区域，也取决于车载/轨旁设备的状态。混合运行应作为常用的运行模式。混合运行模式定义为在 CBTC 区域同时运营装备 CBTC 设备的列车和不具备 CBTC 功能的列车。混合运行模式可以使用以下一种或多种方式：在 CBTC 区域经常性的有计划的运营模式；在 CBTC 区域内偶尔的，没有计划的运营模式；在新的 CBTC 系统投入使用的转换期间；CBTC 车载设备故障时。

2. 无线 Sel Trac S40 系统结构

无线 Sel Trac S40 系统为分布式结构，是以列车为中心的系统。它的一般结构包括调度控制中心层、有线（光纤）通信层、车站控制层、无线通信层、车载设备层。调度控制中心层主要是中央 ATS，有线（光纤）通信层主要是数据通信系统（DCS），车站控制层主要是区域控制器，无线通信层包括轨旁无线设备接入点和车载无线设备，车载设备层包括车载控制器和司机操作显示单元。

无线 Sel Trac S40 系统的功能框图如图 4-70 所示。

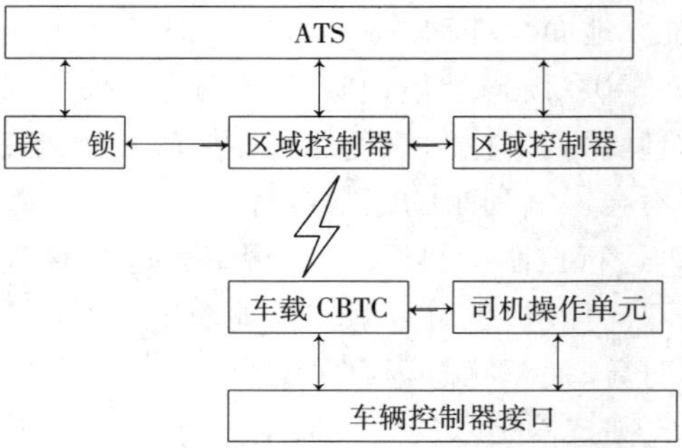

图 4-70　无线 Sel Trac S40 系统的功能框图

每个区域控制器最多能控制 30 辆车，ATS 最多能控制 150 辆车。

3. 无线 Sel Trac S40 系统的设备组成与功能实现

无线 Sel Trac S40 系统的设备包括控制中心设备、有线通信网、车站设备、车载设备、无线通信网、车辆段设备、试车线设备，其组成如图 4-71 所示。

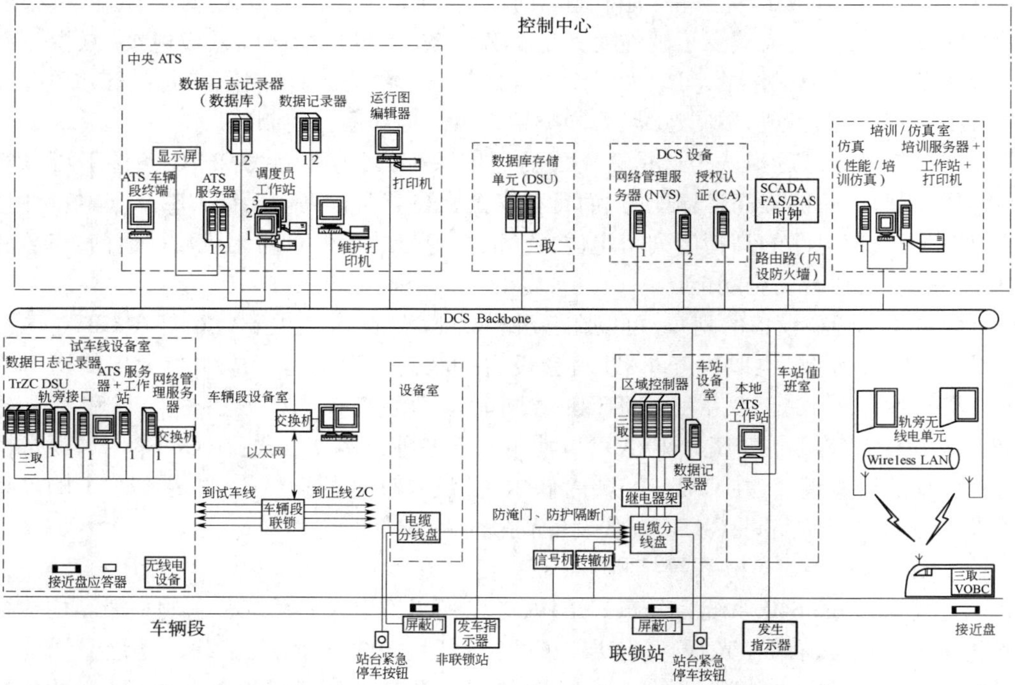

图 4-71　无线 Sel Trac S40 系统的设备组成

DCS—数据通信系统；Backbone—骨干网；Wireless LAN—无线局域网；ZC—区域控制器

(1)控制中心设备

控制中心设备包括中央 ATS 设备、数据库存储单元、数据通信系统 DCS 设备、培训/仿真设备。

中央 ATS 设备包括 ATS 服务器、网络时钟服务器、打印服务器、调度员工作站、数据日志记录器、数据记录器、运行图编辑器及打印机、绘图机、高速网络激光打印机、维护工作站及打印机、ATS 车辆段终端、显示屏。其中,ATS 服务器、数据日志记录器、数据记录器为双机。

数据库存储单元(DSU)是一个安全设备,它具有 3 台处理器,为三取二系统。数据库存储单元包含了其他列车控制子系统使用的所有数据库和配置文件。区域控制器和车载控制器之间,使用一个安全的通信协议,从数据库存储单元下载线路数据库。线路数据库都有一个版本号,在每个区域控制器和数据库存储单元之间每隔一定时间,就会对版本号进行交叉检测。当列车第一次进入系统时,以及之后每隔一定时间,在车载控制器和区域控制器之间也会进行相同的检测。

DCS 设备包括两台网络管理服务器(NVS)和一台授权认证服务器(CA)。

培训/仿真室设备包括培训服务器、工作站、打印机以及仿真服务器。

(2)车站设备

车站设备包括位于每个联锁站车站值班室的 ATS 工作站和位于每个集中站设备室的数据记录器。

ATS 工作站与数据通信系统冗余连接。在中央 ATS 故障时,可以进行本地控制。每个集中站都有一台数据记录器,记录区域控制器之间传送和接收的网络信息。

(3)车载设备

车载设备包括:一个三重车载控制器(TrVOBC)、两个移动无线设备和两个司机显示器(TOD)。

车载控制器具有 3 台处理单元,为冗余的三取二配置。车载控制器也是模块化结构,具有可再配置、可再编程和可扩展性能力。

车载控制器,通过检测轨道上的应答器,从数据库中检索所收到的数据信息,以建立列车的绝对位置;车载控制器测量应答器之间的距离,并测量自探测到一个应答器后,列车所行驶的距离。数据库包括了所有相关的轨道信息,包括道岔位置、线路坡度、限速、停站地点等。

车载控制器具备 ATP/ATO 的所有功能:

a. 确定列车位置。车载控制器主动开始与区域控制器(ZC)的通信。当列车进入区域控制器的控制区域时,无论是刚刚进入系统,或从一个区域控制器区域转移至另一个区域,列车会向区域控制器发送信息,表示列车已经进入该区域控制器的管辖区域。列车在线路上检测到两个相邻的应答器,便实现列车位置定位的初始化。然后列车根据测速传感器和加速度计,对运行过程的距离进一步细化定位,由于线路数据库,唯一的定义了线路上的所有位置，所以运行过程中检测到轨道应答器所提供的同步点信息，实现列车的定位校正。而列车实际定位位置，应根据列车向区域控制器报告的列车车头和车尾位置，加上车头、车尾的不确定误差和在报告传输过程中的运行距离（估计），还应该考虑先行列车尾部潜在的倒溜距离。

b. 车载控制器通过数据通信系统与控制中心 ATS 直接通信。ATS 周期性地接收到从各列车发来的列车所在位置和列车状态报告。

c. 强制执行移动授权控制。根据区域控制器对列车的移动授权命令，由车载控制器执行移动授权控制，动态计算安全距离，以确定列车目标运行速度，监督由测速传感器测得的实际速度，不超过到达目标点的目标速度。并进行防倒溜监督和障碍移动监督（在自动模式下）。在安全运行速度限制范围，调整列车速度。

d. 车门控制和安全联锁。只有当列车到达对位停车点，才允许相应侧的车门开启。

e. 列车完整性的检测和根据乘客舒适标准控制列车移动。

车载控制器的外围设备有：用于测速及列车定位的测速发电机（和加速度计）以及测速（多普勒）雷达；用于确认列车位置应答器查询器及其天线，用于确认列车位置的接近传感器，用于提供绝对参考位置和校准的应答器，无线接收单元及天线，车载显示单元。

司机显示与车载控制器接口，给出以下显示：对司机的信息显示、最大允许速度、当前运行速度、到站距离、列车运行模式、停站时间倒计时、系统出错信息等。司机输入信息有：输入司机身份，列车运行模式，及其他开关、按钮的输入。

（4）车辆段设备

车辆段设备包括 ATS 车辆段终端、交换机，并通过联锁设备和试车线设备、正线 ZC 相连。

（5）试车线设备

试车线设备室内包括区域控制器（TrZC）、数据库存储单元（DSU）、数据日志记录器、ATS 服务器 + 工作站、轨旁接口服务器、网络管理服务器（NVS）、交换机等。室外有接近盘、应答器、无线电设备。

（6）数据通信系统（DCS）

数据通信系统 DCS 可实现任何子系统之间的通信。光纤骨干网采用基于开放标准的设计方法，对所有的列车控制子系统提供 IEEE 802.3（以太网）接口；对列车控制子系统是透明的；符合实时和吞吐量要求。

ATC 系统的所有设备，都和数据通信系统（DCS）相连。列车控制子系统之间发送和接受 IP 报文，通信采用 UDP/IP 协议。由 DCS 完成报文路由。列车控制应用只占用不到 10% 的 DCS 带宽。允许系统实现其他附加功能：乘客广播系统、乘客向导系统、远程 SCADA 设备（轨旁）、车载视频监视系统。

数据通信系统传送的是安全控制信息，但它本身不是一个安全系统。IEEE 802.3

以太网标准用于整个局域网(LAN);IEEE 802.11 跳频、扩频技术的无线标准,用于网络内的所有无线移动通信。

与数据通信系统相连的任何两个节点之间,可以相互通信。数据通信系统可以在区域控制器和相邻的区域控制器、区域控制器和车载控制器、ATS 和区域控制器、ATS 和车载控制器、ATS 和数据库存储单元、数据库存储单元和车载控制器、数据库存储单元和区域控制器之间传送信息。DCS 设备包括:轨旁光纤骨干网、AP(轨旁无线设备接入点)、车载无线设备、集中站和中央控制室的网络和交换机。无线 CBTC 的数据通信系统结构如图 4-72 所示。

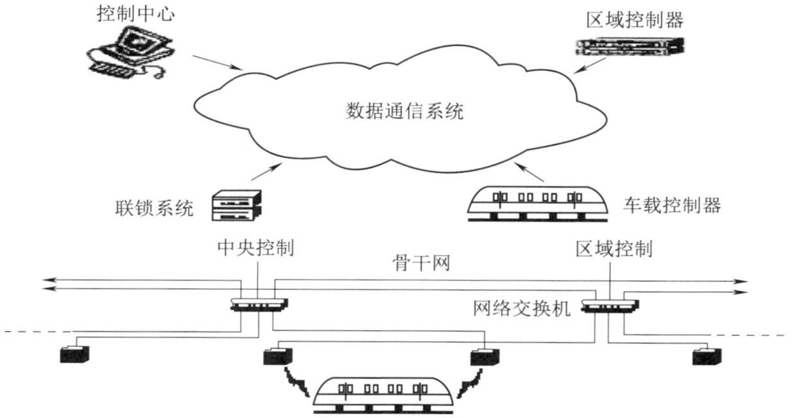

图 4-72　无线 CBTC 的数据通信系统结构

数据通信系统完成报文通路,由于列车控制数据只占用不到 10% 的数据通信系统带宽,所以允许系统实现其他附加功能,如乘客广播系统(站台和车内)、乘客向导系统(站台和车内)、远程 SCADA 设备,以及车载视频监视系统等。

(7)无线局域网

无线局域网由轨旁无线电单元和车载无线接收单元组成。

4. 系统接口

列车控制子系统之间的接口有:列车自动监控(ATS)与区域控制器;ATS 与车载控制器;ATS 与司机显示;ATS 与数据通信系统(DCS);区域控制器与车载控制器(本区域内的列车);区域控制器与区域控制器;车载控制器与司机显示;车载控制器与车载控制器(同一列车)。此外,还有:

(1)紧急关闭按钮

每个车站站台、车站控制室设有紧急关闭按钮。当紧急关闭按钮按下时,CBTC 系统应立即关闭本线路或是上、下行两条线路该区域内的信号机,并收回涉及该区域的移动授权。

(2)站台安全门

与站台安全门间的接口要求:

确定列车停在规定的停车窗内后,向安全门控制系统发出开门命令;在关车门的同时,向安全门控制系统发出关门命令。

接收安全门控制系统提供的安全门锁闭信息或故障旁路信息。

根据需要可向安全门控制系统传送列车到站信息等。

(3)其他系统

DCS 通过路由器与 SCADA、FAS/BAS、Clock 接口。

第七节　Urbalis TM 型 CBTC 系统

阿尔斯通公司 CBTC(简称 Urbalis TM),技术先进,符合国内外轨道交通信号技术发展方向,具有良好的运行使用经验,工作稳定可靠,具有较高的性能价格比和国产化率。

一、采用波导的 Urbalis TM

1. 技术特点

(1)高安全性和可靠性

系统具有很高的安全性和可靠性,并能保证连续不间断地工作,系统中凡涉及行车安全的设备均满足故障—安全的原则,主要行车设备的计算机系统均采用多重冗余技术,所有安全系统设备均具有权威机构的安全认证。采用国际通用标准的计算机技术、网络技术、数据传输技术。传输频带、传输速度、调制解调方式及误码率等指标均符合国际通用标准。

安全性的获得(危险侧故障率为 1×10^{-9}/h)是通过列车自动控制、计算机联锁、列车检测等设备满足 SIL4 要求得到的。这些子系统之间的通信使用编码技术使信息可以进行故障—安全交换。根据 CENELEC(欧洲电工标准化委员会)标准,对每个项目应用都要建立安全性论证。

系统电子设备的安全性可以通过硬件冗余比较结果的方式获得(如二取二或三取二方式),安全性也能通过信息冗余的方式获得(如编码处理器 MPC 技术)。

(2)高可用性

为提高系统的可用性,具有灵活的控制模式并具有降级使用和后备模式。通过使用高可靠的设备和在结构层使用冗余技术使得每个子系统获得 99.999% 的可用性。

(3)最佳运行间隔

最佳运行间隔性能的达到是通过移动闭塞技术实现的。移动闭塞可以获得车辆和轨道参数限制的最高性能,也就意味着实绩运行间隔可为 90 s。

(4)易扩展性

易扩展性由骨干传输网络保证。这一结构允许通过简单地增加骨干网模块就可以实现增加车站或线路延伸。硬件和软件均按标准化功能模块进行设计,以便于在线路及站场发生变化时能对系统进行修改和功能扩展。软件方面,线路延伸只要求修改轨道配置数据库,不需要修改核心软件。

(5)高可维护性

高可维护性的获得是通过每个设备的自检能力和通过数据通信系统将告警和诊断信息发送给控制中心实现的。

系统具有完善的自检和自诊断功能,能对全线的中央设备、车站设备、轨旁设备、车载设备以及车地通信设备进行实时监督和故障报警,能准确报警到板级。系统能够经传输通道在维修管理中心、维修车间和维修工区实施远程故障集中报警和维护管理,能够在现场使用便携计算机实施故障诊断,设备故障诊断定位到板级。

2. 系统主要技术指标

(1)ATS 响应时间:设备状态变化至 ATS 控制中心显示不大于 2 s,命令发出至被控系统开始执行不大于 2 s。

(2)所有安全系统导致危险侧的故障率低于 1×10^{-9}/h。

(3)可靠性指标 MTBF 可以达到:系统计算机的单机单通道:2×10^{5} h;主要外围设备:1×10^{5} h。

(4)可用性指标可以达到:ATP/ATO 各子系统:99.999%。

(5)ATO 站台设计停车精度在 ±0.5 m 范围内时,正确率为 99.999 8%;ATO 站台设计停车精度在 ±0.3 m 范围内时,正确率为 99.99%。

(6)非期望(非正常)列车紧急制动发生率小于 0.015%。

(7)热备切换时间不影响设备工作的连续性,可做到无扰切换。

(8)列车到达折返站能可靠实现自动折返的正确率不低于 99.99%。

3. 系统组成

Urbalis TM 系统总体结构如图 4-73 所示。

信号系统设备包括:控制中心设备、车站及轨旁设备、车辆段设备、车载设备、维修管理设备、试车线设备、培训设备及其他设备。

Urbalis TM 信号系统基于 SDH 多业务骨干网络,这种构成可以确保轨旁子系统之间完全通信;确保列车通过无线系统和轨旁进行双向通信。装备 SDH 设备的车站直接和核心 SDH 网络相连接,没有配置 SDH 设备的车站由以太网交换机连接到最近的 SDH 设备。

(1)控制中心设备

控制中心设备分为运营控制中心(行车指挥室)、中心设备室、培训室和运行图编辑室设备。控制中心设备组成如图 4-74 所示。

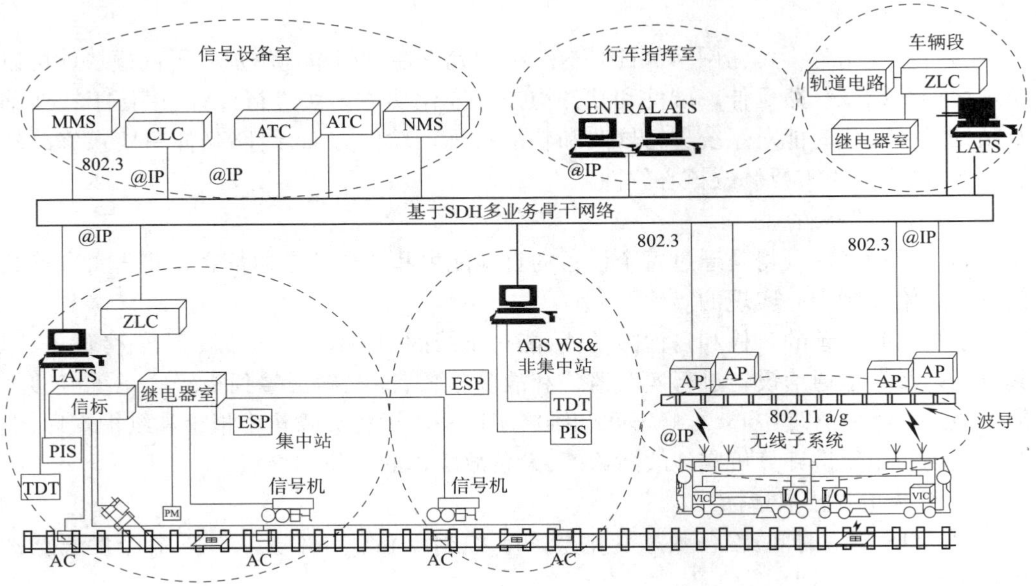

图 4-73　Urbalis TM 系统总体结构

TDT—列车发车计时器；PIS—乘客向导系统；ESP—紧急关闭按钮；ZLC—车站联锁；AP—接入点；NMS—网管系统；CLC—线路控制器；CENTRAL——中央；AC—信标；PM—转辙机；MMS—维修管理系统

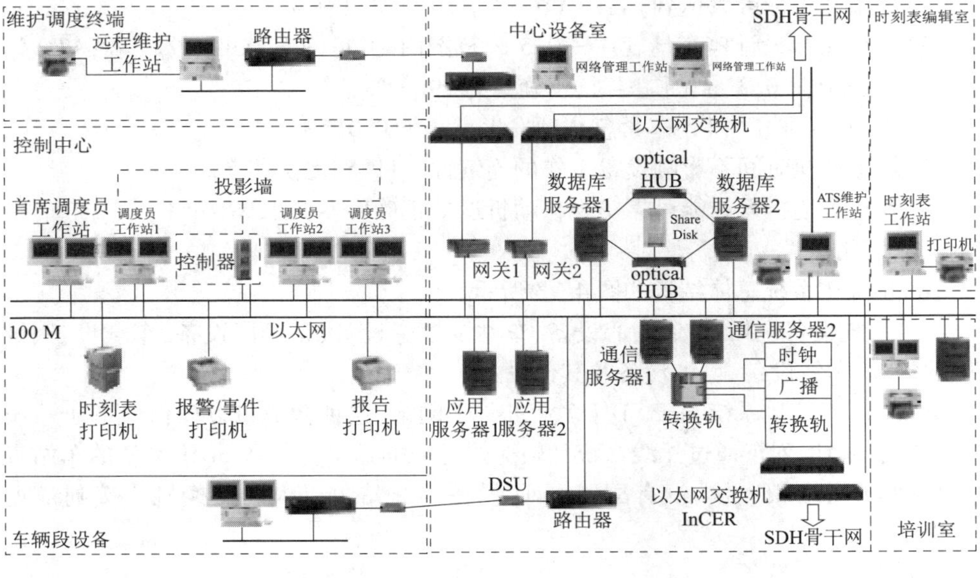

图 4-74　控制中心设备组成

①运营控制中心设备。运营控制中心包括行车调度员使用的所有设备:1 个调度长工作站、3 个调度员工作站和 1 个远程调度长工作站,用于行车监督与中心大表示屏接口;1 台 A3 彩色激光打印机,用于打印运行图;2 台 A3 黑白激光打印机,其中 1 台用于数据报表打印,一台用于故障报警打印。

②运行图编辑室配备 1 台时刻表/运行图编辑工作站和 1 台彩色喷墨打印机。

③培训室配置 1 台培训服务器、1 台培训工作站和 1 台彩色喷墨打印机。

以上设备由位于中央设备室的冗余的数据库及应用、通信和维护服务器支持。所有设备通过一个冗余的以太网通信。

④中心设备室设备。中心设备室设备组成如图 4-75 所示,包括:2 台 ATS 的应用服务器,2 台 ATS 的数据库服务器,1 台 ATS 的磁盘阵列柜,2 台 ATS 的通信前置机,1 台 ATS 的维护员工作站和 1 台彩色喷墨打印机,2 台网关计算机,2 个 NMS 网管工作站用于 SDH 骨干网和以太网监督管理,1 台中央线路控制器,2 台带维护终端的轨旁 ATP/ATO 计算机,1 台 DSU 用于进路地图管理,1 台用于连接到骨干网的以太网交换机,1 台冗余 SDH 多路复用器。

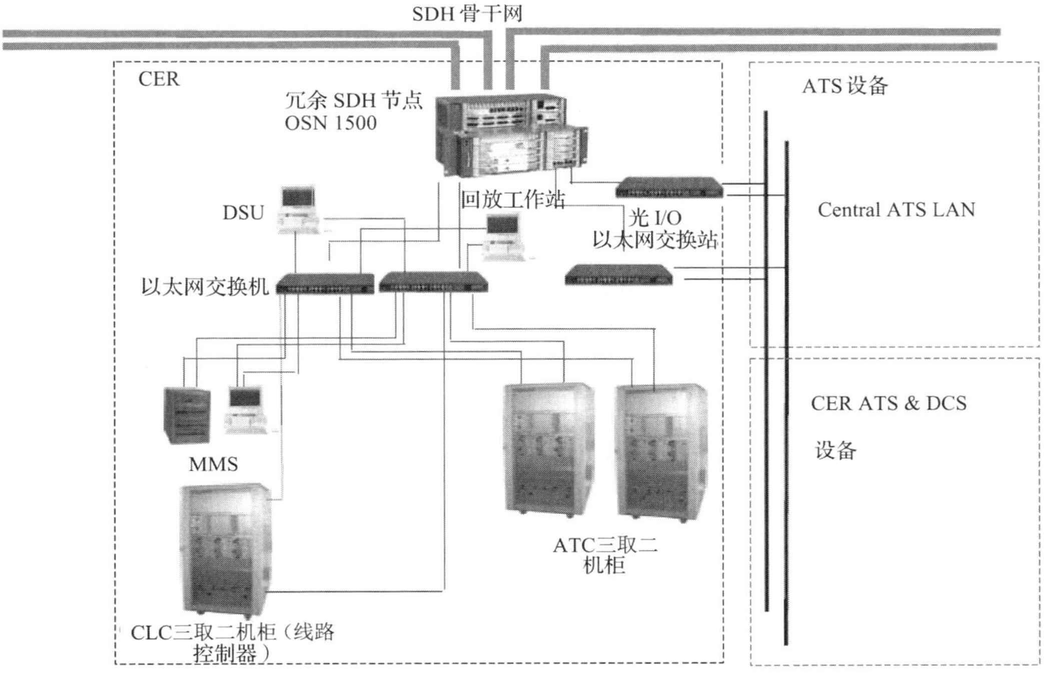

图 4-75 中央设备室设备组成

CER—控制室;CLC—线路控制器;DCS—数据通信系统;DSU—数据存储单元;MMS—维护管理系统

维护管理系统可以从不同处室通过因特网远程进入。

(2)车站设备

①集中站设备

集中站设备组成如图 4-76 所示,包括:1 套冗余 ZLC 和相应的 SDM、继电器机架和计轴器机柜、应急控制盘、PIS 盘和发车计时器、用于管理列车停车模式的欧式编码器、冗余的本地 ATS、冗余 ATS 车站操作员工作站、ATS 接口控制器、连接到骨干网的交换机。

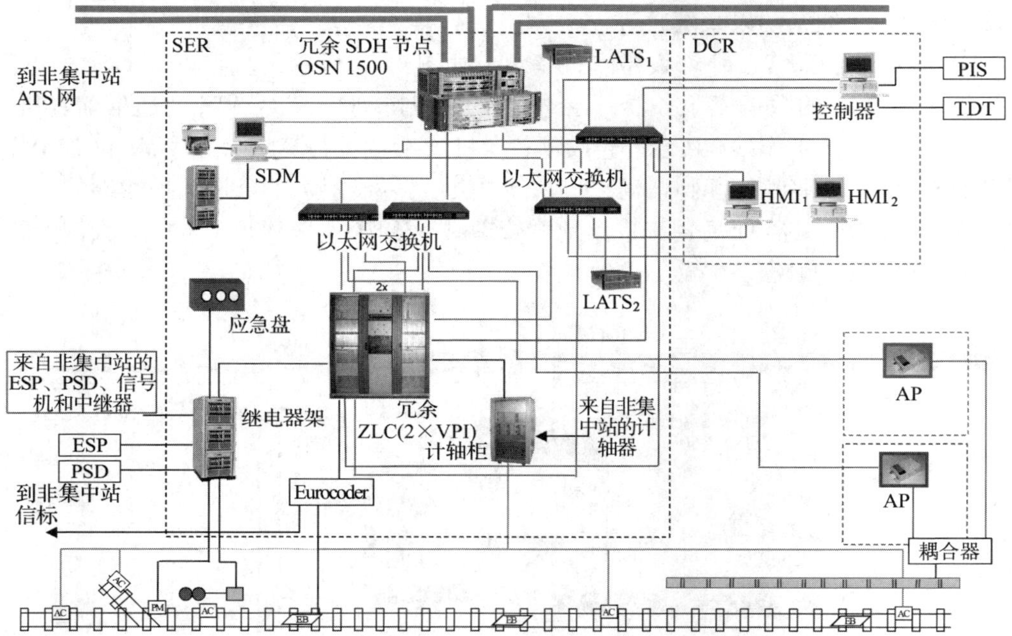

图 4-76　集中站设备组成

AC—信标;AP—接入点;TDT—列车发车计时器;PIS—乘客向导系统;PSD—站台安全门;ESP—紧急关闭按钮;SER—信号设备室;EB—欧式编码器;PM—转辙机;LATS—车站 ATS;ZLC—本地联锁;HMI—操作员工作站;DCR—车站控制室;SDM—联锁系统维护工作站

②非集中站设备

非集中站设备配置有两种,一种有 SDH 设备,另一种没有配置 SDH 设备。

有 SDH 节点设备的非集中站设备组成如图 4-77 所示,包括:ATS 车站操作员工作站、ATS 接口控制器、连接到骨干网的交换机、冗余 SDH 多路复用器、中继继电器、PIS 盘和发车计时器、站间和车站用于无线传输的接入点。

没有 SDH 节点设备的非集中站设备组成如图 4-78 所示。

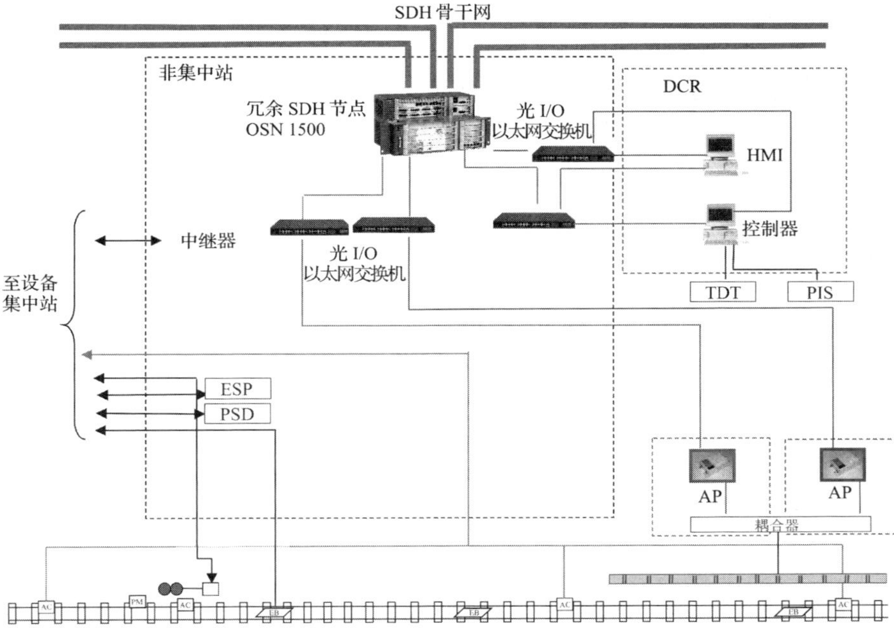

图4-77　有SDH节点设备的非集中站设备组成

AC—信标;AP—接入点;TDT—列车发车计时器;PIS—乘客向导系统;PSD—站台安全门;ESP—紧急关闭按钮;PM—转辙机;HMI—操作员工作站;DCR—车站控制室

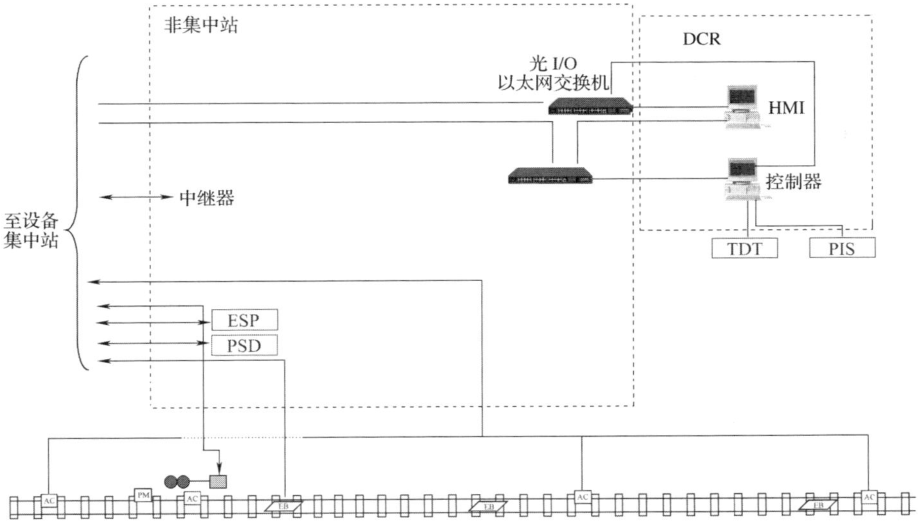

图4-78　没有SDH节点设备的非集中站设备组成

AC—信标;AP—接入点;TDT—列车发车计时器;PIS—乘客向导系统;PSD—站台安全门;ESP—紧急关闭按钮;PM—转辙机;HMI—操作员工作站;DCR—车站控制室

(3)车辆段设备

为了独立和人工管理车辆段,车辆段配置:1 套冗余 ZLC、继电器架和轨道电路架,冗余本地 ATS、冗余 ATS 车站值班员工作站、连接到骨干网的交换机、冗余 SDH 多路复用器、轨旁无线设备(AP 和天线)。

车辆段设备配置如图 4-79 所示。

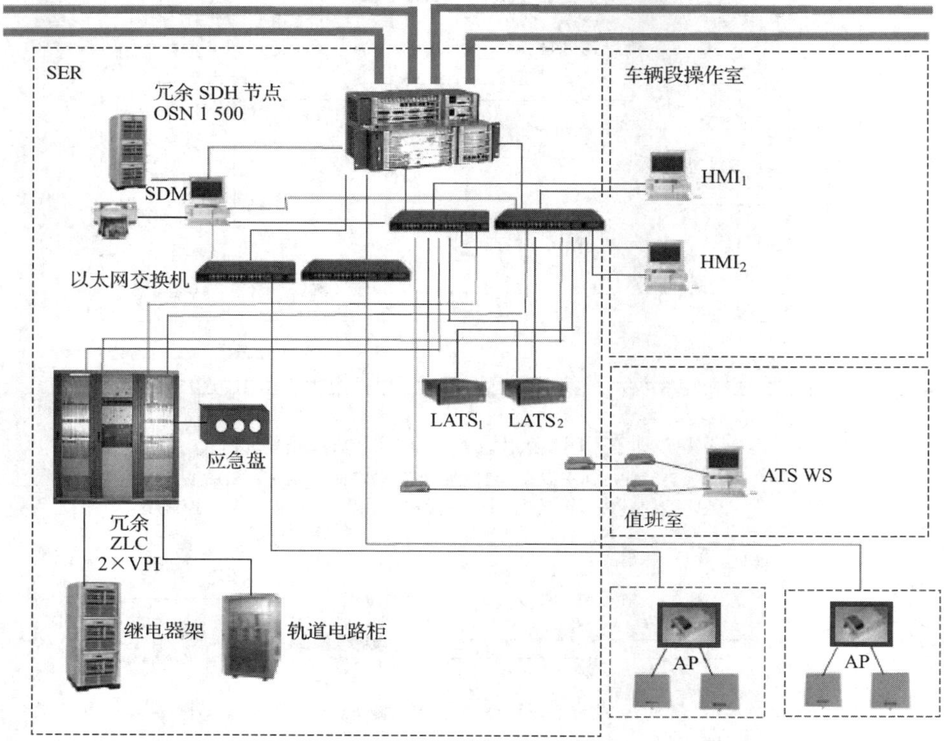

图 4-79　车辆段设备配置

AP—接入点;SER—信号设备室;ZLC—车站联锁;LATS—车站 ATS;HMI—操作员工作站

(4)维护管理系统设备

维护管理设备包括:位于 OCC 的一个中央维护服务器;位于调度室的维护终端和打印机;位于维修车间的维护终端和打印机;位于维护工区的维护终端和打印机;位于各设备站和车辆段的维护终端和打印机。

中央维护服务器位于 OCC 的中央信号设备室内。它与信号网络连接以收集维护数据。中央服务器配备一个数据服务器和一个处理服务器。

维护终端位于 OCC、车辆段、维护中心或车站的任何需要终端维护的地点。这些终端显示告警,并且用于设置向数据服务器发出请求。根据其安装位置,它们通过信号网络

(DCS SDH 骨干网)或通过因特网 ADSL 进入 MMS 服务器,并具备适当的安全保护。

(5)车载设备

每个驾驶室都有一套完整的车载 ATP/ATO 系统(ATP/ATO 和 I/O 模块、里程器、信标天线)、MMI、四个天线(两个用于波导传输,两个用于自由无线传输)和两个调制解调器(每个控制两个天线)。这两个 ATP/ATO 系统通过热备的冗余以太网连接。一列车可以由前方驾驶室根据车载系统的最佳可用性由前方 ATP/ATO 或后方 ATP/ATO 来控制驾驶。如果需要,前方 ATP/ATO 可以从后方无线装置获得轨旁信息。

4. 系统冗余

Urbalis TM 冗余原则包括以下两个方面。

(1)控制中心、车站和车载设备冗余

控制中心,中央 ATS 的应用、数据、网络服务器冗余,线路控制器基于三取二平台。

车站联锁(ZLC)在热备制式下冗余。在设备集中站提供冗余车站 ATS 工作站。

轨旁 ATP/ATO 基于三取二平台。

(2)通信和基础设施冗余

①永久共存两个网络

所有信号设备复制它们的输出信息,它们中的每一个都取两网络之一,用于 CBTC 信号应用的两个通信通道完全相同,并由两个独立的网络支持。因此,核心 SDH 网络具有足够的带宽支持双重信息。

②网络接入设备

用两个电接口以太网交换机接入 SDH 节点的网络分别短距离接入到两个网络。另外类似的两个光接口以太网交换机用于长距离网络接入,它们连接信号轨旁设备(ZLC、ATS 服务器和工作站、轨旁 ATP/ATO…)和无线接入点。

③核心 SDH 网络

核心 SDH 网络由 SDH 节点(多路复用器)和光纤环构成,光纤用于提供完全相同的双环,多路复用器在热备制式下冗余。这种网络结构可以防止普通模式故障,并且对特殊光纤或设备物理损坏具有防护功能。如果光纤有物理损坏,相关环在 50 ms 内会自动重新配置并将信息向相反方向传递,告警信号立刻传送到网管系统以识别问题以便进行矫正维护。

④无线分布

轨旁无线接入点和车载无线设备都使用双套冗余和接入,DCS 冗余体系结构如图 4-80 所示。

5. 车地通信

Urbalis TM 采用波导管进行信息传输,使用 SACEM 编码策略又将轨旁 ATP/ATO 与车载 ATP/ATO 进行无线连接。通信系统和协议是信息传输关键。

Urbalis TM 通信完全符合 CENELEC EN-50159-2 规范。

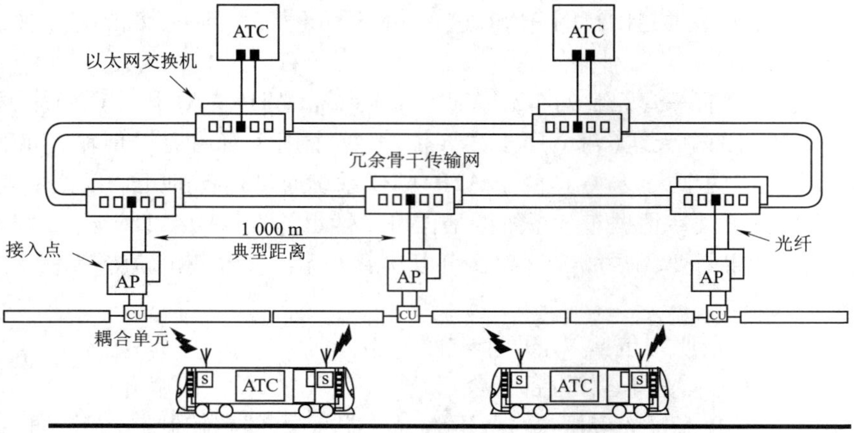

图 4-80　DCS 冗余体系结构

如上所述,列车防护是基于车载 ATP/ATO 每隔 400 ms 发送的定位报告。这些信息是安全保护的基础,因此使用 SACEM 协议对其进行保护。

从车载 ATP/ATO 向轨旁 ATP/ATO 或从轨旁 ATP/ATO 向车载 ATP/ATO 发送信息时,Urbalis TM 使用 SACEM 编码策略与列车进行无线连接。

轨旁有线网络使用专门用于信号设备的骨干网,这一"闭环通信系统"经过验证,且符合 EN 50159-1 要求,其完整性、真实性和时间性得到保证。它可使用上述安全编码策略中的一个或几个。

Urbalis 解决方案采用标准无线协议 802. 11g。车载和轨旁 ATP/ATO 系统不参与 DCS 无线系统的运行,即 DCS 确保消息路由,频率切换以及可移动性,而不需要 ATP/ATO 系统的干预。一切均由 DCS 子系统管理。

为避免可能存在的安全威胁,Urbalis 解决方案使用安全协议:采用 802. 11i 的 WPA(无线保护协议)子集提供更安全的无线环境;时域密钥完整性协议(TKIP)增强了 WEP 加密。TKIP 用 WEP 协议作为原始 WEP 数据包的外壳,解决了许多已知的问题;消息完整性码(MIC)在数据包后增加 30 个额外的位作为校验码,可防止伪造攻击。这些协议由无线调制解调器内的软件实现,无需任何额外硬件。

这一策略与其他实施特性(OFDMS、5 GHz、定向天线和慢速全局数据速率)可提供高等级的保护,这也在此文档中得到进一步验证。

对于无线 DCS 网络,内部安全层的嵌入式结构包括:双 24 算术编码策略,带 48 位 CRC,确保防护的误码率低于 2^{-40};外部 16 或 32 位 CRC 编码的 BCH 层($<2^{-16}$);数据域中的地址能确保真实性;通过特定数据域并在算术 24 CRC 域中进行两个不同编码扰乱,得到双时间戳(也称为"双向环路时间")。

获得的总体安全级别优于每条传输消息的 10^{-16},足以得到整个 SIL4 级别的信号系统(已考虑噪声或硬件引起的扰动)。

此类编码抵御破坏能力很强，主要原因是：即使黑客知道编码策略，双时间戳策略也非常稳健。

二、采用无线自由波传输的 Urbalis TM

1. 系统结构

Urbalis TM 使用 SDH 冗余骨干网，以确保各子系统之间相互通信以及保证车地之间连续的双向通信。沿线分布的数据通信系统包括设备车站及中间车站的若干 SDH 冗余骨干节点（热备冗余 SDH 多路复用器和双以太网接入交换机）和沿轨道分布的许多无线接入点。

Urbalis TM 总体结构如图 4-81 所示。

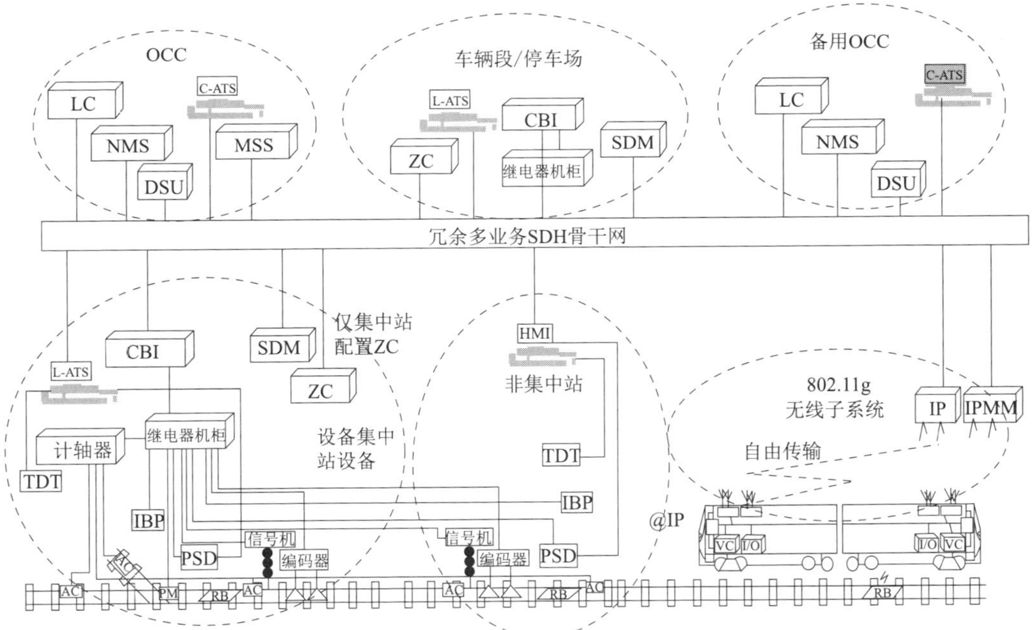

图 4-81 Urbalis TM 总体结构

（1）控制中心

控制中心设备室包括：线路控制器（LC）、网络管理系统（NMS）、数据存储单元（DSU）、维护支持系统（MSS）、中央 ATS。

备用中心设备室包括：线路控制器（LC）、网络管理系统（NMS）、数据存储单元（DSU）、非冗余中央 ATS、ATS 培训模拟器。

线路控制器 LC 采用 MASTRIA 三取二平台，提供正线所有设备和进路的状态，以及线路地图（包括版本控制）的中央信息系统。

(2)车辆段

车辆段安装 1 套本地 ATS,1 套联锁系统 CBI,1 套区域控制器 ZC,2 套 ATS 终端。

CBI 执行联锁功能并控制轨旁设备。ZC 对车辆段和试车线进行自动管理,执行 ATP/ATO 功能。

(3)集中站

各集中站分别设置 1 套区域控制器 ZC,管理全线所有列车按移动闭塞运行。

各集中站设置 1 套本地联锁系统 CBI,CBI 执行联锁功能并控制轨旁设备,包括相邻的非设备集中站的设备。

各集中站设置 1 台冗余本地 ATS。

(4)现场设备

信标用于列车定位,设在正线、出/入段/场线、车辆段/停车场(包括试车线),后备模式有源信标和欧式编码器。

计轴器用于降级模式下的闭塞检测(正线、出/入段/场线和试车线)。

(5)车载设备

Urbalis TM 车载设备如图 4-82 所示。每列车上,设置了两台 CC 控制器和相关的输入/输出模块及适当的传感器,能提供热备模式下的 ATP 和 ATO 功能。

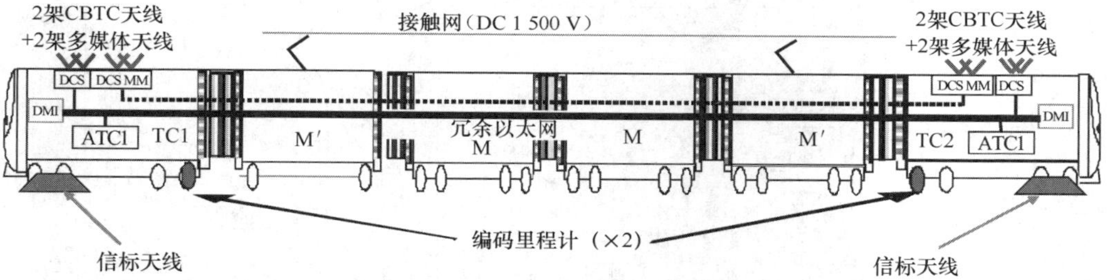

图 4-82　Urbalis TM 车载设备

2. 数据传输系统(DCS)

DCS 为轨旁和车载 CBTC 系统提供可靠、持续、双向的通信服务。DCS 由信号系统专用的车地无线通信系统及信号轨旁通信骨干网络组成。除 DCS 外,还必须提供综合监控系统(ISCS)所需的宽带无线通道(WRF)。信号和 ISCS 的车地无线通信通道必须独立、可靠,通道之间不应有任何干扰或影响。信号车地无线通信通道及 WRF 均须 100% 覆盖正线(包括侧线、存车线)、出/入段/场线、车辆段/停车场区域。

(1)车载设备

每辆列车内将安装一个蓝色无线调制解调器、一个红色无线调制解调器。每个车载无线调制解调器与位于列车顶部以及与每个驾驶室前方附近的两架天线连接,车载设备示意如图 4-83 所示。

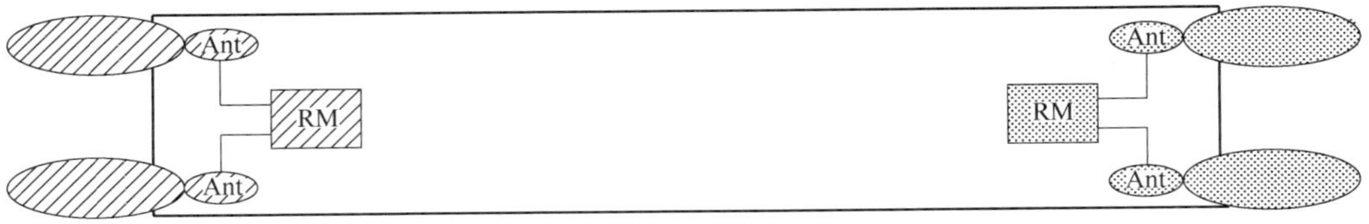

图 4-83 车载设备示意

(2)骨干传输网络(BTN)

BTN 是 CBTC 信号系统所有通信设施的基础。骨干传输网络接入(通过以太网开关和 SDH 节点)所有车站信号设备室(远程或直接)、中心设备室和车辆段/停车场(含试车线)。其中部分车站配有 SDH 节点和以太网交换机,其他车站只配有以太网交换机,可通过专用光纤连接至邻近车站的 SDH 节点。

BTN 主要支持从 OCC 传输至车站和车辆段/停车场的数据、控制/命令信息。

与其连接的系统包括:ATS(本地、控制中心、备用中心和车辆段/停车场);ATP/ATO 系统、联锁;MSS;信号系统应用的无线电传输系统(AP SIG)。

车站的 BTN 连接如图 4-84 所示。在每个集中站都装有 SDH 节点,配备有两个光接口交换机和两个电接口交换机。信号网络和 ATS 网络共用电接口交换机,数据流通过 VLAN 相互隔离。

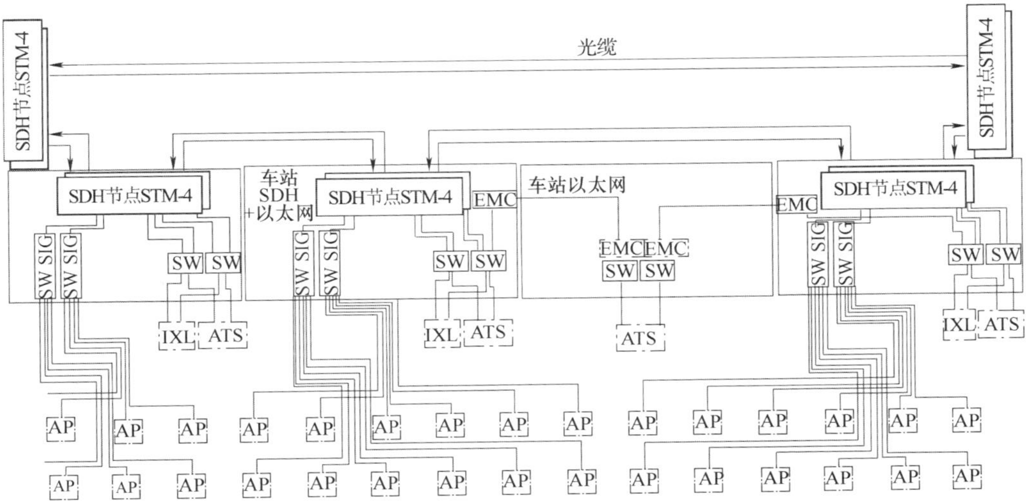

图 4-84 车站的 BTN 连接

AP—DCS 天线接入点;SW—以太网交换机;ATS—ATS 设备;

LXL—联锁(ZLC);EMC—以太网媒体转换器

光接口交换机用于连接远程的设备(如数据传输的无线接入点),而电接口的交换机用于连接本地的设备。

在未安装 SDH 设备的非设备集中站，设两个用于 ATS 应用的电接口交换机。通过光缆和以太网媒介转换器，将交换机连接至位于车站两端最近的 SDH 节点上。

控制中心的 BTN 节点配有几个电接口交换机，均专用于一种应用网络。控制中心的 BTN 连接如图 4-85 所示。它有 2 个信号接入网络电接口交换机（以太局域网）和 2 个 ATS 网络电接口交换机。

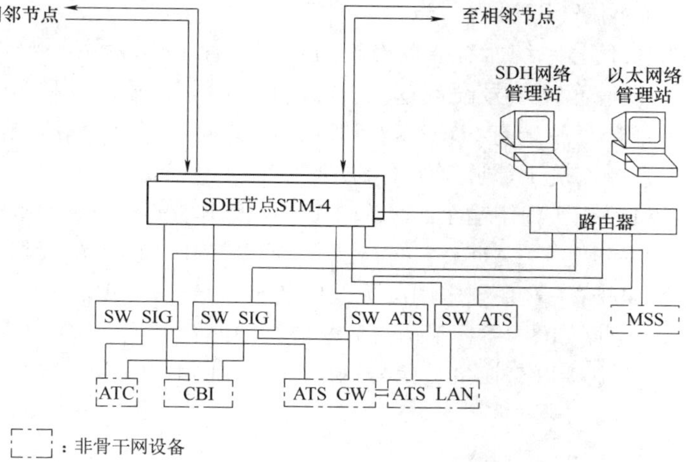

图 4-85　控制中心的 BTN 连接

SW—以太网交换机；ATC—轨旁列车自动控制；CBI—联锁；ATS—列车自动监控

第八节　US&SI CBTC 系统

US&SI（美国联合道岔与信号国际公司）的 CBTC 采用无线局域网作为车地通信通道。

一、系统特点

1. 采用开放式架构的 DCS 系统。

系统采用 802.11g 来提供更大带宽和更强抗干扰的数据通信能力。采用 802.11i 无线网络技术来保障安全，阻止未授权用户进入网络。

2. 采用硬件冗余、功能冗余、功能集中三种方法实现高可用性。

区域控制器采用故障—安全的三取二表决方式。车载控制器采用故障—安全的三取二表决方式。正线计算机联锁采用双机热备故障—安全的 MicroLok Ⅱ 联锁控制器。列车自动监控子系统采用 32 位数据结构，带冗余的以太网切换设备。

3. 装备了 CBTC 系统的列车和没有装备 CBTC 系统的列车都可以安全混跑。

4. 模块化系统利于将来线路延伸和功能扩展。

5. 充分考虑维护方便。

中央诊断系统提供数据存取的远程维护。区域控制器减少了现场设备,从而简化了维护人员的工作量。

二、系统的设计原则

1. 车载设备完成高分辨率的列车位置定位。

2. 通过车地数据通信链,将本列车的位置信息和其他列车的状态数据与轨旁设备进行通信。基于列车位置信息和其他输入,通过轨旁设备,确定每列配备车载设备的列车的移动授权限制信息。

3. 通过车地数据通信链,将这些授权限制和其他列车的控制数据与相应列车通信。通过车载设备,完成 ATP 速度—距离曲线的确定和执行。

4. 轨旁设备到其他联锁的必需的强制命令,以及其他联锁到轨旁设备的用以支持系统运行状态的信息必须使用安全通信。

5. 一个区域控制器到相邻区域控制器用以支持列车控制交权的必要信息必须使用安全通信。

6. 列车内多套车载设备间用以支持系统运行的必要信息必须使用安全通信。

7. 用移动闭塞原理设定移动授权范围。

三、系统结构

系统为分布式结构,由中央列车自动监控子系统、轨旁子系统、数据存储单元、联锁控制器、工作站和车载控制器子系统等组成,US&SI 的 CBTC 系统结构如图 4-86 所示。

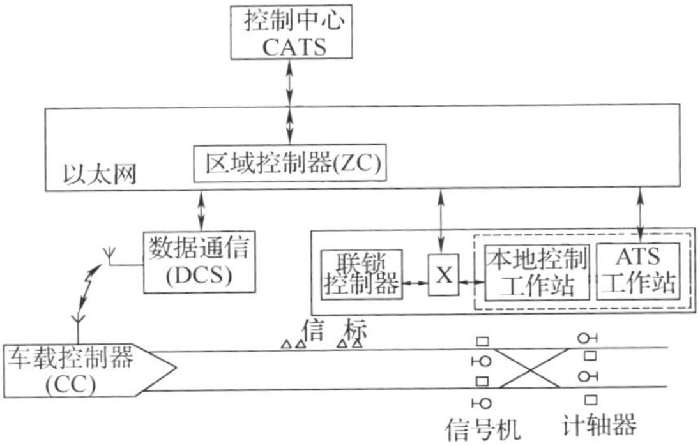

图 4-86　US&SI 的 CBTC 系统结构

1. 中央列车自动监控子系统(ATS)

列车自动监控子系统负责执行各种运营功能,如确认、跟踪和显示列车信息,提供人工和自动进路设置功能以及调整列车的运行以保证运行时间。

2. 轨旁子系统

轨旁子系统主要由位于线路上不同车站的一个或者多个区域控制器(ZC)单元组成,是基于处理器的安全控制器。每个区域控制器通过数据通信子系统和车载控制器连接。区域控制器通过运用 CBTC 的移动闭塞概念,确保列车的安全运行。临时速度限制(TSR)储存在区域控制器中。

3. 数据存储单元

数据存储单元给区域控制器(ZC)和车载控制器(CC)提供轨道数据。另外,也采集区域控制器(ZC)和车载控制器(CC)的维护信息。数据存储单元传递维护信息给中央维护服务器(CMS)。数据存储单元也提供从 ATS 到区域控制器(ZC)和车载控制器(CC)通信的接口。

4. 联锁控制器 MicroLok Ⅱ

为保证正确的 CBTC 运行,MicroLok Ⅱ必须与区域控制器(ZC)接口。

如果区域控制器、数据通信系统或是车载控制器出现故障,MicroLok Ⅱ将提供列车的安全运行条件,并用轨旁 LED 信号机来实现。列车以地面信号显示作为主体信号运行。另外,如果只有数据通信子系统出现故障,系统提供超速防护功能并防止列车冒进信号。

5. 工作站

工作站位于集中站的控制室,集成了 ATS 车站工作站和本地控制工作站的功能。该工作站通常用于监督列车运行,也可用于联锁的人工控制。工作站提供两种控制功能和操作界面,原 LOW 本地工作站和原 ATS 工作站的所有功能各自保留在集成后的工作站中。

如果中央和本地 ATS 功能均不可用,MicroLok 自动设置正线追踪的直通进路,并在终端站自动提供折返进路。MicroLok 会自动建立列车进路,直到调度员使用本地控制工作站(LOW)进行干预或是 ATS 重启才会停止。在正线上 MicroLok 建立接近进路。当列车接近信号机,MicroLok 检查直向通过进路并在进路已设置时开放信号机。一旦列车越过信号机,直到下一列车接近此信号机前信号机都保持红灯显示。对于 CBTC 列车,ZC 将提供MicroLok建立进路的移动授权。对于终端站折返,MicroLok 定义了默认的进路。在此终端站上,所有折返都采用该默认进路。还可从 LOW 上选择另一条替代的进路。

6. 车载控制器子系统(CC)

CC 包括基于微处理器的控制器、相关速度测量及位置定位传感器(在轨旁信标的辅助下)。车载设备与列车的各子系统接口,并通过 DCS 与区域控制器接口。车载控制器负责列车定位、允许速度执行、移动授权以及其他有关的 ATP 和 ATO 功能。车载控制器采用三取二表决方式。每端的 ATO 有一套冗余的设备。如果一个 ATO 单元故障,同一端的另一个 ATO 单元将接替工作。切换是自动的(不影响列车运行),不需要人工干预。

7. 数据通信子系统(DCS)

DCS 在信号系统各设备之间提供双向的、安全的数据交换。DCS 系统采用有线 IEEE 802.3,无线 IEEE 802.11g 的通信标准,提供开放式的接口。它是一个非安全的系统,但是通过其传送的消息受安全算法的保护。系统设计能够消除单个独立故障或多个相关故障对系统的影响,通信系统对列车控制操作是透明的。

四、系统功能的实现

车载控制器负责列车安全定位,通过速度传感器和加速度传感器来确定列车的安全位置,该安全位置通过数据通信子系统(DCS),传输到区域控制器(ZC)以及列车自动监控(ATS)系统。CC 通过检测安装在轨道中间的静态信标的来修正列车的位置误差。

区域控制器基于该区域内所有列车的位置和方向,发出移动权限(MAL)指令,并持续更新和传输。它计算移动权限,以保证列车安全隔离,并达到最小的列车运行间隔。车载控制器利用 MAL 信息来执行 ATP 和 ATO 功能。为了达到该目的,车载控制器装载了一个描述列车运行所在线路的轨道数据库。该数据库包括:土建限速信息、信标识别(ID)号和位置信息、转辙机位置、折返位置、其他障碍的位置、其他相关线路信息。

ATP 功能包括速度/距离曲线的确定和执行、安全的车门控制以及常用制动和紧急制动请求的发布。ATO 功能包括速度控制、停站和非安全的车门控制。

每个区域控制器通过 DCS 与区域内的轨旁 MicroLok Ⅱ单元接口。每个集中站都配备 MicroLok Ⅱ。MicroLok Ⅱ控制和监测轨旁设备,包括站台安全门、转辙机、计轴器和信号机。MicroLok Ⅱ还与这些设备接口,将状态信息传递到区域控制器。

系统支持非 CBTC 列车的运行,非 CBTC 列车的运行以地面信号作为主体信号。非 CBTC 列车的位置检测由辅助列车位置检测系统(计轴器)完成,其位置信息传输给区域控制器,用于 CBTC 列车的移动授权计算。

通常情况下,ATS 子系统自动执行功能,而不需要人工参与。ATS 子系统监督并显示 CBTC 列车的位置以及被非 CBTC 列车占用的轨道区段。ATS 自动调节 CBTC 列车性能水平以及停站时间,以遵循时刻表。ATS 还提供了人工运行控制模式。人工运行包括在车站扣车/取消扣车,建立/解除速度限制,以及临时区间封锁/取消。

ATO 始终在 ATP 的监督下运行。系统的非安全列车自动运行和监控功能由 ATO 子系统完成。在列车运行过程中,ATO 子系统执行其规定功能,同时与 ATP 交换数据。ATO 使用轨道储存数据来执行程序停站和进路信息。在人工 ATP 模式下,ATO 将连续计算和显示列车行驶信息，但不能控制列车。

五、轨旁子系统

1. 区域控制器（ZC）

ZC 接收由其控制区内列车发出的位置信号。它负责根据所有已知障碍物的位置和运行权限来确定其区域内所有列车的运行权限。障碍物包括其他列车、封闭区段、失去状态的道岔以及任何外部因素。ZC 也回应相邻 ZC 的授权申请。区域控制器接收临时限速（TSR）指令以及该区域内列车发出的位置信息。区域控制器与 MicroLok Ⅱ 接口，以控制和表示轨旁设备。每个区域控制器都是以三取二表决配置为基础。

ZC 通过 DCS 子系统与 MicroLok Ⅱ、CC 子系统、其他的 ZC 和 ATS 子系统接口。为可用性考虑，所有外部计算机接口都有冗余。

ZC 的结构是一个三取二的表决系统，包括 3 个 CSD（安全计算机）应用程序处理器单元、2 个表决处理器板、3 个交换存储器板、2 个以太网连接处理器、2 个带本地磁盘的处理单元等。CSD 运行原则是基于一个编码表决器（2 个表决器板 CVO）所控制的三个处理器技术（三条处理链）。每个处理链包括一个应用程序处理板（CAP）和一个 CSD 交换存储板（CME-CSD），这个结构使得应用处理和安全机制之间相互独立。如图 4-87 所示。

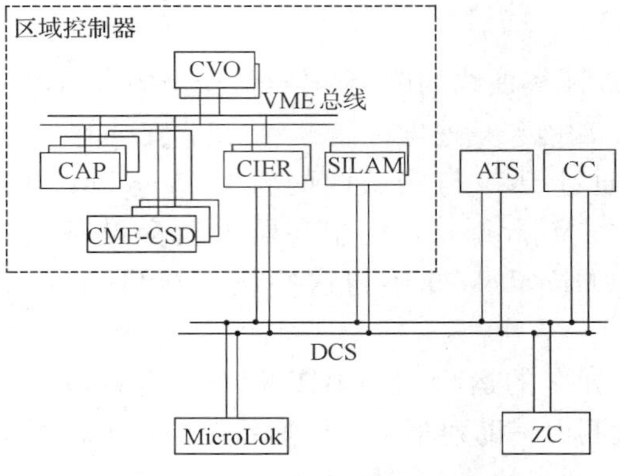

图 4-87 ZC 的结构和接口

（1）CSD 应用程序处理器单元（CAP），可用高可用性安全计算机，分配给专用的模块，其冗余功能保证处理数据交换的安全。CAP_1、CAP_2、CAP_3 在 CSD 基础软件的控制下运行应用软件。

（2）表决处理器板（CVO），将 CAP 板的输出进行三取二处理。CVOA 和 CVOB 比较三块 CAP 板的结果，只要至少有两个同样的结果时才允许输出。表决功能利用编码单处理器技术；表决器软件是 CSD 的一个固定元素，独立于应用软件、运算器/传感器的数量和 CSD 周期的长度。

(3)交换存储器板(CME-CSD),记录 CAP 板输出。

(4)以太网连接处理器(CIER),确保对于数据传输系统进行冗余的物理输入/输出处理,是由 CVOA 和 CVOB 表决板运行的输入/输出连接器。

(5)带本地磁盘的处理单元(SILAM),记录 ZC 的内部状态处理 ZC 的维修诊断信息。

它们安装在三个机笼中:PAP_1、PAP_2 和 PAP_3。PAP_1 和 PAP_2 机笼,每个均包括:1 块 CME-CSD 通信板;1 块 CAP 板;1 块 CVO 板;1 块 CIER 板;1 块 CALS 电源板。PAP_3 机笼包括:1 块 CME-CSD 板;1 块 CAP 板;1 块 CALS 电源板。

ZC 结构包括很强的扩展能力,添加新设备或线路的延伸可能很简单并且成本很低。

2. 轨道数据库和临时限速数据库管理

数据库存储的完成:FRONTAM 由轨道数据库和存储系统运行参数所用的冗余服务器组成。临时速度限制(TSR)数据库存储在两个 ZC 中。

(1)轨道数据库存储管理

轨道数据库(DB)通过运用离线数据库创建。轨道数据库包含带有功能信息以及检查控制值以确保数据库完整性的文件。由于轨道数据库含有安全信息,将分别对其进行校验。

轨道数据库通过下载至 FRONTAM 服务器。标准服务器定期发送轨道数据库版本给 CC 和 ZC。当 CC 收到该轨道数据库版本时,将再次计算检查控制值并将其与刚收到的轨道数据库中的检查控制值进行比较。如果检查正确且如果轨道数据库版本是授权版本(通过 ZC-4 交叉检查),则 CC 可使用轨道数据库。CC 和 ZC 可以向 FRONTAM 发出轨道数据库请求。FRONTAM 通过更新轨道数据库的方式进行回应。

(2)动态临时速度限制(TSR)数据库管理

TSR 请求由 ATS 生成,发送到 ZC,该控制器作为 TSR 控制器进行工作(包括 ZC 通常功能)。该 ZC 定期向其他 ZC 发送当前 TSR。其他 ZC 将当前适用其区域的 TSR 发回。ZC TSR 数据库控制器向 ATS 发送 TSR 确认。

六、车载子系统

车载子系统(CC)组成如图 4-88 所示。每个 CC 机架安装在带锁的柜子中。该单元安装在开放的支架里,与框架相配。CC 机架有两个机笼,包括一个 ATP/ATO 处理器和外围设备,一个与安全继电器和连接器接口的面板。

1. 车载控制器

图 4-89 为三取二 CCTE 设计部件图。这些 CCTE 是冗余的控制器,在每个单个故障发生时,它都会提供安全的列车防护。它们通过各自的应用模块(AP)的独立运算,

相互通过存储交换模块（ME）交换结果，再通过表决模块（VO）表决，保证三个计算机至少有两个的结果一致，来实现上述功能。如果表决同意，CCTE 通过 PMC 模块，发送控制信号给列车，允许列车继续运行。这就保证了在单点故障时的安全运行。

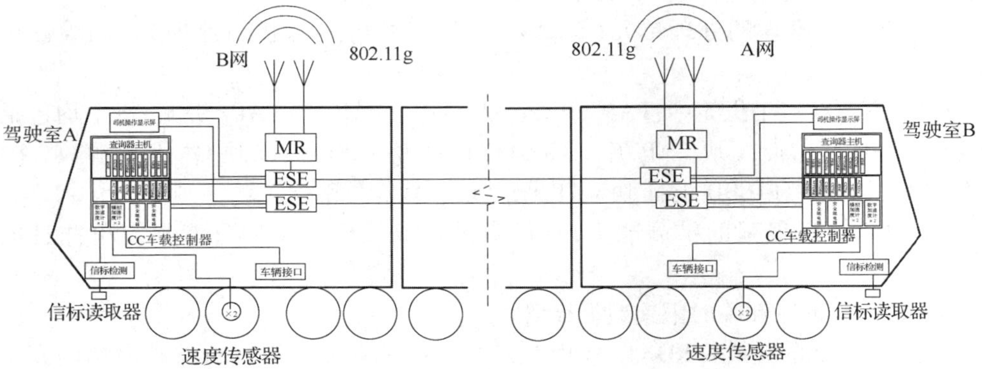

图 4-88　车载子系统组成

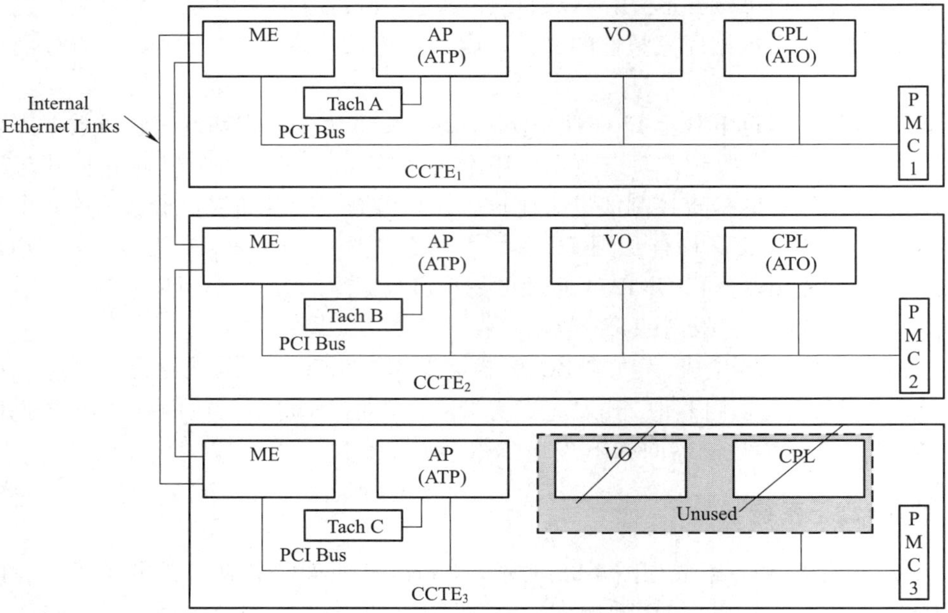

图 4-89　三取二 CCTE 设计部件

ME—存储互换模块；AP—应用模块；VO—表决器模块；CPL—耦合器模块；

CCTE—车载控制器；Tach—环；PCI Bus—外联网；PMC—移动通信

2. 信标读取器

每端 CC 配置一个信标读取器，安装在列车的转向架上。信标读取器使用两个不同的通道来提供信息给车载控制器：一个指示开/关状态的电磁场强度信号和一个数据的串口连接。串口连接也提供诊断信息通道以便 CC 能够监视信标读取器的状态。此外，车载控制器关联来自读取器的诊断信息、磁场强度信号和有关信标正在读取的信息，来判断信标读取器是否故障。

3. 速度传感器

列车每端安装两个 DF16 电光速度传感器，分别安装在不同的非动力制动轴上，两者独立地测量列车的位移和速度。每一个速度传感器包含四条独立通道，四个通道等间隔地分布在一个圆形的传感器基座上。从顶部顺时针数，为通道 1 和通道 2（有 90°的相移），其次是通道 3 和 4。通道 2 和 3 没有关系，通道 4 和 1 也没有关系。分为两组，每组中的两条通道存在 90°的相移，两组彼此独立（不同的通道采用独立的电源并且是相互电隔离的、独立的机械结构）。两个速度传感器安装在两个不同的轴上，两者采用独立的方法测量列车的位移和速度。即使其中一个速度传感器部分失效但其他车载零部件工作正常时，CC 将继续正常工作。但当一个速度传感器完全故障后，由于系统无法区分打滑和故障，超过一定时间后，CC 将实施紧急制动，列车只能以信号切除模式运行。

CC 采用三取二的结构，如果供电板 1 失效，变成了二取二的结构，但 ATP_2 和 ATP_3 仍然能收到测距数据，CC 功能不会受到失去数据来源的危害。

4. 加速度计

每个 CC 设置 4 个加速度计，分为两套，每套包括一个数字型，一个模拟型，安装在 CC 机柜底部。两套设备互为冗余，用于提高系统的有效性和可靠性。为了消除共模错误，模拟和数字设备选用不同厂家的产品。通过两套设备交叉检查测量来保证系统的安全。

必须对每套加速度计做一个比较，以确认输出的有效性。空转/滑行开始时，列车使用空转/滑行开始前的速度，利用加速度计进行补偿，来计算当前的速度和位置。一旦空转/滑行结束，速度和位移的测量将切换回速度传感器。

CC 容许某一个加速度计失效。当任一个加速度计故障后，不影响列车正常运行。当两个同型号的加速度计同时故障时，CC 将无法为列车防护功能提供加速度测量；当两个不同型号的加速度计同时故障时，根据它们在系统中的位置，CC 仍然可以提供加速度测量。

当加速度测量无效时，CC 能继续测量列车速度和列车的位移，在滑行情况下，不能以加速的方式进行补偿。只要列车位置的不确定距离低于最大极限值（30 m），列车保持定位并继续正常运行。

5. 司机操作设备

列车司机显示器包含部分冗余:双以太网端口。

列车司机显示器配有几个开关和按钮,包括但不限于:司机确认按钮。

列车司机显示器显示信息包括但不限于:停站时间结束、车载设备状态、当前驾驶模式、超速、速度表、目标距离(至限速点或停车点)。

七、数据通信子系统(DCS)

DCS 是一个宽带通信系统,应用国际通行的协议。DCS 在地面设备之间采用有线通信网,为 IEEE 802.3 以太标准,在车地之间采用无线通信网,为先进的 WLAN 技术——IEEE 802.11g 标准。DCS 为所有子系统提供了相互通信的途径。

1. CS 协议

数据通信子系统(DCS)使用 UDP/IP 协议,在信号系统各设备之间提供双向的、安全的数据交换。用户数据包协议是一个非连接协议。在应用层,有 Reliable P 协议,给事件驱动消息提供点到点的转发机制。DCS 系统采用有线 IEEE 802.3,无线 IEEE 802.11g 的通信标准,提供开放式的接口。它是一个非安全的系统,但是通过其传送的消息受安全算法的保护。系统设计能够消除单个独立故障或多个相关故障对系统的影响,通信系统对列车控制操作是透明的。

由于无线信道在移动的环境中易受到攻击,对外来干扰和噪声较敏感,所以数据包出错和丢失的可能性更大。因此,DCS 系统设置了自动重发请求(ARQ)。从安全性的观点考虑,SAFE_P 协议将保证消息(如更新和改正)的安全。自动重发请求的影响是对接收者可能会多次收到同样的消息。SAFE_P 协议这种保护机制。每个消息都有一个仅有的消息码,该消息码可用于接收者过滤掉重复的同一消息,换言之,第一份消息会被处理,而其他副本消息将被过滤掉。

SAFE_P 协议定义了时间标记和同步的原则,该原则保证了只有新的消息才能用于设置接收。过期的消息将被舍弃。该协议也定义了消息更新检查机制来保证当超过给定的时间还没有收到消息(或是包括安全性的功能消息)时,相关的因数将估计在最多限制性状态下。SAFFE_P 协议还定义了一种安全检查机制来用于检测消息是否出错、修改和删除。DCS 系统是一个非安全的系统,在两个安全的子系统之间和两台设备上交换的数据都将受安全协议(如,SAFE-P 协议)的支配而得到保护。

2. 有线通信网

DCS 系统提供 2.5 G 带宽双环冗余骨干网络。轨旁数据通信网络提供轨旁设备接入 DCS 的接口。接入交换机提供标准的 10/100 Mbit/s 以太网接口,遵循国际通行的 IEEE 802.3u 和 802.3x 协议。网络层和传输层协议采用 UDP/IP。

轨旁骨干网络由骨干交换机组成,交互连接到两个独立的单模光缆,形成环式拓扑结构。骨干网采用弹性分组数据环技术将接入交换机连接起来,集 IP 的智能化、以太网的经济性、光纤环网的高带宽效率和可靠性于一体。网络层和传输层协议采用UDP/IP。

ATS 接入骨干网络是通过有线交换机(100 M)实现的。

3. 车载通信网络

车载数据通信系统(DCS)由移动通信设备(MR)和 MR 天线构成。在列车每端,安装有一个 MR 和两个 MR 天线。MR 是车载无线设备,用来在车载设备(如 ATP 和 ATO)和轨旁设备间传输数据。车载 ATP 和 ATO 子系统通过两个独立的以太网连接到 MR。CC 的以太网扩展设备(集成在以太网延长器板上)利用双绞线彼此连接,实现车厢之间的网络通信。

车载数据通信网络提供车载设备间的通信接口。车载 ATP 和 ATO 通过两个独立的以太网与 MR 连接。列车的本地通信经过滤处理,信息不向外部发送。

八、子系统信息交换

1. 区域控制器(ZC)到车载控制器(CC)

通道基于 10/100 M 以太网连接,光纤骨干网和 802. 11g 无线局域网,使用UDP/IP。

交换的信息为:同步信息和包括车载控制器 CC 的信息,由区域控制器 ZC 授权,包括:移动授权、停车保证请求、一般数据(信号机状态、道岔状态、区域防护状态、故障区域状态、控制模式禁止、站台可用信息、站台自动折返按钮状态)、临时限速、轨道数据库授权。

2. 车载控制器(CC)到区域控制器(ZC)

交换的信息为:同步信息、包括轨道数据库请求信息和临时限速信息。有:列车位置报告(车头车尾位置、不确定位置、列车运行方向、速度、激活状态和停车状态)、列车在 CBTC 控制下、轨旁信号机灭灯授权、列车完整报警、列车倒溜报警、列车站台停稳、移动授权下的停车保证确认、站台安全门门控和开/关门(如有)命令。

3. 区域控制器(ZC)到区域控制器(ZC)

通道基于 10/100 M 以太网连接和光纤骨干网,使用 UDP/IP。

交换的信息包括:CBTC 方向区域状态、临时限速申请(从所有 ZC 到控制该线路临时限速的 ZC)、临时限速(从控制该线路临时限速的 ZC 到所有 ZC)。

4. 联锁控制器到区域控制器(ZC)

通道基于 10/100 M 以太网连接和光纤骨干网,使用 UDP/IP。

交换的信息包括:计轴区段状态(占用/空闲)、道岔位置、信号机状态、站台自动折返按钮状态、站台紧急停车按钮激活、站台安全门报警、进路取消请求(为了停车保证)。

5. 区域控制器(ZC)到联锁控制器

交换的信息包括:CBTC 列车接近信号机(接近锁闭信号)、信号机前停车保证(人工取消延时信号)、灭灯信号命令、重叠区间的 ZC 占用(任一列车出清或被一列车占用)、列车已经越过信号机压入下一个区段(自动取消进路信号)、站台安全门门控和开关门命令。

6. 区域控制器(ZC)到 ATS(通过数据存储单元)

交换的信息包括:人工控制请求(如果列车在无人自动折返控制模式下)、区域禁止的列车模式、临时限速确认(仅从控制临时限速线路的 ZC 得到)、包含工作区和禁行区域、临时限速(仅从控制临时限速线路的 ZC 得到)、CBTC 列车移动授权。

7. 车载控制器(CC)到 ATS(通过数据存储单元)

交换的信息包括:列车位置报告、列车位置丢失状态、列车调整状态(运行等级)、扣车状态、列车报警状态、车载控制器(CC)运行状态、驾驶室按钮和开关状态、ATO 模式故障和停车失准。

8. ATS 到 ZC(通过 Frontam)

交换的信息包括:区域内禁止的列车模式请求、临时限速请求(仅发往管理线路临时限速的 ZC 处)、包含工作区和禁行区域请求。

9. ATS 到 CC(通过 Frontam)

交换的信息包括:所有电子测量的远程控制请求、远程控制诊断协助、任务设置请求(不允许站停)、列车调整请求(运行等级)、列车扣车请求、列车报警确认。

10. 联锁控制器到 ATS

交换的信息包括:信号机状态、计轴区段状态(占用/空闲,复零)、道岔状态(位置,锁定/锁闭)、进路锁闭(方向)状态、站台安全门状态(关,紧急关门状态,紧急开门 PB)、ATS/LOW 控制状态、IBP 站台紧急停车按钮激活状态、IBP 站台扣车请求、联锁状态(离线,通信故障,恢复状态)、电源故障状态(接地检测故障,熔断)、防淹门状态。

11. ATS 到联锁控制器

交换的信息包括:进路请求/信号停止请求、信号锁闭/解锁请求、引导信号请求、道岔定/反位/锁闭,紧急道岔解锁请求、联锁控制器故障允许/禁止请求、快速通过信号允许/禁止请求。

第九节　CITYFLO 650 型 CBTC 系统

基于无线通信技术的 CITYFLO 650 型 CBTC 系统(以下简称 CITYFLO 650 系统),是庞巴迪运输集团开发的新一代的信号系统,可为城市轨道交通提供可靠安全的行车指挥和列车控制服务,以实现无人自动驾驶或有人自动驾驶等运营功能。

一、系统特点

CITYFLO 650 系统的主要特点：

(1)系统设计满足故障—安全原则，且具备完善的自检、自诊断功能。

(2)采用热备冗余的数据传输子系统 DTS，具有自动恢复功能和容许单点故障且完全透明，不对系统运行产生影响的特点。

(3)采用符合 CE 技术规范的 2.4 GHz 频段漏缆的 TWC 系统，实现车地间数据传输稳定、可靠、实时、安全，无线接入点间距达约 600 m。

(4)系统对列车位置的描述随循环检测周期更新，列车位置描述采用系统坐标的方法，对列车位置判断精度误差小于 12 m。

(5)采用连续速度曲线控制模式进行设计，区间最小追踪间隔可满足运营间隔 2 min，折返站折返能力可达 105 s 的要求。

(6)采用 80 Hz 高分辨率转速计，确保停车精度及乘客乘降安全。对折返线尾轨 ATP 保护距离最大长度可达 40 m。适应安装站台安全门的运营要求。

(7)ATO 采用连续的驾驶平滑协调控制技术，提高舒适度，实现节能运行。ATO 按一次连续制动曲线制动列车的进站停车，在有效保证舒适度的同时，以较高速度进站，缩短乘行时间。

(8)可提供多级故障下的后备运行模式：中央级 ATS 故障时的本地 ATS 控制模式；ATS 均故障时的联锁控制模式；轨旁无线通信网络故障或车载无线故障时的闯红灯防护自动站间闭塞控制模式；轨旁信号故障下联锁引导进路控制模式；车载 ATO 故障时的 ATP 控制模式；列车一端 ATP 故障时的另一端 ATP 控制模式；列车两端 ATP 均故障时的 ATP 切除模式等。

(9)系统支持 CBTC 装备列车和非装备列车的共线混运，且具有防止冒进红灯信号的紧急制动功能。

(10)系统基于模块化硬件和软件的设计；有利于系统的扩容、升级和维护。

(11)采用区域控制方式，减少分离设备的配置，降低寿命周期内设备维护成本，且一套区域控制 RATP/RATO(ATP 和 ATO 的地面设备)及联锁系统可以管理 60 列车，系统容量较大。

二、系统组成

CITYFLO 650 系统主要由 ATS 子系统；ATP 子系统、ATO 子系统、联锁子系统、DTS 子系统和 TWC 子系统等组成。

CITYFLO 650 系统从控制、信息流及设备分布来看，可分为以下层次：控制中心 ATS 设备；DTS 网络设备；车站设备；TWC 轨旁设备；车载设备；轨旁基础设备。

CITYFLO 650 系统示意如图 4-90 所示。

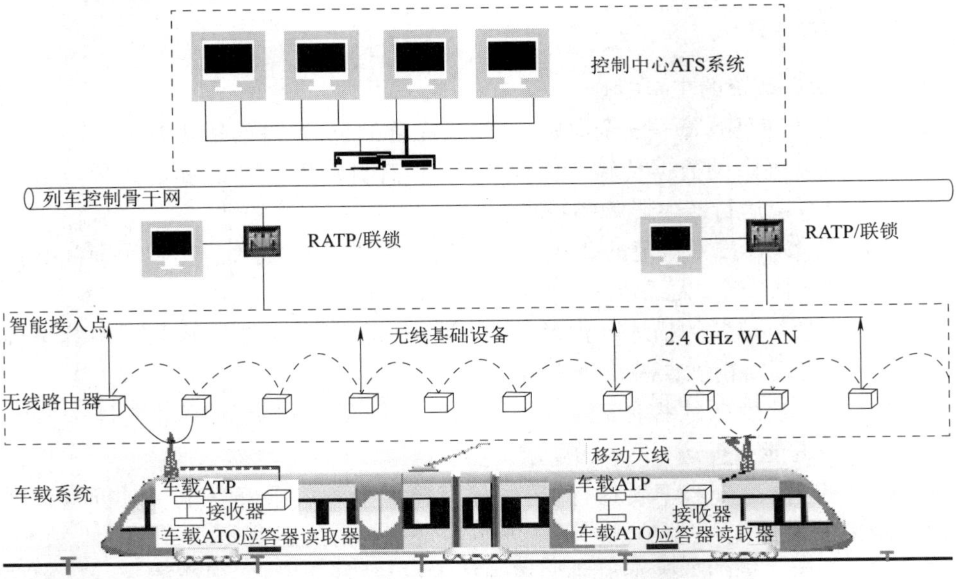

图 4-90　CITYFLO 650 系统示意

三、ATS 子系统

ATS 子系统的设备分开为控制中心 ATS 设备，以及车站和车辆段/停车场 ATS 设备。

控制中心 ATS 设备由冗余配备的 ATS 应用服务器、数据库服务器、通信服务器，大屏幕接口计算机以及调度员工作站、运行图/时刻表工作站、模拟培训工作站等组成。其中，高端硬件配置的 ATS 应用服务器完成处理所有的列车控制功能，与信号系统内部(主要与 ATO 子系统)和外部的子系统交换信息；ATS 数据库服务器完成维护 ATS 应用服务器收集并发出的报警和事件信息，存储系统配置数据的功能；而 ATS 通信服务器则完成与其他子系统，如时钟系统、无线系统、通信系统、EMCS、SCADA 等系统的接口功能。

车站 ATS 设备是根据车站的性质来配置的；对于区域控制站和集中站，设置 ATS 分机、现地控制工作站和维护工作站。其中 ATS 分机用于连接车站发车指示器以及其他系统提供的 CCTV、PIS 和 PA 设备；现地控制工作站有控制其授权范围内的列车运行、列车进路及轨旁设备状态，如跳停、扣车等功能。对于非集中站，设置 ATS-RTU 和 ATS 监视工作站，其中 ATS-RTU 用于连接车站发车指示器以及 CCTV、PIS 和 PA 设备；车辆段/停车场设置 ATS 分机及 ATS 工作站；车辆段/停车场的派班室设置 ATS 派班室终端。

四、ATP 和 ATO 子系统

CITYFLO 650 系统的 ATP 子系统是一个“目标—距离”控制系统,采用无线传输列车位置信息,计算到“空闲区段”最远点(包含保护区段)的移动授权。

ATP 和 ATO 子系统由地面设备和车载设备两部分组成,且成套配置。

1. 地面设备

ATP 和 ATO 子系统地面设备 RATP/RATO 一般设置在区域控制站,实现按区域的控制。

RATP 是一个安全子系统,采用二乘二取二的结构,能确保列车的安全间隔运行。RATP 收集并处理来自联锁 RTU/LCC 的联锁信息,通过 TWC 子系统对列车位置、速度信息进行连续监控,计算移动授权,并将信息传送到所有装载 CBTC 通信设备的列车。

RATP 利用对前后计轴区段空闲与否的检查和列车位置报告,完成“具有列车位置报告的列车前或后没有“隐藏”着其他车辆的安全验证,以便检查列车采用 CBTC 驾驶模式的必要条件,确保列车运行安全,否则 RATP 只允许列车在闯红灯防护模式下运行。

RATO 子系统硬件由在 RATP 机柜中集成的两个冗余 RATO 印制电路板构成,为双机热备结构。RATO 电路板提供了与 CBTC 系统相关的所有区域,包括与其他轨旁子系统如 RATP、ATS 和车载 ATO 之间的接口功能。

2. 车载设备

CITYFLO 650 系统为每一列车配置两套 CITYFLO 的车载 ATP 和 ATO,即 VATP/VATO(VATC),采用故障—安全原则的双通道冗余校验(二取二)结构,可实现热备切换。它能与 PATP/RATO 共同实现列车间隔控制及列车追踪功能,实现各种驾驶模式及其转换。

图 4-91 为车载 ATP/ATO(VATC)的结构示意图。

VATP 由冗余设置且相互校验的安全微处理器构成。VATP 通过安装在车上的辅助装置,包括车载天线、测速传感器、多普勒雷达、信标读取器和用于表示系统物理拓扑(物理地图)信息的 VATC 所含的线路数据库,确定列车的位置。位置传感器和物理地图向 VATC 提供对列车进行精确定位的所有必要信息,并根据列车长度来确定列车两端的位置。

为实现列车超速防护,VATP 是通过查找在轨道数据库中存储的线路限速信息或根据由地面 RATP 通过无线系统发来的在一段轨道上(如工作区域)进行强制临时限速的临时限速信息指令,确定列车线路的速度极限,也对列车前面所有路段上的紧急制动曲线进行计算。VATP 监控列车的实际速度,并确认列车运行在权限范围之内。如果实际速度超过允许速度极限或者轨道占用段的临时限速,VATP 就采用紧急制动,从而达到 VATP 强制采用较低的速度值运行的效果。如果通信失败,发生信息丢失,列车将采取常用制动并停车。

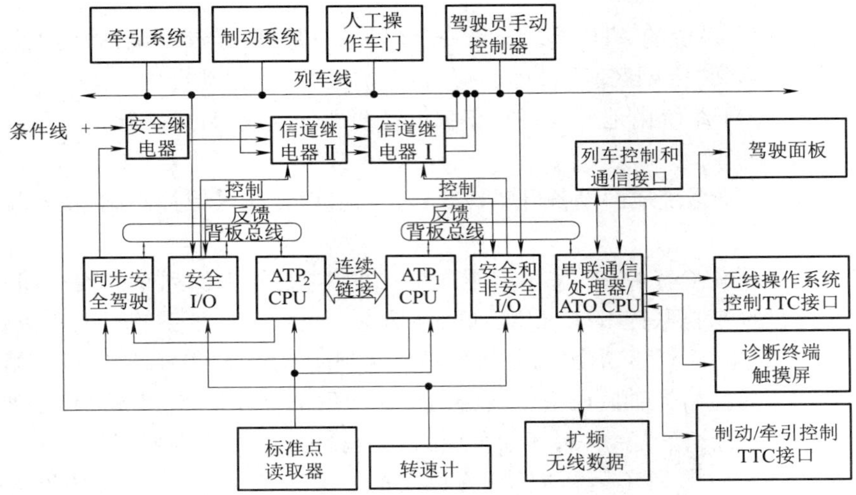

图 4-91　车载 ATP/ATO(VATC)的结构示意

VATC 根据计算出的列车的位置和占用长度及牵引和制动系统的性能参数计算虚拟占用长度。VATP 确保列车的虚拟占用长度不超过可能发生危险的冲突点或 RATP 为列车设定的限制。在计算列车虚拟占用长度时,考虑紧急情况下的距离计算(紧急制动)和一般情况下的距离计算(常用制动);VATP 将制动距离与列车的权限相比较,当制动距离大于权限距离时,即采用紧急制动,从而实现列车的安全间隔防护。

同时 VATP 计算出的列车防护间隔或者列车的虚拟占用,通过车地通信子系统 TWC 传递给轨旁设备 RATP,而 RATP 接收 VATP 列车的位置信息之后,计算授予列车的最远的移动授权,列车的物理位置和移动授权被传送给 RATO 的控制中心计算机,从而实现列车的自动追踪运行。

VATP 通过测速传感器和多普勒雷达共同实现车速的精确检测,克服列车打滑和空转的影响,补偿相应误差。通过信标阅读器读取沿轨道分布的信标中所含的地理位置信息,提供列车位置精确校准,纠正车轮磨损,修正或因车轮更换导致的车轮轮径的变化误差。

VATO 子系统根据预先设定的原则控制列车的运行,对速度调节、精确停车进行管理。VATO 采用能量优化函数来计算能量优化曲线,使列车在规定的站间运行时间内以最节能的方式运行。能量优化函数考虑列车的惰行和巡航功能,根据刹车阻力计算公式、牵引/制动力性能、列车的各种反应时间、站间线路坡度、线路曲线半径、站间距离、站间运行时间、列车重量、静态速度曲线、临时限速来建立。当列车出站前,VATO 根据 ATS 提供站间运行时分、车辆 TMS 提供的列车重量信息、临时限速代入能量优化函数,计算出能量优化曲线。ATO 根据能量优化曲线来控制列车加速、巡航、惰行、制动,达到节能的目的。

在区间运行过程中,当经过位置信标时,VATO 通过位置校验信息和能量优化曲线的计划中列车位置相比对,如果产生偏差,VATO 将重新计算能量优化曲线,对既有的能量优化曲线进行修正。

列车两端分别配置二取二车载计算机单元(VATC),两端的车载控制单元接收来自两个驾驶室的按钮、开关和接点的所有输入,两端的 HMI 也都连接到两个 VATC,两个 VATC 的安全输出由车辆以一种能提高可用性的方式连接在一起。在正常运行时,列车受到冗余环境中的前端驾驶室 ATO 设备的控制和 ATP 设备的监督。后端的 VATC 处于备用模式。如果前端 VATC 检测到内部故障(测速传感器、雷达、信标读取器天线等),控制功能被切换到后端车载控制单元,前端车载控制单元进入故障模式。切换过程不会产生紧急制动,并且切换后列车将以同样的运行模式继续运行。

五、数据通信系统

CITYFLO 650 系统的数据通信系统主要由数据传输子系统 DTS 和车地通信 TWC 子系统组成,构成整个系统通信传输的骨干网络。

1. DTS 子系统(图 4-92)

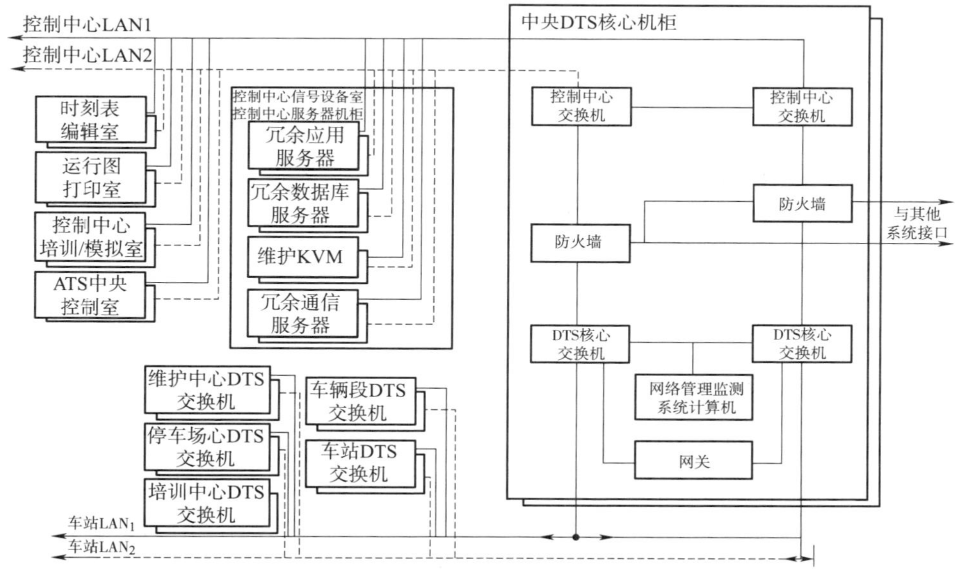

图 4-92　DTS 子系统示意

DTS 子系统主要完成数据传输、通信控制、车地通信的功能。DTS 网络是信号系统专用网络,仅提供信号系统数据交换,便于系统的安全性和私密性。DTS 网络采用 MESH 网络技术,具备较强的自我修复能力,当一个节点或者一个连接损坏时,网络仍能工作。DTS 子系统通过使用商业通用的且经过实际验证的防火墙,对现有客户网络之外的所有外部接入访问进行限制和控制。

DTS 子系统由冗余设置的 ATS(控制中心、车站)网和冗余设置的 ATP/ATO 网组成。其中央 DTS 核心设备、网络管理/监测设备设在控制中心,在车站设有本地 DTS 设备,负责控制中心设备之间、控制中心与车站层之间、车站层之间相关数据的传输。

2. TWC 子系统(图 4-93)

车地通信 TWC 子系统由 TWC 网络设备、TWC 轨旁设备(轨旁数据无线装置 RAP、漏泄电缆等)和车载无线设备组成,提供列车和轨旁 ATP 之间的无线通信。

列车通过无线经漏泄电缆和 RAP 与 TWC 网络相联系,TWC 网络设于区域控制站的 TWC 网络核心设备与设于区域控制站的地面 ATP 设备 RATP 相联系。TWC 为全冗余设计的独立数据网络,具有很高的可靠性,可以克服任何单点故障,数据传输速度较快。

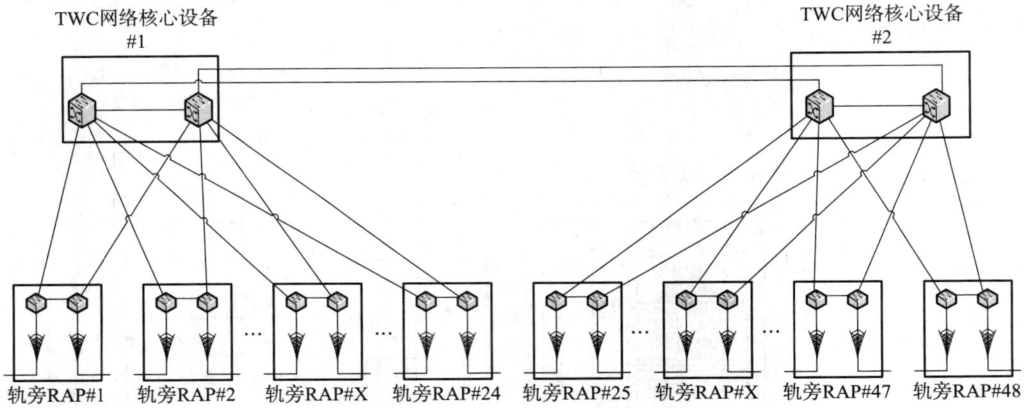

图 4-93　TWC 子系统无线网络示意

六、轨旁基础设备

轨旁基础设备主要是信标,沿线路分布。

信标是根据欧洲铁路标准研制的专用有源点式信标,其载频频率为 2.4 GHz,可以实现与联锁系统结合的点式闯红灯防护功能。在列车运行控制依靠司机人工驾驶,且轨旁信号机处于关闭状态时,有源点式信标被激活。当搭载 CITYFLO 650 车载系统的列车由于司机错误驾驶有可能冒进信号时,在确保制动距离有效的设计条件下,车载系统采取防护性紧急制动措施,防止列车闯过红灯。

有源点式信标采用双配置，双通道，确保单体设备故障的故障—安全原则的实现。

另外，在培训中心设置 ATS 子系统的培训/模拟演示系统，在试车线设试车线室内外培训设备。在维修中心设维护工作站等设备。

第十节　SPARCS 型 CBTC 系统

由北京交大微联科技有限公司和日本信号株式会社联合体提供的基于无线通信的列车控制系统 SPARCS（Simple-structure and high-Performance ATC by Radio Communication System）信号系统是由 ATP、ATO、CI、ATS、DCS 和 MSS（维修监测）共 6 个子系统组成，其中 ATP、CI 子系统采用二乘二取二安全平台，其安全完善度等级达到 SIL4 级。SPARCS 系统构成如图 4-94 所示。

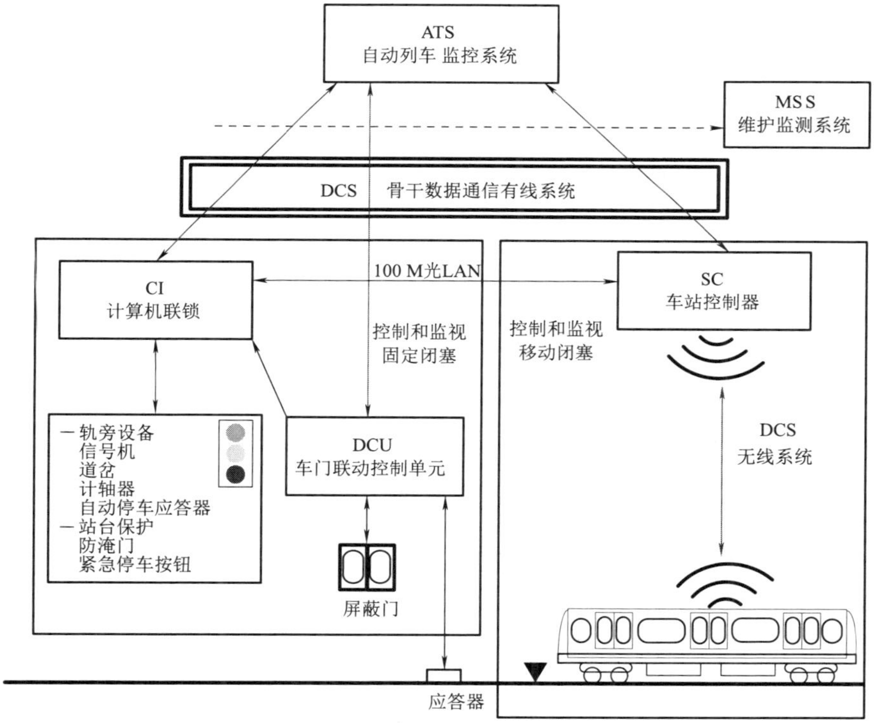

图 4-94　SPARCS 系统构成

一、ATS 子系统

1. ATS 的构成

ATS 子系统由控制中心设备和分散在全线集中站、非集中站、车辆段、培训中心的设备，通过 ATS 主干网连接组成。ATS 子系统构成如图 4-95 所示。

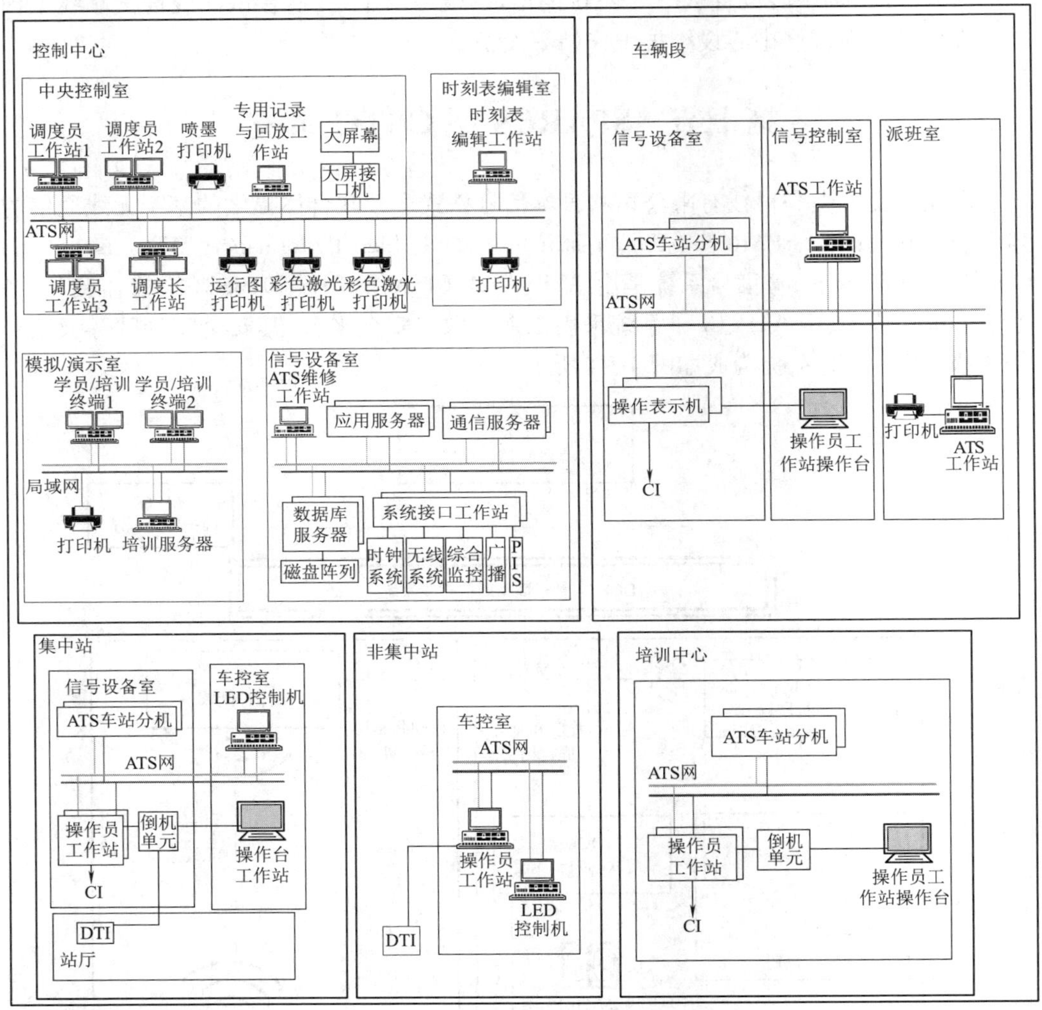

图 4-95　ATS 子系统构成

(1)控制中心的 ATS 子系统设备

设置于 ATS 信号设备室的设备有：互为冗余的数据库服务器（含磁盘阵列）、互为冗余的应用服务器、互为冗余的通信服务器、冗余的系统接口工作站、ATS 维修/管理工作站（配置液晶显示器）、冗余的中心网络设备、服务器机柜及相关配件。

设置于中央控制室的设备有：行车调度员工作站、专用记录与回放工作站、配置相应的运行图打印机、大屏接口机。

设置于时刻表编辑室的时刻表编辑工作站及相应的打印机。

设置于控制中心 ATS 培训/模拟演示室的培训服务器和培训/模拟演示工作站。

(2)集中站的 ATS 子系统设备

集中站 ATS 子系统主要包括:冗余的 ATS 车站分机、冗余的车站操作员工作站(与联锁合用)、冗余的车站 ATS 网络设备、ATS 设备机柜及相关附件,根据需要配置 ATS 显示终端,每个站台设置发车指示器。

(3)非集中站的 ATS 子系统设备

非集中站 ATS 子系统主要包括:冗余的车站 ATS 网络设备、ATS 显示终端、每个站台设置 1 台发车指示器。

(4)车辆段

车辆段 ATS 子系统主要包括:冗余的 ATS 车站分机、车控室设置的 ATS 显示终端、派班室设置派班终端。

2. ATS 的特点

(1)功能模块化

ATS 软件结构采用模块化设计,根据系统实现的功能,将功能相对独立的部分模块化。如:站场图、运行图、网络状态图,用户管理、网络通信模块、串口通信模块、数据库接口模块、协议转换模块、自动升级模块等。对于模块中的非公共功能,通过属性或接口可选择使用。如:站场图模块可选择正常显示或回放功能;运行图模块可选择基本运行图编辑或计划/实际的调整功能;网络通信模块可选择通信方式(TCP 或 UDP),工作模式(服务器或客户端)等。各工作站及服务器软件可根据功能要求装配所需要的模块,对各模块进行组织管理即可,具体的功能由模块实现。ATS 的系统基本结构模块如图 4-96 所示。

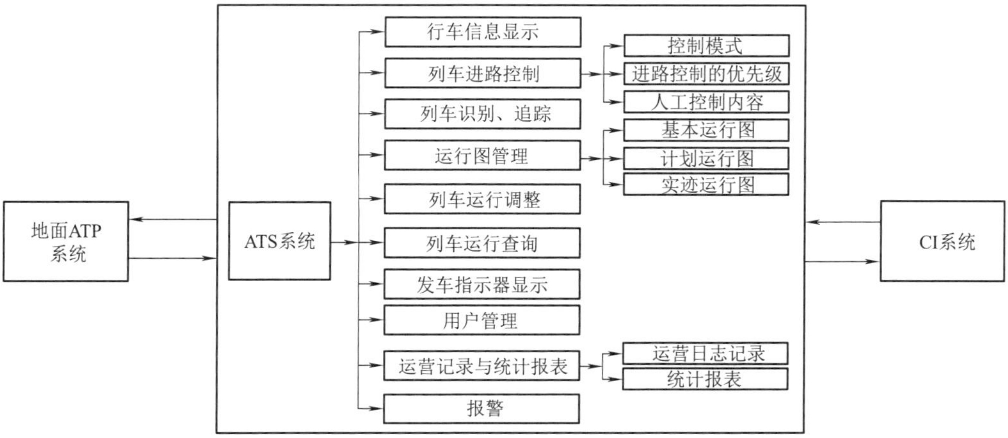

图 4-96　ATS 的系统基本结构模块

(2)数据唯一化

系统中所有的数据都存放在数据库中,实现数据的唯一化。避免系统中数据不一致的情况。系统对数据库的访问均通过数据库接口模块进行,统一管理。并提供配置数据自动下载更新,实时数据本地暂存、自动入库的功能,保证在数据库故障的情况下,系统能正常工作。

(3)工作站软件统一化

对于系统中所有的在线工作站,均使用同一套软件。根据用户登录的地点和角色动态加载相应的功能。如:超级管理员有增删用户、给用户设定相应的角色的权限,调度员才有运行图调整权限等。

(4)兼容性好

对于系统接口,设计独立的通信模块和协议转换模块。在外部接口改变时,只需修改相应的通信方式和协议内容。

对于系统内部的通信协议设置版本号,并向下兼容,新旧协议可共存。

对于数据库接口,当使用其他数据库或改变数据库内容时,只需修改数据库接口模块相关部分。

(5)升级方便

对于数据升级,提供各种数据修改工具,数据库保存最新的数据版本号,软件运行时自动查找使用最新数据。

对于模块升级,提供自动升级模块,软件运行时自动下载更新。

(6)扩展性强

线路(车站)改造时只需修改对应的数据。

线路(车站)扩展时只需添加新增线路(车站)的相关数据,并添加相应的设备、软件,即可投入运行。

工作站扩展时只需增加计算机、安装 ATS 工作站软件、在系统中添加相应的机器配置即可。

模块扩展时,修改相应的功能模块,保证向下兼容,提供自动模块升级。

接口扩展时,在通信模块中添加相应的通信方式,在协议转换模块中添加相应协议转换部分。

二、ATP/ATO 子系统

1. ATP/ATO 车载系统构成

车载系统采用一体化设计方案,即车载 ATP 和 ATO 硬件一体化,不独立设置,车载系统组成图如图 4-97 所示。

车载系统主要由如下设备构成:

逻辑部,每端各一套二取二,互为冗余。

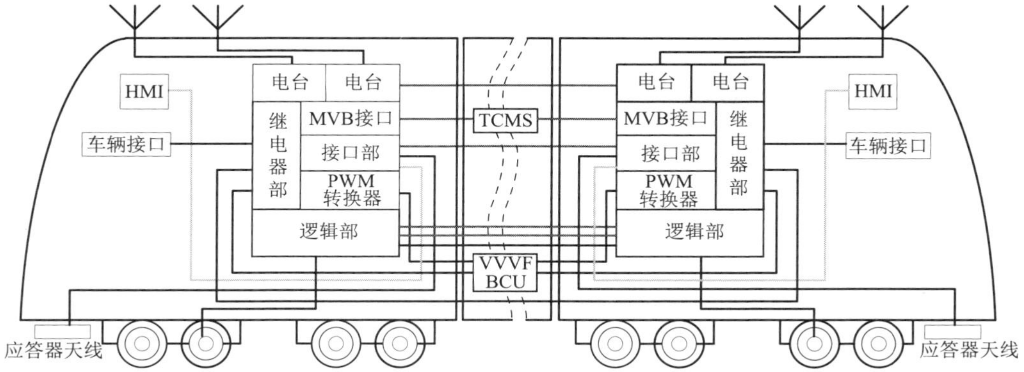

图 4-97　ATP/ATO 车载系统组成

接口设备,每端各设置一套与车辆的接口设备。

测速装置,每端各安装两台测速传感器 TG。

车载应答器接收天线,每端各安装一个车载应答器接收天线,用于接收地面应答器的报文信息。

车载无线电台,每端各安装两个,互为冗余。

无线自由波天线,每端各安装两个,用于实现与地面无线设备的无线通信。

两端车载设备之间设置贯通线,用于信息的交互。

HMI,每端各设置一个,为司机提供驾驶信息和操作平台。

2. ATP/ATO 地面系统构成

ATP/ATO 地面系统的构成分室内和室外设备为两部分,其组成如图 4-98 所示。

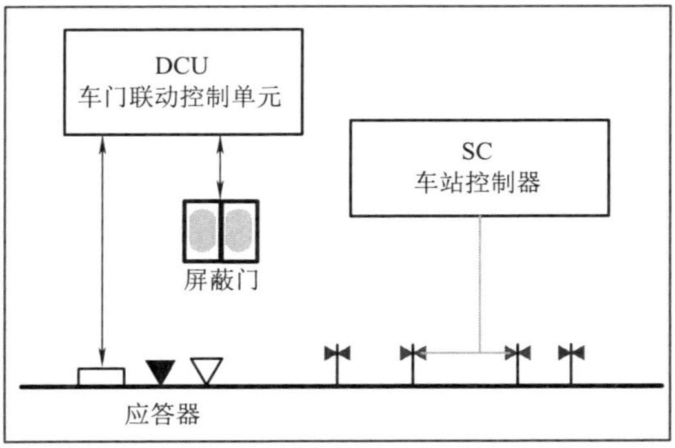

图 4-98　ATP/ATO 地面系统组成

(1)室内设备

连续式 ATP 的室内设备主要为 SC 控制器。SC 与控制区域的两台无线 SRS 电台通过光缆或电缆连接，轨旁其他无线电台则通过无线接力传输方式实现车载与地面 SC 的信息交互，无线系统与 DCS 有线系统相互独立。

点式 ATP 系统没有专用的室内设备。地面应答器直接由联锁控制编码电路实现应答器的报文控制，并保持与相应信号机的显示一致，实现不同码位的切换。

点式 ATP 和连续式 ATP 共用实现车门与安全门联动控制的 DCU 设备。车载设备发出的开门信息通过车站线路中心设置的双向通信应答器发送给 DCU，DCU 再通过继电器接口发送给安全门，实现车门联动。ATS 系统还通过 DCU 来实现点式级别下的车地通信和列车运行调整功能。

(2)室外设备

全线路轨旁均设置无线电台，用于实现 CBTC 车地通信。线路中心安装地面应答器。

3. ATP/ATO 的特点

(1)采用高效、可靠的专用无线通信设备，大大提高无线通信的抗干扰性、实时性和安全性。

车地无线通信系统采用了美国军方技术，综合 TDMA/FDMA/CDMA 等多种标准通信技术于一体，通信协议具有很强的私密性，从根本上消除了非法访问的可能，这是本系统区别于 802.11 标准的最大不同点。电台使用无线分频技术以 4 个频段各自按时分制进行工作，即使有 3 个频段受到外来干扰，也不会影响正常通信。

本系统无线通信在发送机制上采用了分时策略，每个发送者只能在规定的时间片内发送信息，信息流稳定，实时性强，有效消除了 802.11 协议因碰撞检测导致的不确定发送延时。

(2)完全独立的后备控制模式，能够保证无线通信完全中断情况下的正常运营能力。

本系统所采用的定点停车地面应答器是一种可以实现车地双方向通信的设备，列车上的控制命令和信息可以通过该应答器下传至地面设备。在实现定点停车后，车门与站台安全门的开关门联动信息即通过此通道完成。即使在无线通信系统完全故障的后备模式下，也能够保证车门联动控制的正常。而在采用单方向通信应答器的系统中，车门联动指令则必须通过建立和维护额外的车站无线通信系统来实现。

后备模式还可以实现以下功能：无需设置覆盖站台区域的无线系统即可实现车门联动；地面可准确获取列车的编组号、驾驶模式、运行状态信息；具有无人和有人监督自动折返功能；可以实现 ATO 自动调整策略。

(3)区间轨旁无线电台采用无线接力方式进行传输，无需布设通信线缆。

轨旁无线电台按 ATP 控制区域设置，仅区域内靠近车站的两台电台需要敷设光缆或电缆与室内 SC 连接外，其余无线电台均采用无线接力传输方式与 SC 保持通信，不再需要由车站向沿线无线电台敷设通信线缆，不仅节省了设备投资，更重要的是在后期维护过程中因为减少了设备故障点而节约了维护成本。

(4)独特的无线定位技术,与地面应答器定位实现相互校核。

本系统所采用的无线通信系统还具有一定的测距能力,一旦无线通信建立即可给出列车的位置信息。无线通信的测距结果和地面应答器的测距结果相互校核,进一步提高了车载设备在车轮打滑、空转以及故障恢复后的定位能力,为尽快建立 CBTC 运行模式提供了更加有效的定位手段。

(5)较低的后备模式开口速度和保护区段设置方案,有效降低了站内和区间误出发的安全风险。

本系统所允许的后备模式下列车开口速度为 5 km/h,由于设计的开口速度很低,在这个速度级别下,列车的冒进距离仅约 3.16 m,远小于防护应答器至道岔的实际距离,从而为列车误出发提供了更好的安全防护性能。同时由于区间进路的保护区段设置在进路末端前方,列车的停车点可以非常接近进路末端,可以运行到距离红灯信号机大约 2 m 的位置,有效利用进路的移动授权。

(6)采用地面数据库统一集中管理线路数据,为实现互联互通提供了可能和便利。

本系统的线路基础数据(即电子地图)采用专用数据库形式存储在集中站的 SC 设备内,运营列车的车载设备根据地面 SC 计算的授权结果控制列车运行,不再存储具体的线路信息。也就是说,在两条地面系统提供相同授权信息的线路中,列车可以不用更换车载软件直接跨线运营,真正实现互联互通。由于地面 SC 设备数量远低于运营列车数量,所以在涉及线路改造以及线路数据更新时,所需要花费的人力成本和施工组织也比车载电子地图方式要节省或者容易很多。

(7)适应复杂多变的城市轨道工程建设需要,能够满足分级、分段、甩站开通等特殊工程建设进度要求。

(8)系统核心设备硬件故障率很低,有效节省了维护费用。

本系统的关键设备均采用原装进口电路板和器材。从电路板的基础设计、元器件选用到产品制造工艺等都具有较高水平,质量控制过程极为严格。

第十一节 CBTC 系统维护

CBTC 系统有多种,它们的组成各有区别,但是维护事项大同小异。下文以某 CBTC 系统为例,介绍 CBTC 系统的维护,仅供学习参考。

一、系统维护

系统维护修程和工作内容见第三章第六节。

二、信号设备检修内容

CBTC 系统的修程、检修工作内容和周期见表 4-2。

表 4-2　西门子 CBTC 系统的修程、检修工作内容和周期

序号	设备名称	修程	检修工作内容	周期
1	ATS 工作站、FALKO、S&D、电源监控计算机、大屏控制机	日常保养	(1)用户访问	每日
			(2)设备运行状态检查	
		二级保养	(1)计算机、显示器外部清洁	每季
			(2)显示器功能检查	
			(3)键盘、鼠标功能检查和清洁	
			(4)散热风扇功能检查	
			(5)紧固各部件螺丝	
			(6)电源及网线检查	
			(7)计算机重启检查	
		小修	主机内部清洁	每年
2	背投	日常保养	(1)检查控制 PC 和各模块显示是否正常	每周
			(2)访问用户	
		二级保养	(1)清洁设备上的灰尘	每季
			(2)检查设备上的模块是否松动	
			(3)各接口接头是否松脱,紧固插接件及螺丝	
			(4)电缆安装是否稳固	
			(5)地线检查	
		小修	更换灯泡	每年
3	运行图打印机	二级保养	(1)设备运行状态检查	每月
			(2)机器外部清洁	
			(3)检查各指示灯是否正常	
			(4)检查纸张是否正常	
			(5)打印机效果检查	
			(6)检查各功能是否正常	
			(7)紧固各部件螺丝	
			(8)检查其在 MMI 系统图是否显示正常	

续上表

序号	设备名称	修程	检修工作内容	周期
4	COM、ADM、FEP	日常保养	(1)访问用户	每日
			(2)设备运行状态检查	
		二级保养	(1)计算机、显示器外部清洁	每季
			(2)显示器功能检查	
			(3)键盘、鼠标功能检查和清洁	
			(4)散热风扇功能检查	
			(5)紧固各部件螺丝	
			(6)电源及网线检查	
			(7)计算机重启检查	
		小修	主机内部清洁	每年
5	IBP 盘、试车线控制台	日常保养	(1)访问操作员,了解使用状况、及时处理不良部件	每日
			(2)设备外观状态检查	
		二级保养	(1)卫生清扫	每季
			(2)连接件紧固检查	
			(3)电缆沟槽检查,防鼠、防火措施检查	
			(4)按钮检查、试验	
			(5)配线检查	
			(6)设限、消限检查	
6	发车指示器 DTI	小修	(1)检查功能是否正常	每年
			(2)内、外部清洁	
			(3)安装装置的检查,螺丝紧固	
			(4)各部件检查	
			(5)电源、网线检查	
			(6)散热风扇检查	
7	紧急停车按钮	二级保养	(1)机械特性检查,功能试验	每季
			(2)配线检查	
			(3)防潮、防尘检查	
			(4)IBP 盘、LOW 表示一致性检查	
8	无人折返按钮	二级保养	(1)机械特性检查,功能试验	每季
			(2)配线检查	
			(3)防潮、防尘检查	

续上表

<table>
<tr><th>序号</th><th>设备名称</th><th>修程</th><th>检修工作内容</th><th>周期</th></tr>
<tr><td rowspan="12">9</td><td rowspan="12">轨旁 ATP 柜、PC-ECC 柜、ECC 柜</td><td>日常保养</td><td>设备运行状态检查</td><td>每日</td></tr>
<tr><td rowspan="7">二级保养</td><td>(1)各板件指示灯显示检查</td><td rowspan="7">每季</td></tr>
<tr><td>(2)卫生清洁</td></tr>
<tr><td>(3)插接件牢固检查</td></tr>
<tr><td>(4)螺丝紧固检查</td></tr>
<tr><td>(5)风扇检查</td></tr>
<tr><td>(6)标志及设备铭牌检查</td></tr>
<tr><td>(7)地线检查</td></tr>
<tr><td rowspan="3">小修</td><td>(1)风扇清扫</td><td rowspan="3">每年</td></tr>
<tr><td>(2)二乘二取二/三取二试验(仅限轨旁 ATP 柜、PC-ECC 柜)</td></tr>
<tr><td>(3)板件检查</td></tr>
<tr style="display:none"></tr>
<tr><td rowspan="8">10</td><td rowspan="8">无线交换机/服务器柜</td><td>日常保养</td><td>设备运行状态检查</td><td>每日</td></tr>
<tr><td rowspan="7">二级保养</td><td>(1)各交换机服务器工作状况检查</td><td rowspan="7">每季</td></tr>
<tr><td>(2)设备卫生清洁</td></tr>
<tr><td>(3)插接件牢固检查</td></tr>
<tr><td>(4)螺丝紧固检查</td></tr>
<tr><td>(5)标志及设备铭牌检查</td></tr>
<tr><td>(6)地线检查</td></tr>
<tr><td>(7)风扇清扫(年)</td></tr>
<tr><td rowspan="6">11</td><td rowspan="6">不间断电源</td><td rowspan="3">二级保养</td><td>(1)设备控制面板显示检查</td><td rowspan="3">每季</td></tr>
<tr><td>(2)旁路试验、断电试验</td></tr>
<tr><td>(3)风扇转动检查,配线端子紧固检查</td></tr>
<tr><td rowspan="3">小修</td><td>(1)全面清洁内部部件</td><td rowspan="3">每年</td></tr>
<tr><td>(2)紧固所有连接件</td></tr>
<tr><td>(3)全面检查各部件</td></tr>
<tr><td rowspan="3">12</td><td rowspan="3">蓄电池</td><td rowspan="3">二级保养</td><td>(1)配线端子紧固、配线检查</td><td rowspan="3">每季</td></tr>
<tr><td>(2)单元电压测试</td></tr>
<tr><td>(3)放电测试</td></tr>
<tr><td rowspan="3">13</td><td rowspan="3">AP 箱</td><td rowspan="3">小修</td><td>(1)AP 箱、天线外观形状检查</td><td rowspan="3">半年</td></tr>
<tr><td>(2)各模块灯位显示是否正常</td></tr>
<tr><td>(3)光纤、尾纤检查</td></tr>
</table>

续上表

序号	设备名称	修程	检修工作内容	周期
13	AP 箱	小修	(4)内部防潮、防湿检查	半年
			(5)各部紧固件(含绑扎带)检查	
			(6)各部螺丝紧固	
			(7)箱盒密封及铭牌检查	
			(8)箱盒各部件防锈处理(每年)	
14	应答器及轨旁盒	小修	(1)线缆外观及形状检查	每年
			(2)箱盒外观及内部防潮、防湿检查	
			(3)导线、引接线、防护管、接地线检查	
			(4)检查各种紧固件(轨底夹、轨枕夹、夹钉、绑带)	
			(5)各部螺丝紧固	
			(6)箱盒密封及铭牌检查	
			(7)箱盒各部件除锈、防锈处理,箱盒编号	
15	LEU 箱	小修	(1)LEU 箱外观及形状检查	半年
			(2)各板块外观检查	
			(3)内部防潮、防湿检查	
			(4)各部紧固件(含绑扎带)检查	
			(5)各部螺丝紧固	
			(6)箱盒密封及铭牌检查	
			(7)箱盒各部件除锈处理(每年)	
16	OBCU 设备	日常保养	(1)检查 OBCU 机架	每日
			(2)检查 OBCU 各模块前插板及数据电缆、数据插头安装	
			(3)启动系统,设备运行状态检查	
			(4)检查风扇工作状态	
			(5)检查地线、屏蔽线及其他连接电缆	
			(6)诊断数据的读取、下载与分析	
			(7)OBCU-DIS 固定、接线检查	每月
		二级保养	(1)清洁设备柜内各模块前插板及数字电缆、数据插头	每季
			(2)地线、屏蔽线及其他连接电缆表面除尘	每年
			(3)风扇清洁	
		小修	(1)检查故障—安全数据并记录	
			(2)OBCU-ATP 功能测试	
			(3)OBCU-ATO 功能测试	
			(4)OBCU-ITF 功能测试	

续上表

序号	设备名称	修程	检修工作内容	周期
17	车载无线单元	日常保养	(1)检查无线单元机架	每日
			(2)检查无线单元各模块数字电缆、数据插头安装	
			(3)启动系统,设备运行状态检查	
		二级保养	清洁无线单元各模块前插板及数据电缆、数据插头	每月
		小修	RCS 功能测试	每年
18	车载 HMI	日常保养	(1)上电检查 HMI 显示内容	每日
			(2)检查 HMI 界面操作	
		二级保养	(1)清洁、检查 HMI 外表及固定螺柱	每月
			(2)清洁、检查 HMI 背面电源和数据插头	每季
		小修	HMI 界面显示与操作	每年
19	应答器天线	日常保养	(1)检查应答器天线固定螺栓	每日
			(2)检查应答器天线连接电缆及接头	
		二级保养	清洁、检查应答器天线外表、连接电缆及接头	每月
		小修	应答器天线功能测试	每年
20	测速雷达	日常保养	(1)检查雷达外壳及固定螺栓	每日
			(2)检查雷达	
		二级保养	(1)清洁雷达表面、接电缆及接头	每月
			(2)雷达校准	每季
			(3)检查雷达与上方轨道边缘之间的距离	
		小修	雷达功能测试	每年
21	无线天线	日常保养	(1)检查无线天线固定螺栓	每日
			(2)检查无线天线连接电缆及接头	
		二级保养	清洁天线表面、连接电缆及接头	每月
		小修	无线天线功能测试	每年
22	OPG	日常保养	(1)检查 OPG 固定螺栓	每日
			(2)检查 OPG 连接电缆及接头	
		二级保养	(1)检查 OPG 固定螺栓	每月
			(2)检查 OPG 连接电缆及接头	
			(3)清洁、检查 OPG 外表	
		小修	(1)OPG 天线固定螺栓、连接头、紧固件状态检查,检查 OPG 销子和舌片有无磨损	每年
			(2)OPG 天线清扫、清洁及老伤裂纹检查	
			(3)OPG 天线功能测试	
			(4)更换 OPG 销子	3 年

第五章 单轨交通 ATC 系统

第一节　单轨交通信号系统

一、单轨交通

跨座式单轨交通方式以高强度混凝土梁(PC 梁或 RC 梁)及少部分钢质箱体梁作为车辆运行的轨道;道岔采用关节型道岔或可挠型道岔;车辆采用跨座式单轨车,车辆的走行轮、导向轮和稳定轮均采用充气橡胶轮胎。单轨交通方式占地面积少、爬坡能力强、转弯半径小,非常适合山高坡陡、弯多路窄的地形条件。由于取消了传统的钢轨和钢轮,大大减少了车轮与钢轨间的噪音,从而改善了城市公共环境。为了检测列车占用情况以及对列车进行控制,重庆单轨交通采用日本信号公司的 ATP 车载及轨旁设备,以及联锁设备和防误出发设备。

单轨道岔由 4 ~5 节箱型钢梁连接组成,以道岔梁整体移动的方法构成列车运行的进路。单轨交通将道岔的监控和转换进行分工,由信号系统负责道岔的监控,由道岔系统负责道岔的转换和机械锁闭。

二、单轨交通 ATC 系统主要设备

单轨交通 ATC 系统由列车自动防护(ATP)及列车位置检测(TD)子系统、计算机联锁(CI)子系统和列车自动监控(ATS)子系统 3 部分构成。

1. ATP/TD 系统

引进具有实际运营经验和成熟技术的日本单轨交通 ATP/TD 系统。它采用基于轨道环线的感应技术,实现列车运行超速防护和列车在线位置检测,能确保列车高速、高密度、安全可靠地运行。

2. CI 系统

采用 TYJL-Ⅱ型计算机联锁系统,实现道岔、进路、信号相互之间的联锁,确保行车安全。

信号系统的联锁设备需进行特殊处理,解决三开、五开道岔的联锁关系以及道岔转换时间延长的问题。信号系统负责向道岔系统提供道岔转换的目标位置信息、现场操作授权信息和 DC 24 V 表示电源等。道岔系统向信号系统提供道岔位置的表示信息、现场操作交权信息、道岔故障信息。

在车辆段每一股道出段信号机前方区段，设置防误出发设备，由安装于室内的防误出发信号发送器，向室外的 TD 环线上叠加防误出发信号。

当出段信号机关闭时，防误出发设备向每一股道的 TD 环线发送"M"信号，使列车启动 ATP 车载设备，列车以 7 km/h 的速度行驶。此时若列车错误出发越过信号机，因信号机后方区段是 ATP 区域，车载 ATP 设备从有码变无码，列车将实行紧急制动。

当出段信号机开放时，防误出发设备向其前方股道的 TD 环线发送"X"信号，使列车切断 ATP 车载设备，以 15 km/h 的速度行驶并越过信号机。

当地面防误出发发送设备故障、TD 环线故障、车载 ATP 设备故障或在无限制人工驾驶模式下，将失去防误出发功能。

3. ATS 系统

对其控制范围内的列车群进行控制、监视和管理，具有实时、高可靠、高安全、高可用性的特点，做到全天候工作不间断。

三、单轨交通信号系统的特点

单轨交通信号系统有如下特点：

(1)单轨交通取消了钢轮和钢轨，传统的依靠钢轨传递 ATP 信息和获得列车位置信息的方法已不再适用，必须采用特殊的方式来传递信息和检查列车的位置。

(2)单轨交通除使用单开道岔外，还使用三开、五开道岔，采用高架线路，道岔非接通位置是悬空的，因此在联锁系统和道岔控制系统中必须进行特殊处理和合理分工，才能确保行车安全。

(3)轨道大部分采用高强度混凝土梁，在制作时对信号设备安装和敷设管线的部位，必须进行预留和预埋。

(4)高架线路上信号设备的施工和维护全部采用作业车进行。

第二节　单轨交通 ATP/TD 系统

一、ATP/TD 系统功能

1. 列车位置检测

ATP/TD 系统的车载设备通过列车头部和尾部的天线，分别向轨道环线连续发送不同频率的信号，由地面设备接收解码，并利用逻辑判断电路进行处理，确定列车的在线位置。

2. 列车运行超速防护

ATP/TD 系统的地面设备通过设置于轨道梁两肩部的轨道环线，向列车连续发送速度控制信息，由 ATP 系统的车载设备根据接收到的速度控制信息，连续控制车辆的运行,实现列车的间隔保护和超速防护。

二、系统构成

1. ATP/TD 地面设备

ATP/TD 地面设备主要由联锁编码单元、轨道继电器、发送设备、TD 接收设备、匹配单元、匹配变压器和电缆环线等组成,其构成如图 5-1 所示。

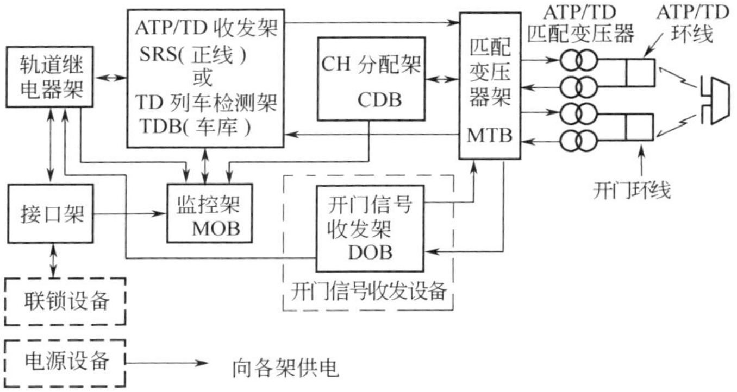

图 5-1　ATP/TD 地面设备构成

2. ATP/TD 车载设备

ATP/TD 车载设备主要由接收天线、匹配变压器、公共单元、接收单元、TD 信号发送单元、ATP 放大单元及 ATP/TD 继电器单元等组成,其构成如图 5-2 所示。

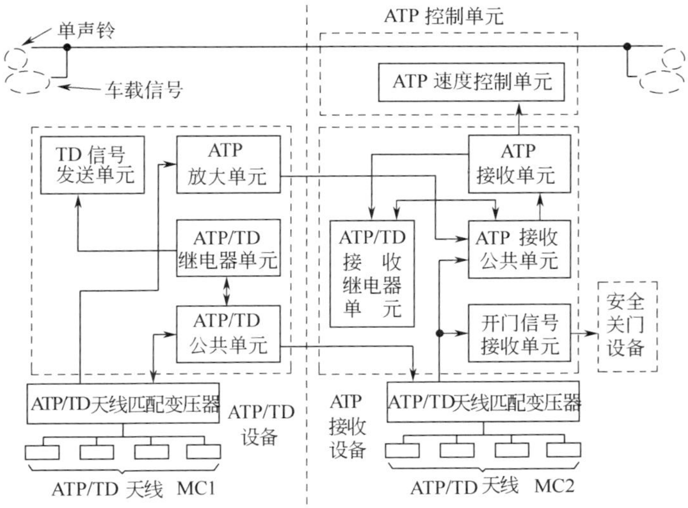

图 5-2　ATP/TD 车载设备构成

三、工作原理

1. 列车位置检测

单轨交通不能按传统的轮轨式轨道电路方式来检测列车占用情况，而是在 PC 梁或钢箱梁面上预埋轨道环线，利用轨道环线与车载设备共同作用完成列车占用检测任务。在列车没有压入该环线区段时，地面环线接收设备可以接收到 TD 检查信号而使环线继电器吸起，表明该环线区段没有被列车占用。一旦列车占用该环线区段，列车车头和车尾不断发送的 TD 调制信号将会叠加到地面环线上，使得地面环线接收设备不能正常工作，环线继电器落下，表明环线被列车占用。通过地面和车载设备的配合使用，可以检测列车占用情况。

(1) TD 系统组成

列车位置检测由列车两端的 TD 发送设备和地面的发送、接收设备共同完成。TD 地面设备发送校核信号(CH)，检查环线的完整性。CH 信号的载频为 14.25 kHz，调制信号为97 Hz，采用梯形波调幅方式(PWD)。

车辆两端的 TD 发送设备分别向轨道梁上的环线发送 f_1、f_2 信号。其中 f_1 为 13.5 kHz，调制频率为 112 Hz；f_2 载频 15.0 kHz，调制频率为 112 Hz，也采用梯形波调幅方式(PWD)。

TD 系统组成如图 5-3 所示。

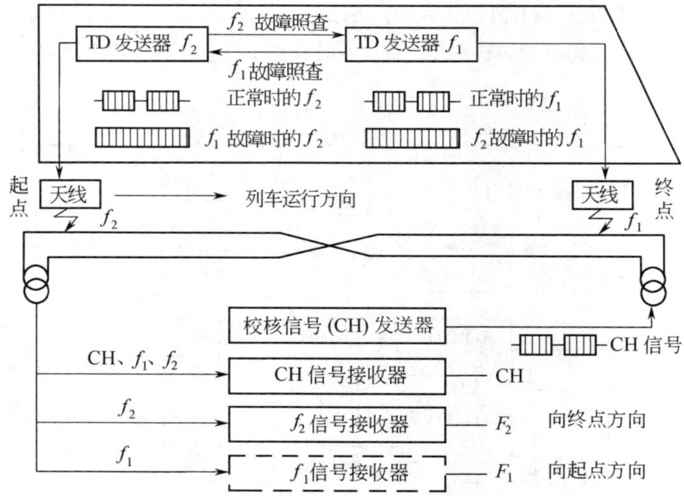

图 5-3 TD 系统组成

(2) TD 系统工作原理

每个环线区段设地面 TD 检查(频率检查)继电器 CH、机车 TD 信息检查继电器

F_1R和 F_2R 及环线轨道继电器 TR。当列车尚未占用环线区段时，CH↑→ TR↑；当列车头部进入环线区段时，F_1R↑→ CH↓→ TR↓；当列车完全进入环线区段时，F_1R↑和F_2R↑→ CH↓→TR↓；当列车头部离开环线区段时，F_2R↑→ CH↓→ TR↓；当列车完全离开环线区段时，CH↑→ TR↑，电路恢复正常。

在列车出清环线区段时，利用本区段 F_2R 缓放时间进行检查，若相邻下一区段 F_2R 可靠吸起条件（表明列车已经进入下一环线区段），以及本区段 CH 可靠吸起条件（说明列车已经完全出清本环线区段）均具备时，TR 吸起。可见，其具有一定的时间逻辑顺序关系，对各继电器吸起、落下时间要求很严，F_1R（F_2R）缓放时间必须大于 CH 可靠吸起时间及 F_1R（F_2R）可靠吸起时间之和，才能确保 TR 可靠工作。若其中某一环节故障，则其后各环线 TR 均不能可靠工作。

（3）TD 系统故障—安全设计

单轨交通因需列车头、尾部发送设备与地面设备共同作用才能完成列车占用检查任务，故必须认真设计其故障—安全性能。

若某一轨道环线区段发送、接收、环线之间出现断线或地面 TD 发送设备故障，则 TR↓，故障导向安全，列车压入的后续轨道环线区段的轨道继电器均不能正常吸起，此类故障容易发现。若列车头部车载 TD 发送设备故障，则当列车压入轨道环线区段时，该区段 CH 不会落下，直到列车完全进入该区段，列车尾部车载 TD 发送设备发码起作用时，TR 才落下，这种情况很危险。若列车尾部车载 TD 发送设备故障，则会使本环线区段 TR 及后续区段 TR 不能正常吸起，此情况故障导向安全，也易被发现。若列车头、尾部车载 TD 发送设备均故障，则除列车故障时所压入环线区段 TR 不能正常复原外，其后续压入区段 TR 均不会落下，不能检测列车的具体位置，造成列车占用无显示，此类故障最危险。

可见，列车车载 TD 发送设备故障危害较大。为了解决列车车载 TD 发送设备故障时的安全问题，要求：

①为了提高系统可靠性，所有设备均采用双套冗余结构。

②列车头、尾部车载 TD 发送设备相互检测，任一侧发送设备故障均告警，而另一侧 TD 信号由调幅波切换为连续波，以便将车上装置异常情报传送到地面，同时接通制动系统让列车停车，确保行车安全。

③列车头、尾部车载 TD 发送设备使用两套不同电源（DC 100 V 和 DC 24 V），且 DC 100 V具有 5 s 延迟时间，以便两套发送设备可以形成闭环检测。

④采用后方保护，由于列车头、尾部车载 TD 发送设备同时故障，其所在区段的轨道继电器就会失去励磁的时机，尽管故障后所经过的区段无法检测列车的实际位置，但列车后方始终有一区段是红光带，阻止了后续列车的进入，实现了后方保护，使故障导向安全。

(4)TD 预置(轨道区段故障解锁)

与一般轨道电路不同,环线轨道电路对列车的占用/出清检查是通过逻辑电路来实现的。该逻辑电路具有记忆功能。为确保安全,在停电或故障时所有区段都设置为列车在线(占用)。因此,在开机和故障恢复时,需对列车在线的情况进行确认后,再对TD 设备进行恢复,这就需要对 TD 设备进行预置。

由于 TD 预置时,将轨道区段人为地设置为有车或无车,存在安全隐患。因此必须对 TD 预置按钮进行加封,采取严格的限制和特别的管理。

2. 列车超速防护

ATP 地面设备根据位置、线路占用/出清等情况选择限制速度信号,并将其发送给轨道环线。ATP 车上设备通过列车的天线接收信号并解码,一方面使机车信号速度灯点亮,另一方面将列车速度限制的信息传给 ATP 控制装置。

地面 ATP 控制信号,分上、下行方向,上行载频频率为 21 kHz,下行为 20 kHz,在送电端叠加发码。与 TD 检查发送共用同一环线,利用环线向列车传递地面 ATP 信息。其工作原理与传统轮轨式轨道电路一样。

(1)低频信号及意义

ATP 低频调制信号共 12 个频率,其意义见表 5-1。

表 5-1　低频调制信号的意义

低频信号(Hz)	信号种类	信号显示	限制速度(km/h)	用途	制动方式
16	75 信号	75	75	最高限制速度	最大常用制动
19	65 信号	65	65	中等限制速度 曲线限制速度	最大常用制动
22	60 信号	60	60	中等限制速度 曲线限制速度	最大常用制动
25	50 信号	50	50	中等限制速度 曲线限制速度	最大常用制动
28	45 信号	45	45	中等限制速度 曲线限制速度	最大常用制动
31	35 信号	35	35	中等限制速度 曲线限制速度	最大常用制动
34	25 信号	25	25	中等限制速度 曲线限制速度 道岔限制速度	最大常用制动
41	S25 信号	S 25	25	调车作业限制速度	最大常用制动
54	S15 信号	S 15	15	调车作业限制速度	最大常用制动

续上表

低频信号(Hz)	信号种类	信号显示	限制速度(km/h)	用途	制动方式
63	X 信号	X	15	转换区限速 非 ATP 区段限速	最大常用制动
72	M 信号	M	5	防止误发车 限制速度	最大常用制动
78	0_1 信号	0_1	0	停车	最大常用制动
	无信号	0_2	0	停车	紧急制动

(2)运行模式

列车运行模式不同,车载信号、提示音响、速度校核单元的动作也不一样。运行模式有 5 种:

①ATP 监督下的人工驾驶模式,采用车载信号运行模式。

②调车模式,带车载信号显示。

③非 ATP 区段限制人工驾驶模式,用于车辆段,按调车信号机显示运行。

④ATP 区段的限制人工驾驶模式,用于 ATP/TD 接收系统故障、ATP 地面设备故障的情况下。该模式下系统监视列车速度,只检测 15 km/h 的限制速度。

⑤非限制人工驾驶模式,用于其他代用闭塞系统的运行模式,ATP 装置切除时,按规定的模式运行。

附录

名词术语英(缩略语)中对照

缩略语	英文全称	中文全称
AC	Axle Counter	计轴
ACS	Axle Counter System	计轴系统
ADM	Administrator	系统管理器
ADU	Attribute Display Unit	特征显示单元
AF	Audio Frequency	音频
AM	ATO Mode	列车自动运行模式
AMU	ATO Match Unit	ATO 匹配单元
AP	Access Point	接入点、轨旁无线单元
API	Application Programming Interface	应用程序接口
APR	Absolute Position Reference	绝对位置参考应答器、信标
AR	Automatic Reversal	自动折返驾驶
ARS	Automatic Route Setting	列车进路设定
AS	Access Switch	接入交换机
ATC	Automatic Train Control	列车运行自动控制
ATI	Arrival Time Indicator	列车到达时刻显示器
ATO	Automatic Train Operation	列车自动运行
ATP	Automatic Train Protection	列车自动防护
ATR	Automatic Train Regulation	列车自动调整
ATS	Automatic Train Supervision	列车自动监控
AXC	Axle Counter	计轴器
BAS	Building Automation System	环境与设备监控系统
BS	Backbone Switch	骨干交换机
BTM	Balise Transmission Module	应答器车载查询器
BTN	Backbone Transmission Network	骨干传输网络
CA	Central Automatic	控制中心自动控制模式、中央自动模式
CAN	Controller Area Network	现场总线
CAZ	Conflict Aegis Zone	冲突防护区域

续上表

缩略语	英文全称	中文全称
CBI	Computer Based Interlocking	计算机联锁
CBN	Communication Network	通信系统
CBTC	Communications-Based Train Control	基于通信的列车控制
CC	Car-borne Controller	车载控制器
CCTE	Car-borne Controller Equipment	车载控制设备
CCTV	Closed Circuit Television	视频监控
CDTA	Central Data Transmission System	中央数据传输系统
CE	Control Equipment	控制设备
CESB	Central Emergency Stop Button	中央紧急停车按钮
CER	Central Equipment Room	控制室
CH	Checking Signal	校核信号
CI	Computer Interlocking	计算机联锁
CLC	Central Line Controller	线路控制器
CM	Coded Manual Mode	编码人工驾驶模式
COM	Communication Server	通信服务器
CPISA	Communication Processor of Industry Standard Architecture	通信处理器
CPU	Central Processing Unit	中央处理单元
CRC	Cyclical Redundancy Check	循环冗余校验
CS	Central Server	中央服务器
CSD	Computer Security Division	安全计算机
CTC	Centralized Traffic Control System	调度集中控制系统
CTS	Communication Transmission System	通信传输系统
DB	Database	数据库
DCS	Data Communication System	数据通信系统
DCU	Data Control Unit	数据存储单元
DCR	Depot Control Room	车站综合控制室
DDS	Direct Digital Frequency Synthesis	数字频率合成技术
DDU	Diagnosis and Data Upload Unit	诊断和数据上载单元、诊断和数据更新单元
DEM	Demodulator	解调器
DI	Data Input	安全型输入
	Departure Indicator	列车发车时刻显示器

续上表

缩略语	英文全称	中文全称
DOT	Direction of Turning	倒换方向
DPU	Depot Program Unit	车辆段程序单元
DS	Demonstration System	模拟 MMI、演示系统
	Data Server	数据服务器
DSP	Digital Signal Processor	数字信号处理技术
DSU	Data Storage Unit	数据存储单元
DT	Data Transmission	数据传输
DTI	Departure Timing Indicator	发车计时器、发车时间表示显示器
DTM	Division Transmission Module	现场 LDTS 分机
DTS	Data Transmission System	数据传输系统
EBR	Emergency Brake Relay	紧急制动继电器
EB	Emergency Brake	紧急制动
ECC	Element Control Computer	元件接口模块
EFID	Entrance Feed Device	入口馈电设备
EMC	Electro Magnetic Compatibility	电磁兼容性
EPROM	Erasable Programmable Read Only Memory	只读存储器
ESB/ESP/EMP	Emergency Stop Button	紧急关闭按钮
ESS	Emergency Station Stop System	紧急车站停车系统
FAS	Fire Alarm System	火灾自动报警系统
FEC	Forward Error Correction	向前纠错
FEP	Front-end Processor	前端处理器
FFT	Fast Fourier Transform	快速傅立叶变换
FID	Feed Device	馈电设备
FOTL	Fiber Optical Transmission Line	光纤传输线
HMI	Human Machine Interface	人—机接口
I/O	Input/Output	输入/输出
ICM	Input Control Module	输入控制模板、输入模块
ICU	Integrated Control Unit	区域控制中心、控制单元、计算模块
ID	Identification	识别、标识
IEC	International Electrician Commission	国际电工委员会
IRU	Interface Relay Unit	接口继电器单元
ISCS	Integrated Supervisory Control System	综合监控系统
KVM	Keyboard Video and Mouse	多计算机切换器

续上表

缩略语	英文全称	中文全称
LAN	Local Area Network	局域网
LC	Local Control	车站控制
LC	Line Controller	线路控制器
LCC	Local Control Console	本地控制台
LCD	Liquid Crystal Displayer	液晶显示器
LCP	Local Control Panel	局部控制盘
LDTS	Live Data Transmission System	现场数据传输系统
LED	Light Emitting Diode	发光二极管
LEU	Line-side Electronic Unit	道旁电子单元、信号接口
LFU	Loop Feed Unit	环路馈送单元
LIU	Loop Interval Unit	环线调谐单元
LOW	Local Operation Workstation	现场操作工作站
LPU	Local Program Unit	车站程序单元
MI	Mechanical Interlocking	联锁单元
MMI	Man Machine Interface	人—机界面
MMS	Maintenance Management System	维护管理系统
MODEM	Modulator-Demodulator	调制解调器
MPM	Main Processing Modul	主处理器模块
MR	Mobile Radio	车载无线台
MSS	Maximum Safe Speed	最大安全速度
MSS	Maintenance Support System	维护支持系统
MT	Metro Transit	城市轨道交通
MTIB	Moving Train Initialization Beacon	移动列车初始化信标
MUX	Multiplexing equipment	接口电路
NFS	Network File System	网络文件系统
NIC	Network Interface Card	网络接口卡
NISAL	Numerical Integrated Safety Assurance Logic	数字集成安全保障逻辑
NMS	Network Management System	网管系统
NRM	Non-restricted Manual Mode	非限制人工驾驶模式
NSS	Network Sustain System	网络支撑系统
NVI	Non-vital Input	非安全型输入
NVLE	Non-vital Logic Emulator	非安全逻辑模拟器工作站
NVO	Non-vital Output	非安全型输出

续上表

缩略语	英文全称	中文全称
OBE	On Board Equipment	车载设备
OCC	Operation Control Center	运营控制中心
OCM	Output Control Module	输出控制模板、输出模块
ODI	Operation / Display Interface	操作/显示接口
OLM	Optical Link Module	通信模块中的光连接模块
OLP	Optical Link Plug	光连接插头
OPG	Pulse Generator	速度脉冲发生器
PAL	Processing Access Logic	逻辑处理模块
PAS	Passenger Address System	乘客广播系统
PB	Parking Brake	停车制动
PCB	Printed Circuit Board	印制电路板
PCU	Process Coupling Unit	过程耦合单元
PCU	Protocol Conversion Unit	协议转换单元
PEP	Platform Emergency Button	站台紧急按钮
PI	Platform Illustrate	站台显示器
PIIS	Passenger Information and Indication System	乘客信息和向导系统
PIS	Passenger Indication System	乘客向导系统
Profibus	Process Field Bus	过程现场总线
PROM	Programmable Counter	可编程计数器
PSD	Platforms Screen Door	站台安全门
PSU	Power Supply Unit	电源单元
PTI	Positive Train Identification	列车识别系统
PVID	Permanent Vehicle Identification	永久车辆标识
RAMS	Reliability Availability Maintainability and Safety	可靠性/可用性/可维护性/安全性
RB	Relocation Beacon	重定位信标
RC	Route Control	进路控制
RCC	Remote Communication Controller	远程通信控制器
RCM	Remote Communication Control Module	远程通信控制模块
RM	Restricted Manual Mode	限制人工驾驶
RMO	Restricted Mode Operation	限速模式驾驶
RTOS	Real-time Operating System	实时操作系统
RTU	Remote Terminal Unit	车站远程终端单元
RX	Receiver	接收器

续上表

缩略语	英文全称	中文全称
SAP	Service Access Point	服务接入点
SBO	Single Break Output	安全型单断输出
SC	Subsystem of Compilation	运行图编辑子系统
SCADA	Supervisory Control and Data Acquisition	电力监控系统
SCC	Station Control Computer	车站控制计算机
SCC	Serial Communications Controller	串行通信控制器板
SCEG	Station Controller Emergency Gate	车站控制器紧急通路
SCI	Safety Computer Interlocking	计算机联锁
SCR	Station Control Room	车站控制室
S&D	Service and Diagnostics	服务和诊断、检修和诊断
SD	Safety Device	安全装置
SDH	Synchronous Digital Hierarchy	同步数字体系
SDM	Station of Diagnostics and Maintainance	联锁系统维护工作站
SER	Signaling Equipment Room	信号设备室
SICAS	Siemens Computer Aided Signaling	西门子计算机辅助信号
SIL	Safety Integrity Level	安全完整度等级
SIOM	Serial Input/Output Module	串行输入/输出模块
SIR	Safety Interlocking Relay	安全联锁继电器
SLC	Sync Link Box	同步环线盒
SLM	Speed and Location Module	速度和位置模块
SM	System Maintenance	列车自动防护驾驶
SMM	System Maintenance Module	系统维护台、系统维护模块
SMC	Systems Management Center	系统管理中心
SO	Safeguard Operation	维护操作台
S-PC	Simulate-PC	模拟 PC
SPDT	Switch	瞬间接触开关
SQL	Structured Query Language	结构化查询语言
SRS	Schedule Regulate Server	运行图/时刻表调整服务器
STA	Antenna	天线
STC	Station Train Controller	车站控制器
STIB	Stationary Train Initialization Beacon	静态列车初始化信标
SYN	Synchronization Loop	同步环线

续上表

缩略语	英文全称	中文全称
TAC	Tacho	测速电机处理模块
TC	Track Circuit	轨道电路、轨道区段
TC	Telecommunication Conversion	报文切换
TCC	Traffic Control Center	轨道交通指挥中心
TCP/IP	Transmission Control Protocol / Internet Protocol	运输控制协议/国际协议
TD	Track Position Detection	列车位置检测
TDB	Database	线路数据库
TDT	Train Depart Timer	列车发车计时器、列车出发计时显示器
TG	Tacho Generator	测速传感器
TID	Train Input Data Module	列车输入数据模块
TMT	Trains Monitoring and Tracking	列车监督和追踪
TOD	Train Output Data Module	列车输出数据模块
TS	Target Speed	目标速度
TYE	Time-table Edit	时刻表编辑器
TIT	Time Table	时刻表
TU	Tuner Unit	调谐单元
TU	Track Circuit Control Unit	轨道电路控制单元
TU	Telecommunication Unit	通信板
TU	Train Unit	列车单元
TVP	Track Vacate Process	轨道空闲处理
TWC	Train Wayside Communication	车地通信
TX	Transmitter	发送器
URM	Unrestricted Manual Mode	非限制人工驾驶
VAS	Vehicle Advisory System	车辆报告系统
VCC	Vehicle Control Center	车辆控制中心
VCS	Vehicle Communications System	车辆通信系统
VHM	Vehicle Monitor	车况监视器
VICOS	Vehicle and Infrastructure Control and Operating System	车辆和基础集中操作控制系统
VLAN	Virtual Local Area Network	虚拟以太网
VOBC	Vehicle On-Board Controller	车载计算机、车载控制设备
VRS	Vehicle Record Sensor	车载传感器

续上表

缩略语	英文全称	中文全称
TRC	Train Route Computer	列车进路计算机
VSC	Vital Serial Controller	安全型串行控制器
WCC	Wayside Communication Controller	轨旁通信控制器
WE	Wayside Equipment	轨旁设备
WKS	Workstation	调度工作站
WLAN	Wireless Local Area Networks	无线局域网
WRF	Wideband	宽带无线通信
WRS	Wayside Sensor	地面传感器
WSL	Westinghouse Signal Ltd.	西屋信号有限公司
ZC	Zone Controller	区域控制器
ZLC	Zone Interlocking	本地联锁
ZVR	Zero Velocity Relay	零速继电器

参 考 文 献

[1] 中华人民共和国国家标准. 地铁设计规范[S]. 北京:中国建筑工业出版社,2013.
[2] 朱宏. 城市轨道交通概论[M]. 北京:中国铁道出版社,2011.
[3] 林瑜筠. 城市轨道交通信号基础[M]. 北京:中国铁道出版社,2018.
[4] 林瑜筠. 城市轨道交通联锁系统[M]. 2 版. 北京:中国铁道出版社,2018.
[5] 林瑜筠. 城市轨道交通信号[M]. 3 版. 北京:中国铁道出版社,2010.